기술직 공무원

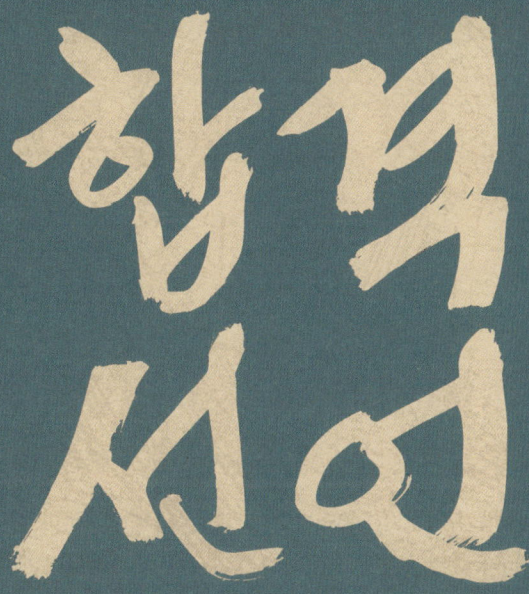

www.goseowon.co.kr

Preface

'정보사회', '제3의 물결'이라는 단어가 낯설지 않은 오늘날, 과학기술의 중요성이 날로 증대되고 있음은 더 이상 말할 것도 없습니다. 이러한 사회적 분위기는 기업뿐만 아니라 정부에서도 나타났습니다.

기술직공무원의 수요가 점점 늘어나고 그들의 활동영역이 확대되면서 기술직에 대한 관심이 높아져 기술직공무원 임용시험은 일반직 못지않게 높은 경쟁률을 보이고 있습니다.

기술직공무원 합격선언 시리즈는 기술직공무원 임용시험에 도전하려는 수험생들에게 도움이 되고자 발행되었습니다.

본서는 방대한 양의 이론 중 필수적으로 알아야 할 핵심이론을 정리하고, 출제가 예상되는 문제만을 엄선하여 수록하였습니다. 또한 최신 출제경향을 파악할 수 있도록 최근기출문제를 수록하였습니다.

신념을 가지고 도전하는 사람은 반드시 그 꿈을 이룰 수 있습니다. 서원각이 수험생 여러분의 꿈을 응원합니다.

Structure

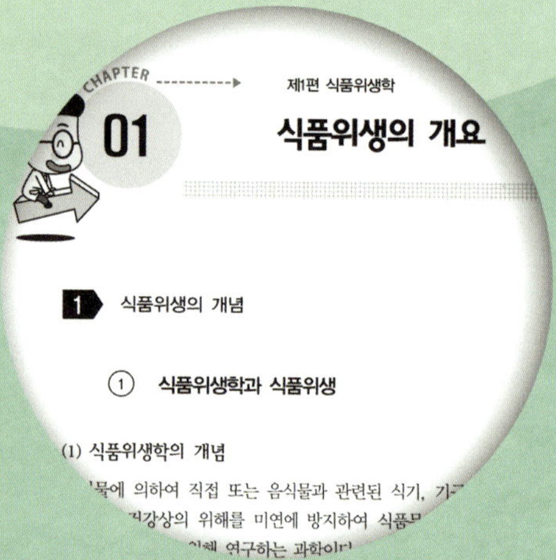

CHAPTER

01

제1편 식품위생학

식품위생의 개요

1 식품위생의 개념

① **식품위생학과 식품위생**

(1) 식품위생학의 개념

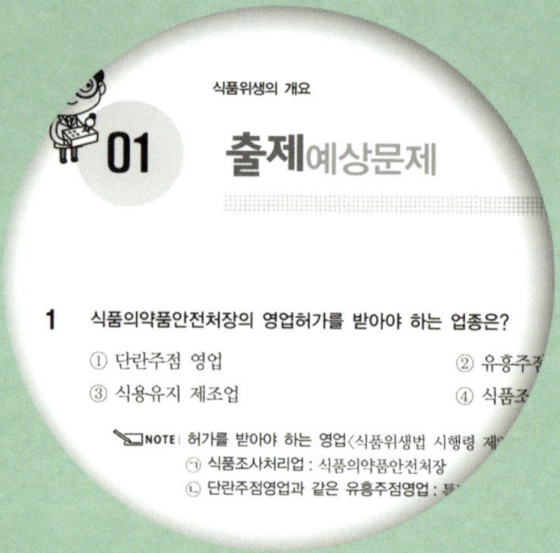

...물에 의하여 직접 또는 음식물과 관련된 식기, 기...
...건강상의 위해를 미연에 방지하여 식품...
...위해 연구하는 과학이다...

식품위생의 개요

01

출제예상문제

1 식품의약품안전처장의 영업허가를 받아야 하는 업종은?

① 단란주점 영업　　　　　② 유흥주점

③ 식용유지 제조업　　　　④ 식품조...

NOTE 허가를 받아야 하는 영업〈식품위생법 시행령 제...
　　㉠ 식품조사처리업 : 식품의약품안전처장
　　㉡ 단란주점영업과 같은 유흥주점영업 : 특...

핵심이론정리

식품위생 전반에 대해 체계적으로 편장을 구분한 후 해당
단원에서 필수적으로 알아야 할 내용을 정리하여 수록했습
니다. 출제가 예상되는 핵심적인 내용만을 학습함으로써 단
기간에 학습 효율을 높일 수 있습니다.

출제예상문제

그동안 치러진 국가직 및 지방직 기출문제를 분석하여 출제가
예상되는 문제만을 엄선하여 수록하였습니다. 다양한 난도와
유형의 문제들로 연습하여 확실하게 대비할 수 있습니다.

에서의 위생관리

과정에서의 위생관리

식중독이 발생했을 때의 위생관리

NOTE ④ 식중독이 발생했을 때의 위생관리는 항
※ 식품취급자나 소비자의 입장에서 취하여
㉠ 식품생산 단계에서의 위생관리
㉡ 제조 · 가공 · 조리 단계에서의 위생
㉢ 유통과정에서의 위생관리
㉣ 시설에 대한 위생관리
㉤ 식품취급자에 대한 위생관리
㉥ 제품에 대한 위생관리

상세한 해설
매 문제 상세한 해설을 달아 문제풀이만으로도 개념학습이
가능하도록 하였습니다. 문제풀이와 함께 이론정리를 함으
로써 완벽하게 학습할 수 있습니다.

CHAPTER

2011. 5. 14 상반기

1   식품의 초기부패 판정을 위한 화학적 검사법이 아닌 것은?
① 휘발성 염기질소 측정   ② pH 측정
③ K값 측정   ④ 경도 측정

NOTE 식품의 신선도는 초기부패 상태로 판정 가능하며 식품 1g당 일반세
품의 화학적 검사법에는 휘발성 염기질소 측정, pH 측정, K값 측
물리적 검사법이다.

염 비브리오균에 대한 설명으로 옳지 않은 것은?
해수세균으로 그람 음성균이다.
조리기구에 의한

최근기출문제분석
최근 시행된 기출문제를 수록하여 시험출제경향을 파악할
수 있도록 하였습니다. 기출문제를 풀어봄으로써 실전에 보
다 철저하게 대비할 수 있습니다.

Contents

PART 01

식품위생학

CHAPTER 01 식품위생의 개요

1 식품위생의 개념

① 식품위생학과 식품위생

(1) 식품위생학의 개념

음식물에 의하여 직접 또는 음식물과 관련된 식기, 기구, 용기, 시설 등에 의해 간접적으로 발생하는 여러 건강상의 위해를 미연에 방지하여 식품문화를 향상, 발전시켜 궁극적으로는 국민 보건 향상에 이바지하기 위해 연구하는 과학이다.

(2) 식품위생의 개념

① **우리나라** … 1962년 1월 20일에 식품위생법이 공포됨으로써 과학적인 식품위생행정으로 전환되었고〈법률 제1007호〉, 현재는 "식품, 식품첨가물, 기구 또는 용기·포장을 대상으로 하는 음식에 관한 위생"이라고 정의하고 있다〈식품위생법 제2조〉.

② **세계보건기구**(WHO) … 우리나라에 비해 더욱 구체적으로 명시하여 "식품위생이란 식품의 생육, 생산 또는 제조에서부터 최종적으로 사람이 섭취할 때까지에 이르는 모든 단계에서 식품의 안전성, 건강성 및 건전성을 확보하기 위한 모든 수단을 뜻한다"라고 정의하고 있다.

(3) 기타 개념

① **식품의 안전성** … 식품섭취가 건강상 위해의 원인이 되지 않는 것을 뜻한다. 즉, 식품 중에 식중독이나 경구감염병을 일으키는 식중독균, 병원균, 유해·유독물질 등이 들어 있지 않는 것을 의미한다.

② **식품의 건강성 및 건전성** … 식품의 건강을 유지하는 데 필요한 영양성분을 충분히 함유하고 또한 정상적으로 유지되어 있는 상태를 의미한다.

> **★TIP** 식품으로 인한 위해를 방지하고 식품영양의 향상을 이루기 위해 식품 그 자체의 변질, 오염, 유해·유독물질의 혼입 등을 방지하고 식품의 제조, 가공, 유통 및 소비에 이르기까지의 전 과정을 위생적으로 확보하기 위해 식품 속의 첨가물, 기구 및 용기·포장까지 비위생적인 요소를 제거하여야 한다.

② 식품에 의한 피해(Food injury 또는 Food borne disease)

(1) 개념

음식물에 의해 발생하는 건강상의 장애를 의미하며, 증상이나 독성 발현시기에 따라 급성 또는 만성장애로 구분할 수 있다.

(2) 분류

① **내인성** … 식품 자체에 있는 고유성분으로 자연독, 식이성 알레르기 물질 등이 있다.

② **외인성**

　㉠ 식품 자체에 있는 본래 성분이 아닌 식품의 생산, 가공, 제조, 저장, 유통 등의 과정에서 식품 외부에서 유입되어 식품이 오염되거나 첨가되는 경우이다.

　㉡ 미생물, 기생충, 각종 첨가물, 오염물 등이 속한다.

③ **유기성**

　㉠ 식품의 제조, 가공, 저장, 유통 등의 과정에서 식품 중에 또는 섭취에 따라 생체 내에서 유해 · 유독물질이 생김으로써 병해가 발생하는 경우이다.

　㉡ 물리적 작용으로 생기는 경우, 화학적 과정에서 생기는 경우, 생물적 작용으로 생기는 경우로 나뉜다.

◎ 식품에 의한 피해와 원인물질 ◎

생성요인		원인물질의 종류
내인성	식품 고유성분	• 식물성 자연독 : 독버섯독, 감자독, 청매독, 독미나리독 • 동물성 자연독 : 복어독, 바지락독, 마비형 패독
	생리작용성분	• 변이원성 물질, 항효소성 물질, 항갑상선 물질, 항비타민성 물질, 식이성 allergen
외인성	생물적 원인	• 기생충, Mycotoxin, 식중독균, 경구감염병균
	인위적 원인(식품 오염)	• 의도적 첨가물 : 유해화학물질, 불허용 식품첨가물 • 비의도적 첨가물 : 잔류농약, 환경오염물질, 용기 · 포장 용출물, 항생물질, 방사성 물질
유기성	물리적 작용	• 조사유지, 가열유지
	화학적 작용	• 아질산염, 아민 · 아미드 반응물
	생물적 작용	• 아질산염 및 이미드류와의 생체 내 생성물

③ 식품의 안전성 평가

(1) 식품 안전성 평가의 필요성

① 여러 과학기술의 발달로 인해 많은 종류의 화학물질이 인공 독성물질로 식품의 오염원이 되는 경우가 많아져 식품의 안정성을 위협하고 있다.

② 안전한 천연물질로 생각되었던 물질이 변이원성 물질이라는 사실들이 발견되는 등 새로운 문제점이 제기되고 있다.

③ 식품에 이용되는 화학물질을 섭취하여도 문제가 없다는 과학적인 근거를 확인하기 위해 만성독성시험이나 특수독성시험이 필요하다.

(2) 독성시험

① **일반독성시험** ··· 급성, 아급성, 만성 독성시험이 있다.

② **특수독성시험** ··· 발암성, 최기형, 돌연변이성 및 번식시험이 있다.

> ★TIP 급성독성시험 ··· 시험동물에 시험물질을 1회 투여하여 그 결과를 관찰하는 것으로 맨 먼저 실시하는 독성시험이다. 독성은 보통 시험동물의 50%가 사망하는 것으로 추정되는 시험물질의 1회 투여량으로 체중 kg당 mg수 또는 g수로 표시하는 LD_{50}으로 나타낸다.

(3) 안정성 평가

① **최대무작용량** ··· 동물에게 아무 영향을 주지 않는 최대 투여량이다. 동물 체중 1kg당 mg수로 표현한다.

② **1일 섭취 허용량**(ADI ; Acceptable Daily Intake) ··· 사람이 매일 섭취해도 아무 장애를 일으키지 않는 물질의 양이다. 1일 체중 1kg당 mg수로 표현하며 동물의 최대무작용량에 안전계수인 1/100을 곱하여 구한다.

④ 식품위생의 과제와 대책

(1) 식품위생의 목적

식품으로 인하여 위생상의 위해를 방지하고 식품영양의 질적 향상을 도모하며 식품에 관한 올바른 정보를 제공하여 국민보건의 증진에 이바지함을 목적으로 한다.

(2) 식품위생의 과제

식품을 통하여 국민의 건강을 유지하고 증진시켜 수명연장에 이바지하는 것은 식품관계 공직자와 종사자, 또한 국민 개개인 모두에게 달려 있다. 따라서 사회 전체의 조직적이고 공동적인 노력이 필요하다.

(3) 식품위생의 대책

① 관계당국이 해야 할 대책

- ㉠ 생산, 제조 및 가공, 판매 등 식품취급자에 대한 보건교육
- ㉡ 식품의 유통기구, 생산관리에 대한 보건과학적인 대책 확립
- ㉢ 유해오염물질 배출에 대한 관리
- ㉣ 소비자에 대한 보건교육
- ㉤ 철저한 식품위생관리
- ㉥ 행정적인 안전대책수립
- ㉦ 식품위생관계 연구 및 검사기관 확충과 현대화
- ㉧ 안전한 자연식품 및 첨가물, 기구, 용기, 포장재료 등의 개발과 유해, 유독물질에 대한 추적과 제거방법 연구
- ㉨ 식품위생관계전문요원 양성과 훈련

② 집단이나 개인이 취해야 할 대책

- ㉠ 위생적인 식품생산
- ㉡ 위생적인 식품 제조 및 가공
- ㉢ 유통과정에서의 오염, 변질 방지
- ㉣ 위생적인 조리
- ㉤ 판매에서의 위생대책
- ㉥ 용기, 기구, 포장 등의 위생대책
- ㉦ 식품관련시설에 대한 보건대책
- ㉧ 식품 소비에 있어서 식품의 변질에 대한 대책
- ㉨ 유해식품의 감별대책

2 식품위생행정

① 식품위생행정의 목적과 방법

(1) 식품위생행정의 목적

① 식품위생법을 바탕으로 한 공중위생행정의 한 부분이다.

② 식품위생을 보급하고 향상시킨다.

③ 국민의 안전하고 청결한 식생활을 이루어 불량식품으로 인한 위해를 방지한다.

④ 쾌적한 식생활과 공중위생의 증진·발전에 기여한다.

(2) 식품위생행정의 방법

① **지도**
　㉠ 식품 등의 관련 업자들에게 식품위생의 중요성을 충분히 인식시킨다.
　㉡ 위생상 안전한 식품생산기술과 안정성을 확보할 수 있는 기술 등을 지도한다.
　㉢ 이러한 기술을 개선·개발하기 위한 연구를 촉진한다.

② **단속**
　㉠ 부정 불량식품을 적발한 경우, 그 식품에 대해 폐기를 명령한다.
　㉡ 영업시설 개선명령을 내리며 영업의 정지나 폐쇄처분, 영업허가 취소 등의 벌칙을 적용한다.

② 식품위생행정의 과제와 시책

(1) 식품위생행정의 과제

① 식품이 매개가 되는 병원미생물에 의한 식품오염을 방지하고 이미 오염되었거나 인체에 위해가 될 우려가 있는 식품을 국민이 섭취하지 않도록 적절한 수단을 강구해야 한다.

② 유해·유독한 성분을 함유하여 인체의 건강을 해칠 우려가 있는 식품을 배제하고 식품의 제조나 가공 중 이러한 물질이 들어가지 않도록 한다.

③ 부패 혹은 변질되어 인체의 건강에 위해를 끼칠 수 있는 식품을 배제한다.

④ 위조·변조식품을 배제한다.

(2) 식품위생행정의 시책

① 안전한 식생활 확보를 위해 식품, 식품첨가물, 기구, 용기 및 포장 등의 규격기준을 제정하고 적용한다.

② 식품첨가물로 사용되는 화학합성품의 지정과 식품 및 첨가물 공전을 작성한다.

③ 생산제품의 자가품질 검사제도를 실시한다.

④ 표시제를 실시한다.

⑤ 영업의 허가, 신고나 식품취급시설의 기준을 제정하고 적용한다.

⑥ 식품위생 심의위원회를 운영한다.

⑦ 식품위생 감시를 실시한다.

⑧ 수입식품 신고 및 위생검사를 실시한다.

⑨ 식품관련 종사자들의 건강관리 및 작업방법 등을 감시를 한다.

⑩ 위생교육을 실시한다.

③ 식품위생행정기구

(1) 중앙기구

① **식품의약품안전처** … 식품·의약품 등의 안전관리 업무와 시험·검정·연구업무를 하는 기관으로, 국무총리 소속기관이다. 기획조정관, 운영지원과, 소비자위해예방국, 식품안전정책국, 식품영양안전국, 농축수산물안전국, 의약품안전국, 바이오생약국, 의료기기안전국을 두고 있다. 또 각 지방의 효율적인 식품·의약품 안전관리업무를 위해 6개의 지방청을 두고 있다.

② **식품위생심의위원회** … 식품의약품안전처장의 자문기관으로 식중독 방지에 관한 사항, 식품의 기준과 규격에 관한 사항 등을 심의한다.

(2) 지방기구

① 서울특별시, 각 광역시와 도의 식품위생담당국인 보건복지국에 보건과나 위생과 등이 있어 지방의 식품위생행정을 주관한다.

② 각 시·군 또는 구의 식품위생관계 부서에서 최일선의 식품위생행정업무를 담당하며 식품위생감시원이 배치되어 실무활동을 한다.

③ 보건소에서는 식중독 관계의 역학분야업무를 하며, 시·도 보건환경연구원이 설치되어 식품위생행정을 과학적으로 뒷받침하는 기술업무를 담당한다.

④ 지방식품의약품안전청은 서울, 경인, 부산, 대구, 광주, 대전에 설치되어 각 지방의 식품위생행정을 담당한다.

식품위생의 개요

출제예상문제

1 식품의약품안전처장의 영업허가를 받아야 하는 업종은?

① 단란주점 영업
② 유흥주점 영업
③ 식용유지 제조업
④ 식품조사처리업

✎NOTE| 허가를 받아야 하는 영업〈식품위생법 시행령 제23조〉
ㄱ 식품조사처리업 : 식품의약품안전처장
ㄴ 단란주점영업과 같은 유흥주점영업 : 특별자치도지사 또는 시장·군수·구청장

2 우리나라의 식품위생법이 처음 공포되어 과학적인 지도행정체계를 가지게 된 연도는?

① 1960년
② 1961년
③ 1962년
④ 1963년

✎NOTE| 1962년 1월 20일 〈법률 제1007호〉에 식품위생법이 제정됨으로써 우리나라도 과학적인 지도행정체계를 가지게 됐다.

3 식인성 병해 중 외인성에 속하는 것은?

① 곰팡이독
② 복어독
③ 아민아미드 반응물
④ 시안배당체

✎NOTE| 외인성 병해 … 외부로부터 식품에 첨가된 독성물질에 의해 생기는 병해를 말한다. 예를 들면, 곰팡이독, 기생충, 식품첨가물 등이 있다.

ANSWER | 1.④ 2.③ 3.①

4 식인성 병해 중 내인성이 아닌 것은?

① 항비타민성 물질　　　　　　② 포도상구균

③ 버섯독　　　　　　　　　　　④ 항알러젠 물질

> **NOTE** 내인성 … 원래 식품 자체에 있는 고유성분으로 자연독, 고유의 유해물 등으로 인해 병해가 발생하는 것을 말한다. 내인성 독에는 바지락독, 마비성 조개독, 항비타민성 물질, 항알러젠 물질, 갑상선 물질 등이 있다.
> ② 포도상구균은 세균성 식중독균인 외인성이다.

5 건전한 식품이 갖추어야 할 요소가 아닌 것은?

① 안전성　　　　　　　　　　　② 영양생리성

③ 저장성　　　　　　　　　　　④ 복잡성

> **NOTE** 건전한 식품이 갖추어야 할 요소 … 영양생리성, 안전성, 기호성, 저장성, 편리성, 경제성 등이 있다.

6 다음 중 식품위생의 대상범위가 아닌 것은?

① 식품첨가물　　　　　　　　　② 기구

③ 조리방법　　　　　　　　　　④ 포장

> **NOTE** 식품위생은 식품, 식품첨가물, 기구, 용기, 포장을 대상으로 한다〈식품위생법 제2조 제1호〉.

7 식품으로 인한 건강장애의 원인물질 중 외인성이 아닌 것은?

① DDT　　　　　　　　　　　　② Tetrodotoxin

③ Salmonella균　　　　　　　　　④ 유기수은

> **NOTE** ② 테트로도톡신은 자연독인 복어독으로 내인성에 속한다.

ANSWER | 4.② 5.④ 6.③ 7.②

8 식품병해의 원인물질 분류와 관계없는 것은?

① 내인성   ② 유기성

③ 지용성   ④ 외인성

> **NOTE** | 식품병해의 원인물질은 내인성, 외인성, 유기성으로 분류한다.

9 식품병해 원인의 외인성 인자 중 인위적 인자인 것은?

① 항비타민 물질   ② 포장재료의 용출물

③ 항갑상선 물질   ④ 경구감염병균

> **NOTE** | ①③ 내인성 인자에 해당된다.
> ④ 외인성 인자 중 생물적 인자에 해당된다.

10 식품위생행정의 목적으로 옳은 것은?

① 근로자의 건강 장해의 예방 및 치료

② 체내에 필요한 영양분의 공급

③ 식품으로 인한 위해요인 방지

④ 국민 건강수준의 증진

> **NOTE** | 식품위생행정의 목적 … 식품으로 인한 위생상의 위해요인을 방지하고 식품영양의 질적 향상을
> 도모함으로써 국민보건의 향상과 증진에 기여함을 목적으로 한다.
> ① 산업위생 범주에 속하는 것이다.
> ② 음식의 섭취를 통해 이루어지는 것이다.
> ④ 건강진흥운동 등을 통해 이루어질 수 있다.

11 다음 중 식품, 의약품 등의 안전관리와 독성에 관한 시험·연구업무를 수행하는 기관은?

① 질병관리본부　　　　　　　　② 식품위생심의위원회

③ 식품의약품안전처　　　　　　④ 시·도 보건소

> **NOTE** 식품의약품안전처에서는 각각의 연구원을 두고 식품·의약품 등의 안전관리와 독성에 관한 시험·연구업무를 하고 있다.

12 식품위생상 기구에 속하지 않는 것은?

① 우유착즙기　　　　　　　　　② 식품제조기

③ 식품조리기구　　　　　　　　④ 어망

> **NOTE** 식품위생상 기구…식품 또는 식품첨가물에 직접 닿는 기계·기구나 그 밖의 물건을 말하고, 농수산업에서의 식품채취 시 사용되는 기구는 제외된다.

13 다음 중 식품위생의 범위에 해당되지 않는 것은?

① 기구 및 용기, 포장 위생

② 식품의 유해물 혼입방지

③ 식품의 영양유지

④ 첨가물의 비위생적인 요소제거

> **NOTE** ③ 식품의 영양관련 문제는 식품위생에 해당되지 않는다.

14 식품위생행정을 과학적으로 뒷받침해 주는 지방시험 연구기관은?

① 시·도 위생시험소　　　　　　② 시·도 보건환경연구원

③ 보건소　　　　　　　　　　　④ 질병관리본부

> **NOTE** 각 시·도의 보건환경연구원이 지방의 식품위생 행정업무를 과학적으로 뒷받침해 주는 시험 및 연구를 담당하고 있다.

ANSWER | 11.③　12.④　13.③　14.②

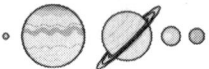

15 식품안전행정의 안전관리업무와 시험, 검정, 연구업무를 수행하는 기관은?

① 시 · 도 보건소
② 식품의약품안전처
③ 질병관리본부
④ 국립보건연구원

✎NOTE | 식품의약품안전처 ··· 식품의 안전관리제도를 개선하고, 식품의 기준 및 규격을 과학화 · 국제화함으로써 국민의 안전관리 수준을 향상시키기 위한 제반업무를 수행하고 있다. 식품 · 의약품 등의 안전관리업무와 시험 · 검정 · 연구업무를 효율적으로 수행하기 위해 기획조정관, 운영지원과, 소비자위해예방국, 식품안전정책국, 식품영양안전국, 농축수산물안전국, 의약품안전국, 바이오생약국, 의료기기안전국을 두었으며, 식품 · 의약품안전관리업무의 효율적 수행을 위하여 6개의 지방식품의약품안전청을 두고 있다.

16 식품으로 인한 위생상의 위해 요인과 대상물이 잘못 짝지어진 것은?

① 토양오염 – 농약, 중금속
② 동물성 자연독 – 복어독, 바지락독, 마비형 패독
③ 화학물질에 의한 것 – 맥각 및 황변미 중독
④ 기생충에 의한 것 – 회충, 요충, 편충

✎NOTE | 식품으로 인한 위생상의 위해요인
  ㉠ 식물성 자연독 : 독버섯독, 감자독, 독미나리독, 청매독 등
  ㉡ 동물성 자연독 : 복어독, 바지락독, 마비형 패독 등
  ㉢ 토양오염 : 농약, 중금속, 방사선 물질 등
  ㉣ 화학물질 : 유해첨가물 등
  ㉤ 곰팡이독 : 맥각독, 황변미 중독 등

ANSWER | 15.② 16.③

17 식품취급자나 소비자의 입장에서 취하여야 할 대책이 아닌 것은?

① 식품생산 단계에서의 위생관리

② 섭취 단계에서의 위생관리

③ 유통과정에서의 위생관리

④ 식중독이 발생했을 때의 위생관리

> **NOTE** ④ 식중독이 발생했을 때의 위생관리는 행정당국의 대책이다.
> ※ **식품취급자나 소비자의 입장에서 취하여야 할 대책**
> ㉠ 식품생산 단계에서의 위생관리
> ㉡ 제조 · 가공 · 조리 단계에서의 위생관리
> ㉢ 유통과정에서의 위생관리
> ㉣ 시설에 대한 위생관리
> ㉤ 식품취급자에 대한 위생관리
> ㉥ 제품에 대한 위생관리

18 식품위생의 목표로서 안전한 식품의 구비요소를 포함하고 있는 것을 모두 고르면?

> ㉠ 부패되거나 변질되지 않은 식품
> ㉡ 유독 또는 유해물질이 함유되어 있지 않은 식품
> ㉢ 병원 미생물에 의해 오염되지 않은 식품
> ㉣ 불결한 것이나 이물이 존재하지 않는 식품

① ㉠, ㉡, ㉢   ② ㉠, ㉡

③ ㉡, ㉢   ④ ㉠, ㉡, ㉢, ㉣

> **NOTE** 안전한 식품의 구비요소로는 부패되거나 변질되지 않은 식품, 유독 또는 유해물질이 함유되어
> 있지 않은 식품, 병원 미생물에 의해 오염되지 않은 식품, 불결한 것이나 이물이 존재하지 않
> 는 식품 등이다.

ANSWER | 17.④ 18.④

식품첨가물

1 식품첨가물의 개요

① 일반적 개념

(1) 개념

일반적으로 어떠한 의도를 가지고 첨가하는 의도적 식품첨가물을 가리킨다.

(2) 사용목적

식품의 품질을 개량하여 보존성 및 기호성을 향상시키며 영양가 및 식품의 가치를 증진시킬 목적으로 사용한다.

② 각 기관별 개념

(1) 우리나라

식품첨가물은 식품을 제조, 가공 또는 보존하는 과정에서 식품에 넣거나 섞는 물질 또는 식품을 적시는 등에 사용되는 물질을 말한다. 이 경우 기구·용기·포장을 살균·소독하는 데 사용되어 간접적으로 식품으로 옮겨갈 수 있는 물질을 포함한다〈식품위생법 제2조 제2호〉.

(2) FAO와 WHO의 합동전문위원회

식품첨가물은 식품의 외관·향미·조직 또는 저장성을 향상시킬 목적으로 보통 적은 양이 식품에 첨가되는 비영양물질이다.

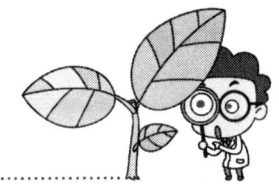

(3) 미국 국립과학학술원 및 국립연구협의회 산하의 식품보호위원회

식품첨가물은 생산, 가공, 저장 또는 포장의 어떤 국면에서 식품 속에 들어오게 되는 기본적인 식량 이외의 물질 또는 물질들의 혼합물로서 여기에는 우발적인 오염물은 포함되지 않는다.

---

2 식품첨가물의 구비조건 및 종류

① 식품첨가물의 구비조건 및 기준

(1) 식품첨가물의 기준과 규격

식품첨가물은 의도적으로 추가되는 비영양물질이므로 식품의약품안전처장이 제정한 식품첨가물의 해당기준과 규격에 맞아야 한다.

> ★TIP 식품첨가물의 성분규격, 사용기준, 표시기준, 제조기준 등은 식품첨가물공전에 수록되어 있다.

(2) 식품첨가물의 구비조건

① 인체에 유해한 영향을 미치지 않아야 한다.

② 사용목적에 따른 효과를 소량으로도 충분히 나타낼 수 있어야 한다.

③ 식품의 제조가공에 필수 불가결해야 한다.

④ 식품의 영양가를 유지해야 한다.

⑤ 식품에 나쁜 이화학적 변화를 주지 않아야 한다.

⑥ 식품의 화학분석 등에 의해서 그 첨가물을 확인할 수 있어야 한다.

⑦ 식품의 외관을 좋게 해야 한다.

⑧ 식품을 소비자에게 이롭게 해야 한다.

> ★TIP 화학적 합성품을 식품첨가물로 지정할 때의 심사항목
> ㉠ 인체에 대하여 충분한 안전성 보장
> ㉡ 식품에 사용하였을 경우, 충분한 효과가 기대되는 것
> ㉢ 화학명과 제조방법이 명확할 것
> ㉣ 화학적 시험(화학적 성상, 물리적 성상, 순도시험, 식품 중에서 화학적 변화, 정성시험 및 정량시험)
> ㉤ 급성독성시험, 만성독성시험, 발암성, 생화학적 및 약리학적 시험

② 식품첨가물의 종류와 용도

(1) 보존료(방부제)

① **개념** … 미생물 증식에 의해 발생하는 식품의 변질과 부패를 방지하기 위해 사용되는 물질이다.

② **구비조건**

　㉠ 미생물의 발육 저지력이 강하며 지속적이어야 한다.

　㉡ 사용이 간편하고 값이 저렴해야 한다.

　㉢ 인체에 무해하고 독성이 없어야 한다.

　㉣ 식품에 나쁜 영향을 주지 않아야 한다.

　㉤ 장기적으로 사용해도 해가 없어야 한다.

③ **종류별 사용기준**

종류	사용기준
안식향산 안식향산나트륨	• 과일 · 채소류음료(비가열제품 제외) : 0.6g/kg 이하 • 탄산음료류(탄산수 제외) : 0.6g/kg 이하 • 기타음료(분말제품 제외), 인삼 · 홍삼음료 : 0.6g/kg 이하 • 한식간장, 양조간장, 산분해간장, 효소분해간장, 혼합간장 : 0.6g/kg 이하 • 알로에 전잎(겔 포함) 건강기능식품 : 0.5g/kg 이하 • 마요네즈 : 1.0g/kg 이하 • 잼류 : 1.0g/kg 이하 • 망고처트니 : 0.25g/kg 이하 • 마가린 : 1.0g/kg 이하 • 저지방마가린(지방스프레드) : 2.0g/kg 이하 • 식초절임 : 1.0g/kg 이하
소르빈산 소르빈산칼륨	• 자연치즈, 가공치즈 : 3.0g/kg 이하 • 식육가공품(포장육, 양념육류, 분쇄가공육제품, 갈비가공품, 식육추출가공품, 식용우지, 식용돈지 제외), 고래고기제품, 어육가공품, 성게젓, 땅콩버터, 모조치즈 : 2.0g/kg 이하 • 콜라겐케이싱 : 0.1g/kg 이하 • 젓갈류(단, 염분 8% 이하의 제품에 한함), 한식된장, 된장, 조미된장, 고추장, 조미고추장, 춘장, 청국장(단, 비건조 제품에 한함), 혼합장, 어패건제품, 팥등앙금류, 절임류(식초절임 제외), 플라워페이스트, 드레싱 : 1.0g/kg 이하 • 알로에전잎(겔포함) 건강기능식품(단, 두가지 이상의 건강기능식품원료를 사용하는 경우에는 사용된 알로에전잎(겔포함) 건강기능식품성분의 배합비율을 적용) : 1.0g/kg 이하 • 농축과실즙 : 1.0g/kg 이하

소르빈산 소르빈산칼륨	• 잼류 : 1.0g/kg 이하 • 건조과실류, 토마토케첩, 당절임(건조당절임 제외) : 0.5g/kg 이하 • 식초절임 : 0.5g/kg 이하 • 발효음료류(살균한것은 제외) : 0.05g/kg 이하 • 과실주 : 0.2g/kg 이하 • 마가린 : 1.0g/kg 이하 • 저지방마가린(지방스프레드) : 2.0g/kg 이하 • 당류가공품(당류를 주원료로하여 제조한 것으로 과자, 빵류, 아이스크림류 등 식품에 도포, 충전 등의 목적으로 사용되는 시럽상 또는 페이스트상에 한한다) : 1.0g/kg 이하 • 향신료조제품(건조제품 제외) : 1.0g/kg 이하
데히드로초산나트륨	• 자연치즈, 가공치즈, 버터류, 마가린류 : 0.5g/kg 이하
파라옥시안식향산에틸 파라옥시안식향산메틸	• 캡슐류 : 1.0g/kg 이하 • 잼류 : 1.0g/kg 이하 • 망고처트니 : 0.25g/kg 이하 • 한식간장, 양조간장, 산분해간장, 효소분해간장, 혼합간장 : 0.25g/kg 이하 • 식초 : 0.1g/L 이하 • 기타음료(분말제품 제외), 인삼ㆍ홍삼음료 : 0.1g/kg 이하 • 소스류 : 0.2g/kg 이하 • 과실류(표피부분에 한한다) : 0.012g/kg 이하 • 채소류(표피부분에 한한다) : 0.012g/kg 이하
프로피온산나트륨 프로피온산칼슘	• 빵류 : 2.5g/kg 이하 • 자연치즈, 가공치즈 : 3.0g/kg 이하 • 잼류 : 1.0g/kg 이하

(2) 산화방지제

① **개념** … 유지의 산패를 방지하기 위해 사용하는 물질이다.

★🔍TIP 산패의 종류

ㄱ **가수분해형 산패**(Hydrolytic rancidity) : 유지가 미생물의 작용을 받아 가수분해되어 생성된 유리지방산이 원인이 되는 경우로, 버터 등 분자가 작은 유지에서 잘 일어난다.

ㄴ **케톤형 산패**(Ketonic rancidity) : 미생물에 의해 유지의 불포화결합이 산화분해되어 생성된 알데히드, 케톤이 원인이 되는 경우로 올레산이 많은 유지에서 잘 일어난다.

ㄷ **산화형 산패**(Oxidative rancidity) : 유지가 공기 중의 산소에 의하여 자동적으로 산화되어 불포화 결합이 절단되고, 그 결과로 생성된 알데히드, 케톤 및 저급 카르복실산 등이 원인이 되는 경우로, 불포화인 기름일수록 산화를 잘 일으키며, 열, 빛, 금속 등이 산화를 더욱 촉진시킨다.

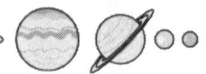

② **종류별 사용기준**

종류	사용기준
부틸히드록시아니솔(BHA) 디부틸히드록시톨루엔(BHT)	• 식용유지류, 식용우지, 식용돈지, 버터류, 어패건제품, 어패염장품 : 0.2g/kg 이하 • 어패냉동품(생식용 냉동선어패류, 생식용굴은 제외)의 침지액, 고래냉동품(생식용은 제외)의 침지액 : 1g/kg 이하 • 추잉껌 : 0.4g/kg 이하 • 체중조절용 조제식품, 시리얼류 : 0.05g/kg 이하 • 마요네즈 : 0.06g/kg 이하
몰식자산프로필	• 식용유지류, 식용우지, 식용돈지, 버터류 : 0.1g/kg 이하
E.D.T.A 칼슘 2 나트륨 E.D.T.A 2 나트륨	• 드레싱류, 소스류 : 0.075g/kg 이하 • 통조림식품, 병조림식품 : 0.25g/kg 이하 • 음료류(캔 또는 병제품) : 0.035g/kg 이하 • 마가린류 : 0.1g/kg 이하 • 오이초절임, 양배추초절임 : 0.22g/kg 이하 • 건조과실류(바나나에 한한다) : 0.265g/kg 이하 • 서류가공품(냉동감자에 한한다) : 0.365g/kg 이하 • 땅콩버터 : 0.1g/kg 이하

(3) 살균제(소독제)

① **개념** … 음식물의 보존을 위해 첨가하는 것과 음식물용 용기, 기구 및 물 등을 소독하는 목적으로 사용하는 것이다.

② **구비조건** … 살균력이 강하고 값이 저렴하며 인체에 무해해야 한다.

③ **주요 종류별 사용기준**

종류	사용기준
고도표백분	과실류, 채소류 등 식품의 살균 목적 이외에 사용하여서는 아니되며, 최종식품의 완성 전에 제거하여야 한다.
차아염소산나트륨	과실류, 채소류 등 식품의 살균목적 이외에 사용하여서는 아니 되며, 최종식품의 완성 전에 제거하여야 한다. 다만, 차아염소산나트륨은 참깨에 사용하여서는 아니 된다.

(4) 표백제

① **개념** … 식품 가공이나 제조 시 유색물질을 화학적 분해로 탈색시켜 무색의 화합물로 변화시키고 저장 시 일어나는 착색, 갈변 등의 변화를 억제하기 위해 사용되는 첨가물이다.

② **주요 종류별 사용기준**

종류		사용기준
환원제	아황산나트륨 산성아황산나트륨 차아황산나트륨 메타중아황산칼륨 무수아황산	• 박고지(박의 속을 제거하고 육질을 잘라내어 건조시킨 것을 말한다) : 5.0g/kg • 당밀 : 0.30g/kg • 물엿, 기타엿 : 0.20g/kg • 과실주 : 0.350g/kg • 과실주스, 농축과실즙, 과·채가공품 : 0.150g/kg(단, 5배 이상 희석하여 음용하거나 사용하는 제품에 한함) • 건조과실류 : 1.0g/kg • 건조채소류 : 0.030g/kg • 곤약분 : 0.90g/kg • 새우 : 0.10g/kg (껍질을 벗긴 살로서) • 냉동생게 : 0.10g/kg (껍질을 벗긴 살로서) • 설탕 : 0.020g/kg • 발효식초 : 0.10g/kg • 건조감자 : 0.50g/kg • 소스류 : 0.30g/kg • 향신료조제품 : 0.20g/kg • 기타식품[참깨, 콩류, 서류, 과실류, 채소류 및 그 단순가공품(탈피, 절단 등), 건강기능식품 제외] : 0.030g/kg
산화제	과산화수소	최종식품 완성 전에 분해, 제거하여야 함

(5) 착색료

① **개념** … 식품의 조리, 가공 중에 변색 등의 경우가 많아 가공식품에 인공적인 착색을 일으켜 색을 복원시키거나 외관을 보기 좋게 만드는 경우에 사용한다.

② **합성 착색료** … 식용색소녹색 제3호, 식용색소녹색 제3호 알루미늄레이크, 식용색소적색 제2호, 식용색소적색 제2호 알루미늄레이크, 식용색소적색 제3호, 식용색소적색 제102호, 식용색소청색 제2호, 식용색소청색 제2호 알루미늄레이크, 식용색소황색 제4호, 식용색소황색 제4호 알루미늄레이크, 식용색소황색 제5호, 식용색소황색 제5호 알루미늄레이크, 동클로로필, 동클로로필린나트륨, 철클로로필린나트륨, 삼이산화철, 이산화티타늄, 수용성안나토, 카르민 등

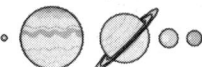

③ **천연 착색료** … 감색소, 고량색소, 락색소, 마리골드색소, 베리류색소, 비트레드, 스피룰리나 청색소, 사프란색소, 오징어먹물색소, 적무색소, 차즈기색소, 콘색소, 크릴색소, 타마린드색소, 카라멜색소, 카로틴, 카카오색소, 파프리카추출색소, 황화황색소 등

④ **주요 종류별 사용기준**

종류		사용기준
타르색소	식용색소 녹색 3호 식용색소 녹색 3호 알루미늄레이크 식용색소 적색 2호 식용색소 적색 2호 알루미늄레이크 식용색소 청색 1호 식용색소 청색 1호 알루미늄레이크 식용색소 청색 2호 식용색소 청색 2호 알루미늄레이크 식용색소 황색 4호 식용색소 황색 4호 알루미늄레이크 식용색소 황색 5호 식용색소 황색 5호 알루미늄레이크 식용색소 적색 102호	천연식품[식육류, 어패류(고래고기포함), 채소류, 과실류, 해조류, 콩류 등 및 그 단순가공품(탈피, 절단 등)], 코코아매스, 코코아버터, 코코아분말, 잼류, 유가공품, 식육가공품(소시지류 제외), 알가공품, 어육가공품(어육소시지 제외), 두부류, 묵류, 식용유지류, 면류, 다류, 커피, 과일 · 채소류음료(과 · 채음료 제외), 두유류, 발효음료류, 인삼 · 홍삼음료, 장류, 식초, 소스류, 토마토케첩, 카레, 고춧가루, 실고추, 향신료가공품[고추냉이(와사비)가공품 및 겨자가공품 제외], 복합조미식품, 마요네즈, 김치류, 젓갈류(명란젓 제외), 절임식품(밀봉 및 가열살균 또는 멸균처리한 절임제품은 제외), 단무지, 조림식품, 땅콩 또는 견과류가공품류, 과채가공품류, 조미김, 벌꿀, 추출가공식품류, 레토르트식품, 특수용도식품, 건강기능식품(정제의 제피 또는 캡슐은 제외) 등에는 사용불가
타르 이외의 색소	철클로로필린나트륨	천연식품[식육류, 어패류(고래고기 포함), 과실류, 채소류, 해조류, 콩류 등 및 그 단순가공품(탈피, 절단 등)], 다류, 커피, 고춧가루, 실고추, 김치류, 고추장, 조미고추장, 식초 등에 사용불가
	동클로로필	• 다시마 : 무수물 1kg에 대하여 0.15g 이하 • 과실류의 저장품, 채소류의 저장품 : 0.1g/kg 이하 • 추잉껌, 캔디류 : 0.05g/kg 이하 • 완두콩통조림중의 한천 : 0.0004g/kg 이하
	삼이산화철	바나나(꼭지의 절단면) · 곤약 이외의 식품에 사용불가
	β - 아포 - 8' - 카로티날 수용성 안나토 β - 카로틴	천연식품[식육류, 어패류(고래고기포함), 과실류, 채소류, 해조류, 콩류 등 및 그 단순 가공품(탈피, 절단등)], 다류, 커피, 고춧가루, 실고추, 김치류, 고추장, 조미고추장, 식초에 사용불가

(6) 발색제

① **개념** … 식품 중의 색소와 작용하여 색을 안정시키거나 발색을 촉진시키는 작용을 한다.

② **종류**

ㄱ **육류발색제** : 육류 중의 Myoglobin이나 Hemoglobin 등의 색소단백질이 산화되는 것을 방지하기 위해 아질산염을 가해 붉은 색을 유지하게 한다. 질산칼륨, 질산나트륨, 아질산나트륨 등이 있다.

ㄴ **식물성발색제** : 황산 제1철로 이 색소는 산성에서는 적색, 알칼리성에는 청색을 나타낸다. 그러나 철과 결합하면 안전한 색소가 된다.

(7) 소맥분 개량제

① **개념** … 제분된 밀가루의 표백과 숙성기간을 단축하고 제빵저해 물질을 파괴시키며 장기간 저장 시 품질 변화를 억제하기 위해 쓰이는 첨가물이다.

② **종류** … 과산화벤조일, 과황산암모늄 등이 있다.

(8) 합성점착제(호료, 증점제)

① **개념(기능)**

ㄱ 식품의 점착성을 증가시킨다.

ㄴ 유화, 안전성을 좋게 하여 교질상의 미각을 증진시키는 효과가 있다.

ㄷ 가열이나 보존 중에 선도를 유지하고 일정 형태를 보존하는 데 도움을 준다.

② **종류** … 알긴산나트륨, 메틸셀룰로오스, 카제인나트륨 등이 있다.

(9) 조미료

① **개념** … 식품 본래 맛을 강화하거나 개인의 기호에 맞게 조절하기 위해 첨가되는 물질이다.

② **종류**

ㄱ **핵산계 조미료** : 5'-이노신산이나트륨, 5'-구아닐산이나트륨, 5'-리보뉴클레오티드이나트륨 등이 있다.

ㄴ **아미노산계 조미료** : L-글루타민산나트륨, 글리신, DL-알라닌 등이 있다.

ㄷ **유기산계 조미료** : DL-주석산나트륨 및 DL-사과산나트륨, 구연산나트륨, 호박산 등이 있다.

(10) 산미료, 인공감미료

① **산미료** … 신맛을 부여하는 산미료에는 초산 및 빙초산, 구연산 등이 포함된다.

② **인공감미료** … 당질을 제외한 감미를 지닌 화학적 제품을 총칭하는 인공(합성)감미료에는 시카린 나트륨, 아스파탐, D-소르비톨, 글리실리진산 2 나트륨이 있으며, 특히 글리실리진산 2 나트 륨은 된장 및 간장의 제조에 쓰인다.

(11) 팽창제

① **개념** … 빵류나 과자를 제조할 때 잘 부풀게 하기 위해 사용한다.

② **종류** … 천연품으로 효모가 있고, 합성팽창제로 탄산수소나트륨, 탄산암모늄 등이 있다.

(12) 유화제

① **개념** … 혼합이 잘 되지 않는 두 종류의 액체를 혼합하여 분리되지 않게 하는 물질이다.

② **종류** … 소르비탄지방산에스테르, 글리세린지방산에스테르, 자당지방산에스테르, 프로필렌글리콜지방산에스테르, 폴리소르베이트 20, 60, 65, 80(총 4종)이 허용된다.

(13) 소포제

① **개념** … 식품 제조공정 중 생기는 거품을 제거하거나 억제하기 위해 사용하는 첨가물이다.

② **종류** … 규소수지 1종만 허용하고 있다.

(14) 피막제

① **개념** … 채소나 과실을 수확한 후 장기간 선도를 유지하기 위해 표면에 피막을 씌우는 것이다.

② **종류** … 몰포린지방산염과 초산비닐수지 2종을 허용한다.

(15) 방충제

① **개념** … 곡류 저장 시 해충을 막기 위해 사용하는 것이다.

② **종류** … 피페로닐 부톡사이드 1종이다.

(16) 용제

① **개념** … 천연물의 유효성분이나 식품첨가물 등을 식품에 균일하게 혼합시키도록 하는 첨가물이다.

② **종류** … 글리세린과 프로필렌글리콜 2종이 있다.

(17) 추출제

① **개념** … 특정 성분을 추출하기 위해 사용한다.

② **종류** … n-헥산 1종이다.

⒅ **이형제**

① **개념** … 빵을 구울 때 틀에서 분리하기 위해 사용하는 첨가제이다.

② **종류** … 유동파라핀이 있다.

⒆ **껌기초제**

① **개념** … 껌에 점성과 탄력성을 주고 풍미를 유지하게 하는 기초원료로 사용되는 첨가제이다.

② **종류** … 폴리이소부틸렌, 에스테르검, 초산비닐수지 등이 있다.

⒇ **면류 첨가 알칼리제**

① **개념** … 밀가루의 글루텐에 특이적으로 작용해 변성을 일으켜 점성과 신축성을 증가시키고 독특한 담황색과 광택, 풍미를 준다.

② **종류** … 탄산나트륨(결정, 무수), 탄산칼슘(무수)이 허용된다.

식품첨가물

출제예상문제

1 다음 식품첨가물의 내용으로 옳은 것은?

① 프로피온산나트륨은 효모에 작용을 한다.
② BHA는 지용성 산화방지제로 물에 녹지 않고 지방에 녹는다.
③ 소르빈산은 식품의 맛과 향을 강화한다.
④ 아질산나트륨은 색소를 파괴하는 표백제이다.

> **NOTE** ① 프로피온산나트륨은 항균작용을 하며, 파리옥시안식향산어스테르류가 곰팡이, 효모에 방육 저지작용을 한다.
> ③ 대표적인 합성 보존료로 가공식품의 보존에 사용된다.
> ④ 아질산나트륨은 발색제 및 보존료로 사용된다.

2 다음 중 사용이 금지된 유해 감미료인 것은?

① 소르빈산칼륨   ② 프로피온산나트륨
③ 구연산나트륨   ④ 둘신

> **NOTE** 둘신(dulcin)
> ㉠ $C_6H_{12}N_2O_2$의 화학식을 가진 무색의 인공감미료
> ㉡ 녹는점은 171 ~ 172℃, 분자량 180
> ㉢ 당도는 설탕의 280배이고, 사카린에 비하여 독성이 강함
> ㉣ 섭취시 소화력을 약화시키며, 체내 분해 시 p-amino phenol에 의해 혈액독 생성
> ㉤ 1966년 11월 이후 유독성의 문제로 사용 금지

3 식품 가공 시 사용하는 식품첨가물의 분류와 목적이 바르게 연결되지 않은 것은?

① 유화제 - 물과 기름같이 서로 혼합되지 않는 액체를 분산
② 소포제 - 거품 제거
③ 발색제 - 식품 중의 색소성분과 반응하여 그 색을 보존 또는 발색
④ 호료 - 반죽과 틀 간의 결착 방지

ANSWER | 1.② 2.④ 3.④

✎NOTE | 호료는 고분자의 천연물질과 이들의 유도체들로 교질상태의 성질을 갖고 있어 식품의 점도를 증가시키거나 교질상의 미각을 향상시키기 위하여 사용된다.

4 다음 식품첨가물 중 살균제가 아닌 것은?

① 고도 표백분(Calcium Hypochlorite)　　② 에틸렌옥사이드(Ethylene oxide)
③ 폴리아크릴산나트륨(Sodium polyacrylate)　④ 차아염소산나트륨(Sodium hypochlorite)

✎NOTE | ③ 폴리아크릴산나트륨은 증점제, 소포제로 사용된다.

5 다음 중 보존료의 구비조건이 아닌 것은?

① 독성이 없어야 한다.　　　　　② 색이 아름다워야 한다.
③ 기호에 맞아야 한다.　　　　　④ 사용이 간편해야 한다.

✎NOTE | 보존료는 색과는 관계없이 미생물 발육 억제력이 강해야 하고, 독성이 없어야 하고, 기호에 맞아야 한다.

6 식품제조과정 중 생기게 되는 거품을 제거하기 위하여 사용되는 식품첨가물은?

① 소포제　　　　　　　　　　　② 팽창제
③ 강화제　　　　　　　　　　　④ 유화제

✎NOTE | 소포제는 식품제조공정 중 생기는 거품을 제거하거나 억제하기 위해 사용되는 물질이다.

7 다음 중 보존료로 허용되지 않는 것은?

① 소르빈산(Sorbic acid)
② β-카로틴(β-Carotene)
③ 안식향산(Benzoic acid)
④ 데히드로초산나트륨(Sodium dehydroacetate)

✎NOTE | ② β-카로틴은 보존료가 아니라 착색료로 허용된 것이다.

ANSWER | 4.③ 5.② 6.① 7.②

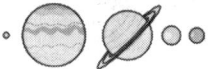

8 식품첨가물에 정해져 있는 사용기준이란 무엇인가?

① 식품첨가물의 품질성분을 정한 내용이다.
② 식품첨가물의 국가검정 품목을 정하는 내용이다.
③ 식품첨가물을 사용할 때 그 대상품목의 종류와 사용량을 규정하는 내용이다.
④ 식품첨가물로서 사용가능한 품목의 양을 정하는 내용이다.

　　✒️**NOTE** 식품첨가물의 사용기준은 대상품목의 종류와 사용량을 규정하는 내용을 기준으로 한다.

9 다음 중 식품첨가물의 구비조건이 아닌 것은?

① 인체에 무해해야 한다.　　　　　② 식품의 풍미를 향상시켜야 한다.
③ 제조식품의 값과는 무관하다.　　④ 식품의 영양가를 유지시켜야 한다.

　　✒️**NOTE** 식품첨가물은 인체에 무해하고, 미량으로도 효과를 내야 하고, 값은 저렴해야 하며, 식품의 풍미를 향상시키고, 식품의 영양가를 유지시켜야 한다.

10 식품의 변질, 부패, 변색 등 화학변화를 방지하여 주는 첨가물은?

① 방부제　　　　　　　　　　② 살균제
③ 소포제　　　　　　　　　　④ 유화제

　　✒️**NOTE** ① 식품의 변질, 부패, 변색 등 화학변화를 방지하기 위해 사용되는 첨가물이다.
　　② 식품의 부패 원인균이나 병원균 등 해로운 균을 사멸하기 위해 사용되는 첨가물이다.
　　③ 식품의 제조 시 거품을 없애거나 줄이기 위해 사용되는 첨가물이다.
　　④ 식품의 제조 시 물과 기름이 잘 혼합되도록 해주는 첨가물이다.

11 식육가공품을 선홍색으로 고정시키기 위해 발색제로 사용이 허가된 물질은?

① Sodium nitrate　　　　　　② Sodium sulfite
③ Propyl gallate　　　　　　④ Alura red

　　✒️**NOTE** Sodium nitrate인 질산나트륨은 세균에 의해 분해되어 아질산이 햄이나 고기색소에 작용하여 발색시키는 발색제로 이용된다. 우리나라 식품첨가물공전에는 식육가공품, 고래고기제품, 자연치즈, 가공치즈 이외에는 사용하여서는 안 된다고 규정되어 있다.

ANSWER | 8.③ 9.③ 10.① 11.①

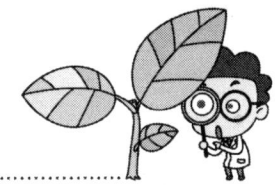

12 인공감미료 중 된장 및 간장에 쓰이는 것은?

① D – 소르비톨

② 사카린

③ 글리실리진산 2 나트륨

④ 아스파탐

✎▭NOTE| 글리실리진산 2 나트륨은 된장 및 간장의 제조에 사용되며, 이외의 식품에 사용하여서는 안 된다.

13 다음 중 유지의 산패를 방지하기 위해 사용되는 첨가물은?

① 발색제

② 표백제

③ 착색료

④ 산화방지제

✎▭NOTE| ④ 유지의 산패를 방지하기 위해 사용한다.
① 식품 중의 색소와 작용하여 색을 안정시키거나 발색을 촉진시키는 작용을 한다.
② 착색, 갈변 등 변화를 억제하기 위해 사용되는 첨가물이다.
③ 색을 복원시키거나 외관을 보기 좋게 만드는 경우에 사용한다.

14 다음 중 아미노산계 조미료에 속하지 않는 것은?

① DL−알라닌

② DL−사과산나트륨

③ L−글루타민산나트륨

④ 글리신

✎▭NOTE| ② DL−사과산나트륨은 유기산계 조미료이다.

15 보존제로서 탄산음료류에 쓰이는 것은?

① 소르빈산

② 데히드로초산나트륨

③ 안식향산나트륨

④ 프로피온산나트륨

✎▭NOTE| ③ 탄산음료류(탄산수 제외), 간장, 잼류 등에 사용된다.
① 식육가공품, 고래고기제품, 어육가공품, 성게젓, 땅콩버터, 모조치즈 및 염분함량 8% 이하의 젓갈류 등에 사용된다.
② 치즈, 버터, 마가린 등의 식품에 사용된다.
④ 빵류, 자연치즈, 가공치즈, 잼류에 사용된다.

ANSWER | 12.③ 13.④ 14.② 15.③

16 다음 중 환원표백제가 아닌 것은?

① 아황산나트륨   ② 차아황산나트륨

③ 무수아황산   ④ 과산화수소

　　NOTE | ④ 산화표백제이다.
　　　　　①②③ 환원표백제이다.

17 다음 중 인공감미료의 종류가 아닌 것은?

① 글리신   ② 사카린나트륨

③ D-소르비톨   ④ 아스파탐

　　NOTE | ① 글리신은 아미노산계 조미료로서 식품의 맛을 강화시키거나 개인의 기호에 맞게 조절하기 위해 첨가되는 물질이다.

18 식품첨가물의 공전은 누가 작성하는가?

① 서울시장   ② 보건복지부 장관

③ 질병관리본부장   ④ 식품의약품안전처장

　　NOTE | 식품에 첨가되는 물질들에 대한 해당 기준과 규격을 수록한 것으로, 식품의약품안전처에서 작성·보급된다.

19 식품의 점착성을 증가시키며 유화, 안전성을 좋게하여 미각을 증진시키는 효과가 있는 첨가물은?

① 소맥분개량제   ② 유화제

③ 호료   ④ 발색제

　　NOTE | ③ 식품의 점착성을 증가시키고 교질상의 미각을 증진시키는 효과도 있으며, 가열이나 보존 중에 선도를 유지하고 일정 형태를 보존하는데 도움을 주는 첨가물로 합성점착제라고도 한다.
　　　　　① 제분된 밀가루의 표백과 숙성기간을 단축하고 제빵저해물질을 파괴시키며 장기간 저장 시 품질 변화를 억제하기 위해 쓰이는 첨가물이다.
　　　　　② 혼합이 잘 되지 않는 두 종류의 액체를 혼합하여 분리되지 않게 하는 물질이다.
　　　　　④ 식품 중의 색소와 작용하여 색을 안정시키거나 발색을 촉진시키는 작용을 한다.

ANSWER | 16.④ 17.① 18.④ 19.③

20 껌기초제가 아닌 것은?

① 초산비닐수지　　　　　　　　　② 폴리이소부틸렌

③ 에스테르검　　　　　　　　　　④ 유동파라핀

✎NOTE | ④ 유동파라핀은 이형제로서, 빵을 구울 때 틀에서 분리하기 위해 사용하는 첨가물이다.

21 다음 중 식품첨가물이나 천연물의 유효성분이 균일하게 혼합되도록 하는 첨가물은?

① 폴리부텐　　　　　　　　　　　② 중탄산소다

③ 글리세린　　　　　　　　　　　④ 브롬산칼륨

✎NOTE | ③ 프로필렌글리콜과 같은 종류의 용제이다.
　　　　 ① 껌기초제로 사용된다.
　　　　 ② 합성팽창제로 사용된다.
　　　　 ④ 소맥분개량제로 사용되었으나, 식품첨가물공전에서 삭제되었다.

22 다음 중 산화방지제가 아닌 것은?

① 에리소르빈산　　　　　　　　　② 무수아황산

③ B.H.A　　　　　　　　　　　　④ 몰식자산프로필

✎NOTE | ② 무수아황산은 환원표백제이다.

23 햄, 소세지 등 육류 가공품의 색을 아름답게 하기 위해 사용되는 첨가물은?

① 발색제　　　　　　　　　　　　② 유화제

③ 착색제　　　　　　　　　　　　④ 표백제

✎NOTE | ① 식품 중의 색소와 작용하여 색을 안정시키거나 발색을 촉진시키는 작용을 한다.
　　　　 ② 서로 혼합이 잘 되지 않는 두 종류의 액체를 혼합하여 분리되지 않게 하는 물질이다.
　　　　 ③ 가공식품에 인공적인 착색을 일으켜 색을 복원시키거나 외관을 보기 좋게 만드는 경우에
　　　　　　사용하는 물질이다.
　　　　 ④ 식품 가공이나 제조 시 유색물질을 화학적 분해에 의해 탈색시켜 무색의 화합물로 변화시
　　　　　　키고 저장시 변화를 억제하기 위해 사용되는 물질이다.

ANSWER | 20.④　21.③　22.②　23.①

24 타르색소(식용색소 황색 제4호)를 사용해도 무방한 식품은?

① 고춧가루   ② 김치류

③ 카스테라   ④ 소시지

> **NOTE** 천연식품[식육류, 어패류(고래고기포함), 채소류, 과실류, 해조류, 콩류 등 및 그 단순가공품 (탈피, 절단 등)], 식빵, 카스텔라, 코코아매스, 코코아버터, 코코아분말, 잼류(기타잼류 제외), 유가공품(아이스크림류, 아이스크림분말류, 아이스크림믹스류 제외), 식육가공품(소시지류 제 외), 알가공품, 어육가공품(어육소시지 제외), 두부류, 묵류, 식용유지류, 면류, 다류, 커피, 과 일·채소류음료(과·채음료 제외), 두유류, 발효음료류, 인삼·홍삼음료, 장류, 식초, 소스류, 토마토케첩, 카레, 고춧가루, 실고추, 향신료가공품[고추냉이(와사비)가공품 및 겨자가공품 제 외], 복합조미식품, 마요네즈, 김치류, 젓갈류(명란젓 제외), 절임식품(밀봉 및 가열살균 또는 멸균처리한 절임제품은 제외), 단무지, 조림식품, 땅콩 또는 견과류가공품류, 과·채가공품류, 조미김, 벌꿀, 추출가공식품류, 즉석조리식품, 레토르트식품, 특수용도식품, 건강기능식품(정제 의 제피 또는 캡슐은 제외)에 사용하여서는 아니 된다.

25 다음 중 품질의 유지 또는 개량의 용도를 만족시키는 식품첨가물은?

① 조미료   ② 칼슘 화합물

③ 살균료   ④ 피막제

> **NOTE** 품질의 유지 또는 개량에 사용되는 식품첨가물에는 밀가루 개량제, 유화제, 피막제 등이 있다.

26 빵을 제조하는 과정에서 구울 때의 이형과 빵생지를 분할기에서 분할할 때의 목적 외에 사용해 서는 안 되는 이형제는?

① 유동파라핀   ② 폴리소르베이트20

③ 아디핀산   ④ 호박산이나트륨

> **NOTE** 이형제는 반죽과 틀 간의 결착을 방지하는 데 사용되는 것으로, 유동파라핀만이 허용되고 있 으며 빵류에 사용량은 0.15% 이하여야 한다.

27 식품첨가물 중에서 보존료에 관한 설명으로 옳지 않은 것은?

① 데히드로초산나트륨은 장류 및 소스류에 사용 가능하다.
② 소르빈산은 치즈 및 식육가공품에 사용 가능하다.
③ 안식향산은 과일채소류 음료 및 탄산음료에 사용 가능하다.
④ 프로피온산은 빵 및 잼류에 사용 가능하다.

> **NOTE** 데히드로초산나트륨을 보존료로 사용할 수 있는 식품은 치즈나 버터, 마가린 등이다.

ANSWER | 24.④ 25.④ 26.① 27.①

28 살균제의 구비조건이 아닌 것은?

① 식품에 나쁜 영향을 주지 않아야 한다.
② 살균력이 강해야 한다.
③ 식품의 영양을 증강시켜야 한다.
④ 인체에 무해해야 한다.

　　NOTE | 살균제는 미생물을 단시간 내에 사멸시키는 작용을 가지는 것으로 소독제라고도 한다. 식품의
　　　　영양을 증강시키는 것은 살균제의 구비조건에는 해당되지 않는다.

29 다음 중 보존료의 작용이 아닌 것은?

① 미생물의 발육억제
② 미생물의 멸균작용
③ 미생물의 사멸
④ 식품이나 세균이 생산하는 효소작용의 억제

　　NOTE | 보존료에 미생물 멸균작용은 없다. 보존료에는 정균작용, 살균작용, 억제작용이 있다.

30 식품첨가물 중 사용함량이 규제되어 있지 않은 것은?

① 발색제 ② 유화제
③ 이형제 ④ 보존료

　　NOTE | 식품첨가물 중 조미료, 산미료, 유화제, 팽창제는 사용기준의 제한이 없다.

31 타르 색소를 사용할 수 있는 식품은?

① 면류 ② 다류
③ 커피 ④ 분말청량음료

　　NOTE | 타르 색소는 유독하므로 허용된 것이라도 사용에 주의하여야 하는데 우리나라에서는 소시지,
　　　　겨자가공품 등에 사용가능하다.

ANSWER | 28.③　29.②　30.②　31.④

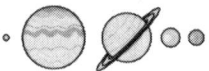

32 갈변 및 착색방지 목적으로 건조과일 등에 사용되고 있지만 천식 환자에게 그 독성이 문제가 될 수 있어 우리나라의 경우 절단된 과채류에서 사용을 금지하고 있는 것은?

① 이소프로판올   ② 아황산염

③ 아질산염   ④ 에탄올

    NOTE| 아황산염은 채소나 과일의 박피, 세단 과정에서의 갈변현상을 방지하기 위해 사용하는 것으로 자연식품에는 사용이 금지되어 있다.

33 안식향산의 미생물 살균과 발육억제 작용이 가장 강한 pH 농도는?

① pH 3.0   ② pH 4.5

③ pH 6.0   ④ pH 7.0

    NOTE| 안식향산은 청량음료, 간장 등에 사용되는 보존제로 최대 살균은 pH 3.0에서 8000배로 가장 높고 pH 7.0에서는 거의 효과가 없다.

34 천연항산화제로만 묶인 것은?

㉠ 토코페롤	㉡ 세사몰
㉢ 글루타티온	㉣ 크산토필

① ㉠㉡   ② ㉢㉣

③ ㉠㉡㉢㉣   ④ ㉠㉡㉢

    NOTE| 천연항산화제에는 토코페롤, 레시틴, 고시폴, 세파린, 아스코르빈산, 구연산, 세사몰 등이 있다.

ANSWER | 32.②   33.①   34.①

식품과 미생물

1 미생물의 개요

① 미생물의 분류

(1) 일반적 분류

대부분의 미생물은 중온균에 속하며, 일반적으로 45℃ 이상인 경우에 고온균이라고 한다.

(2) 최적온도에 따른 분류

구분	최적온도(℃)	발육가능온도(℃)
저온균(Psychrophiles)	15 ~ 20	0 ~ 25
중온균(Mesophiles)	25 ~ 37	15 ~ 55
고온균(Thermophiles)	50 ~ 60	40 ~ 75

★TIP 온도와 미생물의 발육상태

온도		미생물의 발육상태
℃	℉	
0	32	미생물 성장 정지
4.4 ~ 15.7	40 ~ 60	미생물 성장 억제
18.7 ~ 37.8	60 ~ 100	가장 잘 번식
40.6	105	대부분 미생물이 성장 정지
48.9 ~ 71.1	120 ~ 160	호열세균은 잘 번식
65.6 ~ 87.8	150 ~ 190	미생물 생활세포 사멸
100	212	장시간 가열로 아포 사멸
121.1	250	단시간 가열로 모든 아포 사멸

② 식품의 미생물충

(1) 개념

미생물은 75~85%가 수분이고, 나머지는 단백질이 차지하고 있으며, 식품 내에서 증식하여 보존성을 낮추고 부패시킨다.

(2) 식품의 미생물총 특징

① 미생물에는 호기성균과 혐기성균이 있다.

> ★🔍TIP 미생물의 크기 … 곰팡이 〉 효모 〉 세균 〉 바이러스

② 신선한 식품은 동·식물이 자라난 환경에서와 같은 미생물이 형성되며, 가공식품에서는 원료 중의 미생물, 가열된 식품에서는 잔존내열성균, 기구·공기를 통한 2차 오염균에 따른 미생물 총이 형성된다.

③ 식품의 미생물총은 하나 혹은 두 균 종 중에서 우점종의 상태로 유지되며, 일단 미생물총이 형성 되면 다른 환경에서 소규모의 2차 오염이 일어나더라도 균의 구성에는 변화를 일으키지 않는다.

④ 유리산소가 적은 식품에서는 혐기성균이, 표면적이 넓거나 통기성 식품에서는 호기성균에 의한 미생물총이 생긴다.

⑤ 수분이 많은 식품에서는 세균류가 먼저 증식하며 건조식품, 과실류 등에서는 곰팡이가 우선 증식한다.

⑥ 원료, 가공, 저장이 고온인 환경에서는 호열세균, 저온인 경우에는 호냉세균, 고식염환경에서는 호염세균, 당산성식품에서는 유산균류에 의한 특이한 미생물총이 형성된다.

⑦ 미생물 생장에 영향을 주는 요소는 수분, 영양소, 온도, pH, 산소 등이 있다.

> ★🔍TIP 미생물 증식의 영향 요인
> ㉠ 물리학적 요인 : 온도, pH, 산화 환원 전위차, 광선, 압력 등
> ㉡ 생물학적 요인 : 미생물총(Microflora)에 의한 경쟁, 공생 등
> ㉢ 화학적 요인 : 수분, 무기이온, 탄소원, 질소원 등

2 미생물의 종류

① 자연계 미생물

(1) 토양미생물

① 유기물 분해를 담당하며 토양의 자정작용을 통해 비옥화가 이루어진다.

② 세균이 가장 많은 수를 차지하며 방선상균, 곰팡이, 효모 순이며 원충도 있다.

③ 식품에 직·간접적으로 오염되며 신선한 수육, 과실, 곡류, 채소 및 그 가공식품이 오염되기 쉽다.

> ★TIP 대표적인 토양세균
> ㉠ 균속 : *Bacillus*, *Clostridium*, *Micrococcus*, *Leuconostoc*, *Pseudomonas*, *Achromobacter*, *Escherichia*, *Aerobacter*, *Proteus*, *Serratia* 등
> ㉡ 진균류
> • 효모 : *Sacchatomyces*, *Torula*, *Monilia* 등
> • 사상균 : *Aspergillus*, *Penicillium*, *Rhizopus*, *Mucor* 등

(2) 수생미생물

① 대부분이 세균이며 서식장소에 따라 담수세균, 해수세균, 하수세균으로 나뉜다.

② **담수세균**

㉠ 하천, 못, 늪 등의 담수에 있으며 저온세균이 많다.

㉡ 지표수이므로 원래의 담수계 미생물총 외에 토양세균, 분변세균 등이 유입되고 병원균이 유입될 수도 있다.

③ **해수세균** … 해수에는 약 3%의 식염이 들어 있어 호염성 세균이 많다.

④ **하수세균** … 하수도 등에서 서식하는 세균으로 담수세균과 유사하다.

> ★TIP 수생에서 미생물총을 이루는 세균
> ㉠ *Psedomonas*, *Achromobacter*, *Alcaligenes*, *Aeromonas*, *Flavobacterium*의 음성 간균 중 최적번식온도를 저온으로 하는 세균
> ㉡ *Areobacter*, *Proteus*, *Escherichia* 등의 분변
> ㉢ 하수로부터 유래되는 세균
> ㉣ 토양으로부터 유래되는 세균과 사상균, 효모 등

(3) 공중미생물

① 공기 중에서 부유하는 미생물로 토양이나 먼지로부터 유래한다.

② 대부분이 Gram 양성의 아포형성 간균, 곰팡이 및 효모의 포자 등이다.

③ 식품 취급 시 떨어져 식품을 오염시키고, 공장이나 작업실의 균수는 제품 품질에 영향을 미칠 수 있다.

(4) 분변미생물

① 시설이 미비하거나 분뇨가 불법으로 방출될 경우 토양, 해수, 하천이 오염되어 직·간접적으로 식품이 오염된다.

② 대장균이나 장구균이 분변오염지표균으로 검색된다.

③ *Escherichia, Enterococcus, Lactobacillus bifidus, Clostridium*이 주축이 된다.

④ 대장균군, *Proteus*, 혐기성 세균 등은 체외로 배출되어 토양과 하수로 들어가 사멸되지 않고 그 환경에서 미생물총을 이룬다.

② 식품미생물

(1) 세균류

① *Bacillus* 속

　㉠ Gram 양성의 호기성 아포형성 간균이다.

　㉡ 토양, 볏짚 등 자연계에 널리 분포한다.

　㉢ 내열성 아포를 형성하므로 가열한 식품을 부패시키는 주원인이 된다.

　㉣ 대표적인 균은 *B. subtilus*(고초균)로 전분질 식품을 가수분해시키며 우유, 유제품, 채소, 빵, 육류 및 어육제품 등에 생육한다.

　㉤ *B. natto*는 삶은 콩에서 서식하는 것으로, 청국장 제조에 이용하며 강한 Amylase와 Protease를 분비한다.

　㉥ 병원균으로는 *B. anthracis*(탄저균)가 있으며 때때로 식중독의 원인이 되는 *B. cereus*가 있다.

② *Micrococcus* 속

　㉠ Gram 양성의 호기성 무아포 구균이다.

　㉡ 육류, 어패류 및 그 가공품에 생육한다.

　㉢ 전분 분해력은 약하지만 단백질 분해력이 강한 것이 많다.

　㉣ 소시지 표면에 점질물을 형성한다.

③ *Pseudomonas* 속

  ㉠ Gram 음성의 무아포 간균으로 단모성 또는 속모성 편모가 존재한다.

  ㉡ *P. fluorescens*는 저온세균으로 어패류에 부착해 단백질을 분해시키므로 부패의 주원인이 된다.

④ *Vibrio* 속

  ㉠ Gram 음성균으로 단모성 편모를 가지고 있다.

  ㉡ 담수, 해수 중에 존재한다.

  ㉢ 식중독균으로는 *V. parahaemolyticus*, *V. vulnificus*(비브리오패혈증균)이 있다.

  ㉣ 감염병균으로는 *V. cholera*가 있다.

⑤ *Proteus* 속

  ㉠ Gram 음성의 무아포 간균으로 장내세균과에 속한다.

  ㉡ 단백질 분해력이 강한 동물성 식품의 부패균이 있다.

⑥ *Serratia* 속

  ㉠ Gram 음성 간균으로 장내세균과에 속한다.

  ㉡ 단백질 분해력이 강한 식품부패균으로 적색색소를 생성한다.

⑦ *Escherichia* 속(대장균) … 분변오염지표균이다.

⑧ *Clostridium* 속

  ㉠ Gram 양성 간균으로 아포를 형성하며 편성 혐기성이다.

  ㉡ 멸균이 불완전한 통조림이나 산소가 없는 환경에서 아포가 발아해 식품을 부패시킨다.

  ㉢ 식중독균으로는 *C. botulinum*, *C. perfringens* 등이 있다.

> **★TIP 클로스트리디움 퍼프린젠스(*Clostridium perfringens*)**
>   ㉠ 상처감염증에서 가스괴저의 원인균으로 알려져 왔으며, *C. perfringens*가 증식된 식품을 섭취함으로써 식중독이 발생된다.
>   ㉡ 장관 내에서 아포를 형성할 때 12종류의 독소를 생산한다.
>   ㉢ 사람과 동물의 장관 내에 산재하는 균으로서, 아포를 형성하는 Gram 양성 간균이고 편모가 없어 운동성을 갖지 않는 편성 혐기성균이다.
>   ㉣ A ~ F형까지 6형으로 분류되고, 이 균에 의한 식중독 중 99%가 내열성 A형에 의한 것이다.
>   ㉤ 예방 : 조리한 식품은 혐기적 환경이 될 수 없도록 저어주는 것이 중요하고, 실온에 방치하는 것을 피해야 한다. 또 식품 중에서 균이 증식하였다 하더라도 섭취 전에 재가열하면 예방이 가능하다.

⑨ *Lactobacillus* 속

  ㉠ Gram 양성 간균이다.

  ㉡ 젖산을 생산하기 때문에 젖산균이라고 부른다.

  ㉢ 치즈나 젖산음료의 발효균으로 이용된다.

TIP 식품에 있는 세균의 분류

기준			종류
Gram 양성	운동성, 아포형성	호기성	*Bacillus*
		혐기성	*Clostridium*
	비운동성, 무아포	Catalase 양성	• 구균 : *Micrococcus, Sarcina* • 간균 : *Corynerforms*
		Catalase 음성	유산균군(*Lactobacteriaceae*)
Gram 음성	황색, 오렌지색의 균체색소 비생산	운동성 · 주모성 편모	• 당비발효 • 당발효, 옥시다제 음성 : 장내세균군
		운동성 · 극모성 편모	• 당비발효 : *pseudomonas* • 당발효, 가스생산 : *Vibrio* • 당발효, 가스생산 : *Aeromonas*
		비운동성	• *Achromobacter*
	황색, 오렌지색 균체색소생산		• *Flavobacterium*

(2) 곰팡이류

① 곰팡이 포자와 곰팡이

㉠ 곰팡이 포자 : 식품을 오염시키고 발육하기에 환경이 적합한 경우 발아하여 증식한다.

㉡ 곰팡이 : 호기성으로 주로 식품 외부에서 침입하지만 내부가 통기성 상태가 되면 침입하여 증식한다.

② 곰팡이의 발생조건

㉠ 수분 10% 이하인 건조식품이 온도가 높은 환경에 노출되었을 때 발생한다(곡류, 분말식물 등).

㉡ 수분 40% 이하에서 세균 증식이 저지될 때 발생한다(건어패류, 훈연식품, 수산가공품, 빵류).

㉢ pH 4.0 이하에 보관되었을 때 발생한다(산성식품, 과실류 등).

㉣ 당함유식품, 고농도 식염함유식품에서 발생한다(염장건제품, 버터, 치즈, 된장 등).

㉤ 항균력이 세균에만 있는 방부제가 첨가된 식품에서 발생한다.

③ 곰팡이의 종류

㉠ 누룩곰팡이 속(*Aspergillus* 속)

• *A. oryzae*(누룩곰팡이) : 전분 당화력과 단백질 분해력이 강하며, 약·탁주, 간장, 된장 제조에 이용된다.

• *A. niger* : 식품에서 볼 수 있는 가장 흔한 곰팡이류의 대표적 균종으로, 전분 당화력이 강해 과일이나 채소의 흑변현상을 일으키며, 강력한 효소를 지녀 유기산 발효공업이나 과일주스의 청징제 제조에 이용하는 유용한 곰팡이균이다.

• *A. glaucus* : 고농도의 당이나 식염 중에서 자라는 유해진균이다.

• *A. flavus* : 유독한 Aflatoxin을 생산한다.

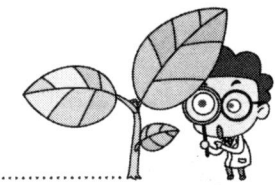

  ⓒ **푸른곰팡이 속(*Penicillium* 속)**

- 황변미의 원인균인 *P. islandicum*이나, 과일의 연부병의 원인균인 *P. expansum* 등은 식품을 변질시킨다.
- 유용한 곰팡이로는 치즈숙성에 사용되는 *P. camemberti*나, Penicillin을 생산하는 *P. notatum* 등이 있다.

  ⓒ **솜털곰팡이 속(*Mucor* 속)** : 식품의 변질에 관여해 발효에는 이용할 수 없으나, 식품의 제조에도 많이 이용된다.

  ⓔ **거미줄곰팡이 속(*Rhizopus* 속)**

- 딸기, 채소, 밀감의 변패와 관련이 있다.
- 대표종은 *R. nigricans*로 빵에 잘 번식하여 빵곰팡이라고도 불린다.

(3) 효모류

① 특징

  ㉠ 균사가 없고 광합성능이나 운동성도 없는 단세포 생물의 총칭으로 출아법으로 증식한다.

  ㉡ 당을 발효시켜 에탄올과 이산화탄소를 생성해, 주로 맥주 제조, 빵 발효에 이용된다.

  ㉢ 세균과 공존하게 되면 식품을 변패시키기도 한다.

② 종류

  ㉠ *S. sake* : 청주 제조 시 이용된다.

  ㉡ *S. cerevisiae* : 맥주, 빵, 포도주 제조에 이용된다.

(4) 바이러스

① 특징

  ㉠ 재생산을 비롯한 대사활동을 독자적으로 할 수 없다.

  ㉡ 숙주세포가 있어야 증식하는 절대 기생성 세포 생물에 속한다.

② 종류

  ㉠ **간염 바이러스**

- A, E형 간염 : 경구감염에 의한 유행성 간염이다.
- B, C, D형 간염 : 혈청간염이다.

  ㉡ **ADIS 바이러스** : 원인 바이러스는 HIV 바이러스로 세포 내에 증식하여 Helper Tcell을 파괴시켜 면역체계를 붕괴시킨다.

  ㉢ **소형구형 바이러스**

- 병원성 바이러스는 사람의 장관에서 증식하여 분변을 통해 배출된다.
- 배출된 병원성 바이러스는 불완전하게 처리된 생활오폐수로 다른 사람에게 감염을 일으킨다.
- 소량으로 감염되고 장기적 면역이 되지 않는다.
- 약제나 열에 내성이 있으며, 사람의 장 내에서만 증식한다.

3 식품의 위생지표균

① 개요

(1) 개념

① 식품의 오염여부와 정도를 알아보기 위해 위생적으로 지표가 되는 세균을 위생지표균으로 정하여 안전성을 평가한다.

② **분변오염지표균** … 식품이 분변에 오염되어 있으면 취급이 불량하고 불결한 식품이며, 분변에 배설되는 병원균에 오염되어 있을 가능성이 있으므로 분변오염지표균으로 분변오염 여부를 검사하여 식품의 안정성을 평가한다. 대표적으로 대장균과 장구균이 있다.

(2) 분변오염지표균의 조건

① 사람과 동물의 분변 중에 대량으로 존재해야 하며, 분변 이외에는 상재하지 않아야 한다.

② 체외에 배설된 후에는 증식하지 않고, 병원균보다는 길게 생존해야 한다.

③ 검사가 비교적 용이하며 신뢰할 수 있도록 실시하여야 한다.

(3) 분변오염지표균으로서 대장균과 장구균의 비교

특징	대장균군	장구균
형태	간균	구균
Gram 염색성	음성	양성
장관내 균수수준	분변 1g 중 107 ~ 109	분변 1g 중 105 ~ 108
각종 동물 분변에서의 검출상황	동물에 따라 검출되지 않는다.	대부분 동물에서 검출된다.
분리, 고정의 난이도	쉽다.	어렵다.
외계 저항성	약하다.	강하다.
동결 저항성	약하다.	강하다.
냉동식품에서의 생존성	적다.	크다.
건조식품에서의 생존성	적다.	크다.
생선, 채소에서의 검출률	낮다.	높다.

생육에서의 검출률	낮다.	낮다.
절인 고기에서의 검출률	낮거나 없다.	높다.
장관계 식품매개 병원균과의 관계	크다.	적다.
비장관계 식품매개 병원균과의 관계	적다.	적다.

② 종류

(1) 일반세균수

① 식품의 세균오염 정도를 나타내며 식품의 보조성, 안전성, 취급의 양부 등을 종합적으로 평가할 수 있는 지표이다.

② 식품 중 세균수는 일반적으로 표준한천배지에 35℃에서 48시간(또는 24시간) 배양하여 측정한다.

③ 일반세균수는 위의 방법으로 측정된 식품 1g당의 세균수이다.

(2) 대장균군

① 젖당을 발효하여 가스와 산을 생산하는 호기성 또는 통성 혐기성, Gram 음성, 무아포간균이다.

② *Escherichia coli*와 반드시 일치한다고 볼 수 없어 Coli aerogenes group이란 특정균군의 통칭명이다.

③ 대장균군에는 인축의 분변에서 유래하는것 외에 흙, 물, 식품 등에서 유래하는 *Erwinia*, *Enterobacter*, *Aeromonas* 등도 포함되어 있다.

④ 정성시험법과 정량시험법이 있다.

> ★TIP 대장균군이 검출되었다고 해서 분변에 오염된 것으로 이해하기보다는 보다 넓은 의미에서 식품의 환경위생관리면의 오염을 가리키는 지표로 보는 것이 타당하다.

(3) 장구균

① Gram 양성의 구균인 *Streptococcus faecalis*와 *Enterococcus faecium* 및 이 두 균의 아종을 포함한 균군의 총칭이다.

② 대장균군과는 달리 인축의 분변에만 존재하므로 분변오염의 지표성이 높다.

③ 식품의 가공조작과정에서 생존율이 크므로 냉동식품, 건조식품, 가열식품 등의 검사에서 대장균군보다 유용하다.

4 소독과 살균

① 개요

(1) 개념

① **살균작용** … 살균작용은 미생물을 사멸시키는 것으로, 균체의 기계적 파괴, 단백질 변성 등의 균체 구성성분의 비특징적인 물리·화학적 변화에 의한 것이 많다.

② **멸균**(Sterilization) … 모든 미생물을 사멸시켜 완전 무균상태로 만드는 것이다.

③ **소독**(Disinfection) … 대상균 중 병원균만을 사멸시켜 감염의 위험을 제거하는 것으로 비병원균은 살아있는 상태이다.

④ **방부**(Aseptic) … 식품의 성상에 가능한한 영향을 주지 않고 그 속에 있는 세균의 성장, 증식을 저지시켜 부패, 발효를 억제시키는 것이다.

(2) 소독·살균법의 구분

① **즉시(지속적)소독법** … 필요에 따라서 수시로 소독하는 방법이다.

② **종말소독법** … 환자가 완치퇴원하거나 사망 후 또는 격리 수용된 전염원을 완전히 제거하는 방법이다.

> ★**TIP** 병원균을 소독할 때 고려해야 할 사항
> ㉠ 전염경로
> ㉡ 외계의 저항성
> ㉢ 소독물의 특성

② 소독방법

(1) 물리적 소독법

① **화염 및 소각 멸균법**
  ㉠ 금속제품, 도자기, 유리제품 등 불에 의해 파손되지 않는 기구에 한다.
  ㉡ 알코올 램프나 Bunsen-burner를 이용하여 20초 이상 가열시키는 소독법이다.
  ㉢ 값이 싸고 다시 사용할 필요가 없는 것을 소각한다.

② **건열멸균법**

　㉠ 증기멸균을 할 수 없는 유리, 사기그릇, 금속제품 등에 이용한다.

　㉡ 건열은 습열보다 열의 전도효과가 늦고 살균효과도 낮아 아포를 죽이기 위해서는 150℃에서 1시간 이상 가열한다.

　㉢ 실제적으로는 160～170℃에서 30～60분간 가열 시 아포도 사멸한다.

③ **자비멸균법**

　㉠ 금속, 유리, 고무제품, 분비물, 사기그릇, 의복 등에 이용한다.

　㉡ 15분 이상 자비하며 수돗물에 1～2% 탄산나트륨을 넣으면 멸균효과가 증가되고 금속제품의 녹이 방지된다.

　㉢ 의료기구는 1% 탄산나트륨을 가해서 녹이 스는 것을 방지한다.

　㉣ 가열에 의해 사멸되는 것은 균체 단백질이 변성되기 때문이며 함수도가 높을 때는 저온에서도 변성한다.

　㉤ 건열에서는 균체에 탈수작용이 일어나므로 습열보다 그 효과가 낮다.

　㉥ 대부분의 미생물은 100℃의 습열에서 수 초에서 수 분간(약 5분)에 사멸되지만 아포를 없애기 위해서는 10～30분이나 그 이상 소요되므로 간헐멸균법을 이용해야 한다.

④ **증기멸균법**

　㉠ 유통증기(Steaming steam)

　　• 100℃의 유통증기 중에 30～60분간 간열한다.

　　• 아포를 형성하는 균은 24시간 동안에 1회 15～30분씩 3회 이상 실시하며 온도를 높힐 수 없는 경우는 60～80℃에서 24시간 동안에 1회 30～60분씩 4～7회 실시한다.

　㉡ 고압증기(Steam heat under pressure)

　　• 고무장갑, 가운, 유리나 사기그릇 등의 소독에 이용한다.

　　• 고압멸균기를 이용하여 115.5℃에서 30분간, 121.5℃에서 20분간이나 126.5℃에서 15분간 멸균시킨다.

　　• 미생물의 생활세포의 완전멸균이 가능하고, 포자까지 완전 사멸시킨다.

⑤ **간헐멸균법**

　㉠ 가열멸균법을 되풀이하는 방법으로, Koch 증기멸균기를 이용하여 100℃에서 30분간, 1일 1회씩 연속 3일간 가열하여 살균한다.

　㉡ 120℃ 이상에서 변성을 일으킬 우려가 있는 경우, 고압증기멸균법(120℃, 20분간)을 사용할 수 없는 경우에 이용한다.

　㉢ 미생물의 포자까지 멸균시킨다.

⑥ **저온멸균법**

　㉠ 저온에서 병원균을 살균하는 것으로, 결핵균, 유산균, 살모넬라균 등의 세균을 멸균할 때 사용한다.

　㉡ 60 ~ 80℃에서 살균한다.

　㉢ 비교적 열에 파괴되기 쉬운 영양소가 많은 우유, 아이스크림, 건조과실 등의 식품에 이용된다.

⑦ **순간고온멸균법**(UHT)

　㉠ **고온장시간멸균법**(HTLT) : 95 ~ 120℃에서 30 ~ 60분간 가열하는 방법으로 통조림 살균에 이용된다.

　㉡ **고온단시간멸균법**(HTST) : 70 ~ 75℃에서 15 ~ 16초간 가열하고, 10℃ 이하로 급냉하는 방법으로 우유나 과즙을 살균하는 데 이용된다.

　㉢ **초고온순간살균법**(UHT) : 130 ~ 135℃에서 2초간 가열하고, 급냉하는 방법으로 우유나 과즙을 살균하는 데 이용된다.

⑧ **광선에 의한 멸균법**

　㉠ **직사광선(건조)**

　　• 적외선에 의한 가온과 통풍에 의한 건조도 어느 정도는 효과가 있지만 태양으로부터 도달하는 자외선의 효과가 크다.

　　• 일반적으로 많이 사용되는 방법이다.

　　• 단시간 실시하더라도 결핵균, 장티푸스균, 페스트균 등을 사멸시킬 수 있다.

　　• 지방식품의 경우 지나치게 건조하면 산화가 일어난다.

　㉡ **자외선**(Ultraviolet ray)

　　• 100 ~ 3,790Å까지를 말하며 가장 살균력이 강한 부분은 2,537Å(2,500 ~ 2,800Å)으로 이 정도의 파장이 식품업계에서 가장 많이 사용된다.

　　• 살균효율은 조사거리, 온도, 풍속 등의 영향을 받고 조사된 표면에만 효과가 있으며, 대장균군의 경우 15W 살균등의 20cm 직하에서 1분 정도면 사멸한다.

　　• 집단급식시설, 식품공장의 실내공기소독, 조리대 등의 살균에 이용된다.

　　• 사람의 눈, 피부 등에 장애를 일으키므로 취급 시 주의한다. 특히, 2,900 ~ 3,200Å의 파장은 건강선 또는 도르노선으로 불리며 프로비타민 D를 비타민 D로 생성하며 피부투과력은 0.1 ~ 0.2mm이다.

> ★TIP **일광소독법의 특징**
> 　㉠ 다른 부대비용이 들지 않아 비용이 적게 든다.
> 　㉡ 살균효율은 살균되는 표면에 살균하고 있는 동안만 효과가 있고 잔류효과는 없다.

⑨ **방사선멸균법**

　㉠ X선, γ선 등의 방사선을 이용하여 미생물 내부에 화학적 변화를 일으켜 살균하는 방법이다.

　㉡ 주로 포장된 식품의 멸균에 효과적이다.

　㉢ 병조림·통조림 식품의 살균, 생선·날고기 등 가열하지 않은 식품의 살균, 감자·양파 등의 발아 및 발근을 방지하는 데 이용된다.

　　　★TIP　방사선 살균력의 크기… γ선 〉 β선 〉 α선

(2) 화학적 소독법

① **개념** … 화학적 살균제, 소독제를 이용하는 방법이다.

② **화학적 소독제가 갖추어야 할 점**

　㉠ 살균력이 강해야 한다.

　㉡ 불쾌한 냄새가 나지 않아야 한다.

　㉢ 가격이 저렴해야 한다.

　㉣ 유기물의 존재여부에 관계없이 소독작용이 강해야 한다.

　㉤ 인축에 대한 독성이 적어야 한다.

　㉥ 침투력이 강해야 한다.

　㉦ 사용법이 간단해야 한다.

　㉧ 소독대상물에 손상을 주지 않아야 한다.

③ **살균제의 작용기전**

　㉠ **승홍, 포르말린** : 단백질 응고에 작용한다.

　㉡ **과산화수소, 과망간산칼륨** : 산화작용을 한다.

　㉢ **염소, 옥도** : 세균 단백질과 화합물을 형성한다.

　㉣ **중금속의 염류** : 강산이나 강알칼리 작용에 의해 단백질을 변성한다.

④ **소독작용에 미치는 각종조건**

　㉠ 접촉시간이 충분할수록 효과가 크다.

　㉡ 온도가 높을수록 효과가 크다.

　㉢ 농도가 짙을수록 효과가 크다.

소독력(Killing power) $= Cn \times t$

　◦ C = 농도
　◦ n = 희석계수
　◦ t = 시간

　㉣ 유기물질이 존재할 때는 효과가 감소한다.

　㉤ 균의 감수성은 동일균일지라도 균주에 따라 다르다.

5 소독제

① 방향족 화합물(석탄산류)

(1) 석탄산(페놀, C_6H_5OH)

① 세균단백질의 응고 및 용해작용을 한다.

② 평균 3% 수용액으로 사용한다.

③ 배설물 소독 시 5% 수용액으로 동량 가하여 2시간 동안 방치한다.

④ 아포를 형성하는 세균에는 효과가 약하지만 염산이나 식염을 가하면 효과가 좋다.

⑤ 기구, 손, 발, 의류 등에 사용한다.

⑥ 5% 석탄산수는 1,000배의 승홍수와 비슷한 살균력이 있다.

⑦ **석탄산계수**(Phenol coefficient) … 5% 석탄산이 일정한 온도 하에서 장티푸스균에 대한 살균력과 비교하여 소독제의 효능을 표시하는 데 사용한다.

$$석탄산계수(P.\ C.) = \frac{소독액의\ 희석배수}{석탄산의\ 희석배수}$$

(2) 크레졸(Cresol, $C_6H_4 \cdot CH_3OH$)

① 석탄산의 약 2배 정도의 소독력이 있고 독성이 약하다.

② 비누에 용해시켜 Cresol 비누액으로 사용하며 3~5% 수용액으로 사용한다.

③ 손, 발, 오물통, 축사 등의 소독에 사용한다.

④ 지방제거에 효과적이다.

(3) 역성비누(Invert soap)

① 일반적인 비누와는 달리 역성비누(양이온계면활성제)는 해리되며, 양이온인 4차의 암모늄기가 비누의 주체가 되어 역성비누 또는 양성비누라고 한다.

② 살균력이 강하고 맛이나 냄새가 없기 때문에 피부소독에 사용된다.

③ 포도상구균, 티푸스균, 적리균 등의 구제에는 효과적이지만 결핵균에는 효과가 약하며 일반비누와 함께 사용하면 살균효과가 떨어진다.

④ **사용기준**

　㉠ 손소독은 100 : 1의 비율로 사용한다.

　㉡ 수술부위 소독은 100 : 1의 비율로 사용한다.

　㉢ 수술기구 소독은 10 : 1 ~ 100 : 1의 비율로 사용한다.

　㉣ Loop는 1,000 : 1의 비율로 사용한다.

② 지방족 화합물

(1) 알코올류

① 70% 에틸알코올이 침투력이 강하므로 가장 살균력이 강하다.

② 30 ~ 70% 이소프로필알코올과 메틸알코올도 사용된다.

③ 아포에 대해서는 그 효과가 거의 없으며 손소독에 이용한다.

(2) 포르말린(Formaldehyde, HCHO)

① 대상물에 손상을 주지 않으므로 직물, 고무, 가죽, 털 등의 소독에 이용한다.

② 용액이나 가스 상태로 이용한다.

③ 석탄산계수는 0.4이다.

④ 과망간산칼륨(5% $KMnO_4$)과 혼합하면 가스가 발생되어 실내 소독하는 데 이용된다.

⑤ 유포자에 대한 유효살균농도는 0.1%이며, 0.002% 용액으로도 세균발육이 저지된다.

(3) 포르말린 가스(Formalin gas)

① Formalin gas 발생기를 이용하거나 분무기, 흡입기를 사용하여 Formalin을 분무하여 Gas를 발생시켜 이용한다.

② 넓은 실내를 소독하는 데 적합하고 실내가 습해지지 않는다.

③ 수은 화합물

(1) 승홍($HgCl_2$)

① 살균력이 강하여 아포형성균도 1～수 시간 내에 사멸한다.

② 단백질이 공존하며 효력이 저하된다.

③ 금속을 부식시키며 점막에 자극을 주고 독성이 있어 손 이외에는 사용하지 못한다.

(2) 머큐로크롬(Mercurochrom)

① 2%(1～3%) 수용액을 피부나 그 상처 소독에 이용한다.

② 소독효과는 거의 없다.

④ 할로겐(Halogen) 유도체

(1) 요오드(Iodine)

① Iodine 60g과 KI 40g을 잘 혼합하여 70% 알코올 1,000mL에 녹여 총 2,000mL로 희석하여 사용한다.

② 피부소독에 사용한다.

(2) 염소(Cl_2)

① 수영장, 폐수, 상·하수도, 식기류 등의 소독에 이용한다.

② 음료수의 염소소독 시 잔류염소는 0.2ppm을 유지해야 하며, 수영장의 경우 0.4ppm을 유지해야 한다.

(3) 생석회(Lime, CaO)

① 구토물, 분비물, 분변, 목장 등의 소독에 이용한다.

② 생석회 2에 물 1을 제조해 소독대상물과 동량을 혼합하여 사용한다.

③ 생석회는 30% Cl_2를 포함한다.

(4) 표백분(CaOCl₂)

① 우물이나 풀 소독에 이용한다.

② 3.5% Cl₂를 포함한다.

⑤ 산화제

(1) 과산화수소(옥시풀, H₂O₂)

① 발생기 산소에 의해 살균한다.

② 3% 과산화수소용액은 무아포균을 몇 분 이내에 사멸한다.

③ 자극이 적어 창상과 구내세정에 이용한다.

(2) 과망간산칼륨(KMnO₄)

① 살균력이 강하고 피부소독에 이용한다.

② 창면 소독에는 0.5 ~ 0.2%, 성병에는 3%, 아포형성균에는 4%로 사용한다.

(3) 붕산(Boric acid)

① 2 ~ 3%를 방부제로 사용한다.

② 자극성이 적어 점막, 눈세척에 이용한다.

(4) 오존(O₃)

① 메탄, 일산화질소, 이산화질소 등이 자외선에 의해 변화하여 형성된다.

② 오존이 분해될 때 생성되는 발생기 산소에 의해 살균이 되지만 실제로 공기를 소독하기 위해서는 높은 농도가 요구된다. 그러나 그 농도에서는 인체에 유해하기 때문에 이용이 불가능하다.

③ 질소화합물의 공동작용으로 탈취효과가 있다.

④ 피부암, 눈의 자극, 식물성장 장애, 폐기능 저하 등의 부작용이 있다.

식품과 미생물

출제예상문제

1 통조림의 부패를 막기 위한 열처리가 적당하게 되었는지를 파악하기 위해서 저산성 식품에 접종하여 사멸여부를 판단하는 것은?

① 포도상구균

② 살모넬라균

③ 바실러스 셀레우스균

④ 클로스트리디움 보툴리늄균

>✎NOTE│ 클로스트리디움 보툴리늄균 … 햄 또는 통조림, 병조림에서 증식한 세균이 분비하는 독소에 의해서 발생한다. 12∼36시간의 잠복기를 가지며 메스꺼움, 구토, 복통 신경마비 증상이 나타난다. 심할 경우 호흡 마비로 사망하게 된다.

2 식기류의 염소소독 농도로 가장 알맞은 것은?

① 0∼50ppm

② 50∼100ppm

③ 100∼150ppm

④ 150∼200ppm

>✎NOTE│ 염소소독의 장·단점
>　㉠ 장점
>　　• 비용이 저렴하다.
>　　• 잔류효과가 크다.
>　　• 조작이 간편하다.
>　㉡ 단점
>　　• THM이 생성된다.
>　　• 염소의 독성이 있다.
>　　• 바이러스는 죽이지 못한다.

ANSWER │ 1.④ 2.④

3 수분이 많이 함유되어 있고 중성의 pH를 갖는 단백질 식품의 가장 흔한 부패원인은 무엇인가?

① 세균   ② 곰팡이
③ 효모   ④ 바이러스

NOTE | 곰팡이나 효모는 산성에서 잘 자라며 중성 또는 알카리성에서는 세균이 잘 자란다.

4 우리나라 먹는 물의 검사 항목이 아닌 것은?

① 질산성 질소   ② 용존 산소
③ 총대장균군   ④ 일반세균

NOTE | 먹는 물 검사항목으로는 미생물의 일반세균, 총대장균군군, 여시니아균, 대장균(분원성대장균군) 등이 있고 건강상 유해영향 무기물질로 납, 불소, 비소, 셀레늄, 수은, 시안, 크롬, 암모니아성 질소, 질산성 질소, 카드뮴, 붕소 등이 있다.

5 결핵균에 대한 소독효과가 가장 약한 것은?

① 역성비누   ② 석탄산수
③ 크레졸 비누액   ④ 승홍수

NOTE | 역성비누는 포도상구균, 티푸스균, 적리균 등의 구제에는 효과적이지만 결핵균에는 효과가 약하다.

6 소시지의 표면에 물방울 모양의 점액성 물질이 생겼다면 어떤 균류의 번식이 의심되는가?

① *Serratia* 속   ② *Sporotrichum* 속
③ *Micrococcus* 속   ④ *Pseudomonas* 속

NOTE | *Micrococcus* 속 세균은 소시지 표면에 점액물질을 생성시키고 냄새를 발생한다.

ANSWER | 3.① 4.② 5.① 6.③

7 물 20L로 2ppm의 표백분 용액을 만들려고 한다. 필요한 표백분의 양은? (단, 표백분의 유효성분은 50%이다)

① 100mg   ② 40mg

③ 80mg   ④ 10mg

    ✏️NOTE| 표백분의 양 구하는 방법

         ㉠ 물 1L에 1mg 들어 있는 것이 1ppm이므로 20L에는 20mg이 들어 있다.

         ㉡ 2ppm의 표백분 용액을 만들어야 하므로 표백분은 40mg이어야 한다.

         ㉢ 유효성분이 50%이므로 $40mg \times \dfrac{100}{50} = 80mg$이 필요하다.

8 염소로 음료수를 소독하는 경우 잔류염소는?

① 0.01ppm 이하   ② 0.01 ~ 0.2ppm

③ 0.1 ~ 0.2ppm   ④ 0.1 ~ 2ppm

    ✏️NOTE| 염소(Cl_2)로 음료수를 소독할 때 잔류염소는 0.1 ~ 0.2ppm 정도로 하는 것이 안전하다.

9 미생물의 증식을 억제시킬 수 있는 방법은?

① 멸균   ② 소독

③ 방부   ④ 살균

    ✏️NOTE| 방부 … 세균의 증식을 억제하여 식품의 보존성을 높이는 방법이다.

         ①②④ 균을 사멸시키는 방법이다.

10 미생물을 구성하는 주요 성분은 무엇인가?

① 수분   ② 비타민

③ 단백질   ④ 무기질

    ✏️NOTE| 미생물의 75 ~ 85%가 수분으로 이루어져 있으며 나머지는 단백질이 차지하고 있다.

ANSWER | 7.③ 8.③ 9.③ 10.①

11 다음 중 미생물에 대한 설명으로 옳은 것은?

① 미생물은 호기성과 혐기성이 있다.

② 미생물은 100℃가 되면 무조건 사멸된다.

③ 미생물은 pH 1 이하에서 가장 잘 증식한다.

④ 미생물은 수분 없이도 생장 가능한 종이 있다.

> **NOTE** ② 최적증식온도가 100 ~ 105℃ 정도 되는 미생물도 있다.
> ③ pH 4.0 ~ 8.0에서 생장 가능하다.
> ④ 수분이 12% 이상 되어야 자랄 수 있다.

12 다음 중 미생물총의 특징으로 옳지 않은 것은?

① 식품의 미생물총은 하나 혹은 두 균 종 중에서 우점종의 상태로 유지된다.

② 미생물총이 형성되면 다른 소규모 2차 오염이 일어나더라도 균의 구성은 변하지 않는다.

③ 수분이 많은 식품에서는 곰팡이가 우선 증식하며 건조식품, 과실류 등에서는 세균이 먼저 증식한다.

④ 신선한 식품은 그 동·식물이 자라난 환경에서와 같은 미생물총이 형성된다.

> **NOTE** ③ 수분이 많은 식품에서는 세균이 먼저 자라고 건조식품, 과실류에서는 곰팡이균이 먼저 자란다.

13 다음 중 미생물이 가장 잘 번식하는 온도는?

① 4.4 ~ 15.7℃ ② 18.7 ~ 37.8℃

③ 40.6 ~ 48.9℃ ④ 100℃ 이상

> **NOTE** 온도와 미생물의 발육상태
> ㉠ 4.4 ~ 15.7℃ : 미생물 성장 억제
> ㉡ 18.7 ~ 37.8℃ : 미생물 가장 잘 번식
> ㉢ 40.6 ~ 48.9℃ : 대부분의 미생물이 성장 정지
> ㉣ 100℃ 이상 : 장시간 가열로 아포 사멸

ANSWER | 11.① 12.③ 13.②

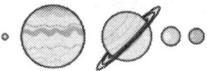

14 리스테리아균 식중독에 관한 설명으로 옳지 않은 것은?

① 그람 양성의 통성혐기성균으로 냉장조건하에서도 성장하며, 포자를 형성하여 생존력이 강하다.

② 임산부와 태아에게는 유산, 사산 또는 신생아 패혈증을 유발한다.

③ 인수공통감염병의 원인균이며 양에게 감염될 경우 유산이나 뇌수막염을 일으킬 수 있다.

④ 주요 감염원은 가금류, 육류, 치즈, 열처리하지 않은 우유 및 채소 등이다.

> **NOTE |** 리스테리아균은 그람 양성 간균으로 포자를 형성하지 않으며 낮은 온도에서도 증식 가능하여 냉장고 내에서도 증식이 가능하다. 일부 식품에서는 냉동온도인 −20℃와 냉장온도인 4℃에서 12주 이상 생존과 증식이 가능하다.

15 다음 중 세균류가 아닌 것은?

① *Bacillus* 속   ② *Vibrio* 속

③ *Escherichia* 속   ④ *Aspergillus* 속

> **NOTE |** ④ *Aspergillus* 속은 누룩곰팡이 속이다.

16 저온균의 최적온도는?

① 15 ~ 20℃   ② 25 ~ 37℃

③ 40 ~ 55℃   ④ 50 ~ 60℃

> **NOTE |** 저온균의 최적온도는 15 ~ 20℃이고, 발육가능 온도는 0 ~ 25℃이다. 대부분의 미생물은 중온균에 속하며, 45℃ 이상인 경우에 고온균이라 한다.

17 다음 중 *Vibrio* 속에 대한 설명으로 옳은 것은?

① Gram 음성균으로 단모성 편모를 가지고 있다.

② 육류, 어패류 및 그 가공품에 잘 자란다.

③ 삶은 콩에서 서식하며 Amylase와 Protease를 분비한다.

④ 단백질 분해력이 강력하다.

ANSWER | 14.① 15.④ 16.① 17.①

✎NOTE| *Vibrio* 속
　　㉠ Gram 음성균으로 단모성 편모를 가진다.
　　㉡ 담수, 해수 중에 존재한다.
　　㉢ 식중독균으로는 *V. parahaemolyticus*, *V. vulnificus*(비브리오패혈증)이 있다.

18 다음 중 곰팡이의 발생조건이 아닌 것은?

① 수분 10% 이하인 건조식품이 온도가 높은 환경에 노출되었을 때
② 수분 40% 이하에서 세균 증식이 저지될 때
③ pH 4.0 이상에서 보관되었을 때
④ 항균력이 세균에만 있는 방부제가 첨가된 식품

✎NOTE| ③ 산성식품, 과실류 등 같이 pH 4.0 이하에서 보관되는 식품에서 곰팡이가 발생한다.

19 다음 일반세균수에 대한 설명으로 옳지 않은 것은?

① 식품의 세균오염 정도를 나타낸다.
② 세균수는 일반적으로 표준한천배지에서 35℃에서 48시간 배양하여 측정한다.
③ 일반세균수는 식품 1g당의 세균수를 뜻한다.
④ 대장균군과는 달리 인축의 분변에만 존재한다.

✎NOTE| ④ 장구균에 대한 설명이다. 장구균은 대장균군과는 달리 인축의 분변에만 존재하며 식품의
가공조작과정에서 생존율이 크므로 냉동식품, 건조식품, 가열식품 등의 검사에서 대장균군보다
유용하게 쓰인다.

20 다음 중 효모의 번식방법으로 옳은 것은?

① 유성생식　　　　　　　　　　② 출아법
③ 무성생식　　　　　　　　　　④ 이분법

✎NOTE| 세균은 이분법, 사상균은 분지·포자 형성법, 효모는 출아법으로 증식한다.

ANSWER | 18.③ 19.④ 20.②

21 식품에서 곰팡이에 관한 설명으로 옳지 않은 것은?

① 곰팡이는 산성영역에서도 증식이 잘 되므로 pH가 낮은 과실류의 부패를 야기시킨다.

② 당장, 염장식품에서는 수분활성(Aw)이 낮아 세균보다도 곰팡이가 증식할 수 있다.

③ 곰팡이는 산소가 없는 진공포장식품에서도 증식할 수 있다.

④ 식품을 건조시키면 세균, 효모, 곰팡이 순으로 생육하기 어려워진다.

> **NOTE** | 진공포장은 유연한 플라스틱 필름에 물건을 싸고 내부를 진공으로 탈기함과 동시에 필름의 둘레를 용착밀봉하는 방법으로 내부의 공기가 제거되었으므로 미생물에 의한 부패, 금속 부품류의 녹 발생 등이 방지된다.

22 다음 중 미생물 증식의 영향 요인으로 옳지 않은 것은?

① 물리적 요인 – 온도, pH, 산화 환원 전위차, 광선, 압력

② 생물학적 요인 – Microflora에 의한 경쟁, 공생

③ 지질학적 요인 – 토양, 기후, 위도, 지층

④ 화학적 요인 – 수분, 무기 이온, 탄소원, 질소원

> **NOTE** | 미생물 증식의 영향 요인에는 물리적(Physical), 화학적(Chemical), 생물적(Biological) 요인이 있으며 지질학적 요인과는 관계가 없다.

23 다음 중 발효에 이용할 수 없는 균은 어떤 것인가?

① *Aspergillus oryzae*

② *Saccharomyces cerevisiae*

③ *Mucor mucedo*

④ *Sterptococcus lactis*

> **NOTE** | *Mucor mucedo*는 솜털곰팡이 속으로 과실의 변패에 관여하는 균으로 발효에 이용할 수 없다.

ANSWER | 21.③ 22.③ 23.③

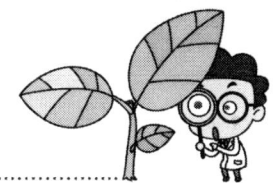

24 식품 속 미생물의 생장 조건이 아닌 것은?

① 산소　　　　　　　　　　② pH

③ 수분　　　　　　　　　　④ 농도

> ✎NOTE | 미생물의 생장에 영향을 주는 것은 수분, 영양소, 온도, pH, 산소 등이 있다.

25 다음 중 미생물의 크기가 바르게 나열된 것은?

① 곰팡이 > 효모 > 바이러스 > 세균　　② 효모 > 곰팡이 > 세균 > 바이러스

③ 곰팡이 > 효모 > 세균 > 바이러스　　④ 효모 > 세균 > 곰팡이 > 바이러스

> ✎NOTE | 미생물의 크기 순서는 곰팡이가 제일 크고 효모, 세균, 바이러스 순으로 작아진다.

26 미생물 증식의 영향 요인 중 화학적 요인은?

① 온도　　　　　　　　　　② pH

③ 수분　　　　　　　　　　④ 압력

> ✎NOTE | ①②④ 물리적 요인이다.

27 다음 중 살균을 바르게 설명한 것은?

① 오염된 기기, 용기 등을 깨끗이 씻는 조작이다.

② 미생물의 발육을 억제시키는 조작이다.

③ 병원성을 약화시켜 감염력을 없애는 조작이다.

④ 균을 완전히 죽이는 조작이다.

> ✎NOTE | 살균 … 균을 완전히 죽여 사멸시키는 조작을 말한다.
> ① 세척　② 방부　③ 소독

28 다음 중 대장균의 설명으로 옳은 것은?

① 대장균은 독소형 식중독의 원인균이다.

② 대장균은 식품의 부패를 일으키는 세균이다.

③ 대장균은 감염병을 일으키는 미생물이다.

④ 대장균은 동물의 분변을 통해 배출된다.

✎NOTE| 대장균은 Gram 음성의 단간균으로 분변오염의 지표세균이며 사람이나 동물의 대변으로 배출된다.

29 다음 미생물 중 토양에 주로 존재하는 균이 아닌 것은?

① *Micrococcus*   ② *Bacillus*

③ *Vibrio*   ④ *Pseudomonas*

✎NOTE| ④ 해수 세균으로서 호염성이다.

30 다음 중 *S. cerevisiae*의 이용과 관계가 없는 것은?

① 맥주   ② 빵

③ 청주   ④ 포도주

✎NOTE| ③ 청주 제조 시에는 *S. sake*를 이용한다.

31 미생물의 영양 요구성에 따라 유기 화합물을 생육에 필요로 하는 균은?

① 자력 영양균   ② 무기 영양균

③ 유기 영양균   ④ 독립 영양균

✎NOTE| ③ 유기 영양균은 무기염류를 이용하지 못하고 유기물을 생육에 필요로 하는 것으로, 타력 영양균이라고도 불린다.

ANSWER | 28.④ 29.④ 30.③ 31.③

32 저열처리 방법에 대한 설명 중 옳지 않은 것은?

① 물의 끓는점 이하인 60 ~ 80℃에서 살균된다.

② 저열처리 후 *Mycobacterium tuberculosis*, 살모넬라 같은 세균이 제거된다.

③ gram 음성의 부패 세균을 제거하여 준다.

④ 저산도식품 통조림의 살균에 사용된다.

> NOTE | pH가 높은 저산도식품 통조림을 살균할 때에는 *C. botulinum*과 같은 혐기성 세균의 포자가 살아남아 있어 고열처리를 통해 살균해야 한다.

33 과일이나 채소의 흑변현상을 일으키는 곰팡이는?

① *Penicillium expansum*

② *Sacchromyces sake*

③ *Aspergillus niger*

④ *Mucor mucedo*

> NOTE | *Aspergillus niger*는 식품에서 볼 수 있는 곰팡이 중 가장 흔한 균이며 곰팡이류의 대표적 균종이다.

34 다음 중 분변의 처리에 사용되는 소독제는?

① 승홍

② 생석회

③ 석탄산

④ 표백분

> NOTE | 생석회는 넓은 범위에 도포해야하는 분변의 처리에 적합하며 변소소독에도 사용된다.

35 건열멸균기의 사용온도와 시간이 바르게 된 것은?

① 120℃, 20 ~ 30분

② 121℃, 15 ~ 20분

③ 160 ~ 170℃, 30 ~ 60분

④ 150℃, 15 ~ 20분

> NOTE | 열전도율이 좋은 유리제품이나 금속성, 도자기 등은 160 ~ 170℃에서 30 ~ 60분간 멸균하는 것이 효과적이다.

ANSWER | 32.④ 33.③ 34.② 35.③

36 표백분을 이용하여 0.2ppm의 농도로 염소소독을 하려 한다. 필요한 소독액의 양은 5L이고, 표백분의 유효성분은 50%일 때 필요한 표백분의 양은?

① 0.2mg
② 2mg
③ 20mg
④ 200mg

> **NOTE** | 표백분의 양 구하는 방법
> ㉠ 물 1L에 1mg 들어 있는 것이 1ppm이므로 5L에는 5mg이 들어 있다.
> ㉡ 0.2ppm의 표백분 용액을 만들어야 하므로 표백분은 1mg이어야 한다.
> ㉢ 유효성분이 50%이므로 $1mg \times \frac{100}{50} = 2mg$이 된다.

37 방사선 중 살균력이 가장 강한 선은?

① α선
② γ선
③ $\delta \cdot \beta$선
④ δ선

> **NOTE** | 살균력이 강한 순서 … γ선 > β선 > α선

38 효과적인 살균 소독방법에 대한 설명으로 옳지 않은 것은?

① 살균소독제는 인체에 대한 독성이 낮거나 없어야 한다.
② 올바른 살균 소독법은 세척→헹굼→살균 소독의 순서로 해야 한다.
③ 자외선 살균법은 미생물의 DNA에 작용하여 미생물을 사멸시키는 방법이다.
④ 방사선 살균법은 Co-60이나 Cs-137과 같은 방사선 동위원소로부터 방사되는 투과력이 강한 α선을 가장 많이 이용하여 세균 등을 사멸시키는 방법이다.

> **NOTE** | 방사선 살균법은 방사선 동위원소나 인공적인 β선을 이용한 살균 방법이다.

39 다음 자외선 살균 파장 중 가장 강한 것은?

① $2,500 \sim 2,800\,\text{Å}$
② $2,800 \sim 3,000\,\text{Å}$
③ $2,900 \sim 3,300\,\text{Å}$
④ $3,200 \sim 3,600\,\text{Å}$

> **NOTE** | 자외선의 파장 중 살균에 가장 효과적인 파장은 $2,500 \sim 2,800\,\text{Å}$이다.

ANSWER | 36.② 37.② 38.④ 39.①

40 다음 중 아포까지 사멸시키는 가장 효과가 높은 멸균법은?

① 증기소독법 　　　　　　　　② 자외선멸균법

③ 화염멸균법 　　　　　　　　④ 고압증기멸균법

✎NOTE| 고압증기멸균법은 고압증기멸균기를 사용하여 2기압의 온도 120℃에서 15 ~ 20분간 처리로 모든 세균의 생활세포를 완전멸균 한다.

41 다음 중 행주의 소독법이 아닌 것은?

① 증기소독 　　　　　　　　　② 초음파소독

③ 햇볕건조 　　　　　　　　　④ 염소제 처리

✎NOTE| 행주의 소독법은 주로 증기소독, 염소제 처리, 햇볕건조 등의 방법을 이용한다.

42 다음 중 살균과 소독의 물리적 방법에 해당하는 것은?

① 유기수은제 　　　　　　　　② 여과법

③ Cl 가스법 　　　　　　　　　④ 계면활성제 이용법

✎NOTE| 물리적 방법에는 가열, 여과, 자외선, 초음파, 고주파 등이 있다.

43 농약의 종류에 따른 중독현상에 대한 설명으로 옳지 않은 것은?

① 유기인제 농약은 cholinesterase를 억제함으로써 중독증상을 일으킨다.

② carbamate계 농약은 cholinesterase를 억제하나 유기인계 농약에 비하여 독성이 상대적으로 적다.

③ 유기인계 농약은 급성중독이 많고 만성중독을 일으키는 일은 거의 없다.

④ 유기염소계 살충제는 급성독성이 강하고 환경 내에 잔류 기간이 짧다.

✎NOTE| 유기염소제는 다른 농약에 비해 사람과 가축에 급성독성이 비교적 적으나 살충력은 강하다. 지용성이 높아 환경에 잔류성이 높고 DDT와 BHC의 살충제이며 1972년 생산과 판매가 중단되었다.

PART **02**

식중독

식중독의 개요

1 식중독의 개념 및 종류

① 식중독의 개념

(1) 광의적 개념

오염된 음식물을 섭취함으로써 일어나는 위해 중 미생물, 미생물의 대산산물인 독소, 유독화학물질, 식품 중의 유해성분 등이 원인이 되어 발생하는 급성 건강장애를 식중독이라 총칭하고 있다.

(2) 협의적 개념

세균 또는 그것이 생산한 독소를 함유한 음식물을 섭취함으로써 발생되는 질병군을 총칭하기도 한다.

> **★☜TIP** 병원 미생물에 의해 발생하는 경구감염병, 영양장애, 이물이나 외상에 의한 장애 등은 포함되지 않는다.

② 식중독의 종류

(1) 세균성

① **감염형**
  ㉠ 식품 그 자체에 기인한 것을 말한다.
  ㉡ 원인 : *Salmonella* 속, 장염 *Vibrio*, 병원성 대장균, *Campylobacter* 등에 의해 발생한다.

② **독소형**
  ㉠ 미생물이 증식할 때 생기는 독소에 의한 것을 말한다.
  ㉡ 원인 : 포도상구균, *Botulinus*균, *Cereus*균(설사형) 등에 의해 발생한다.

③ **생체내 독소형**

　　㉠ 감염형과 독소형의 중간형태이다.

　　㉡ 원인 : *Welchii*균, *Aeromonas*균, *Cereus*균(구토형), *NAG Vibrio*균, 독소원성 대장균 등에 의해 발생한다.

④ **Allergy상 식중독** … 유해 Amine에 의한 식중독으로, *Proteus*균 등에 의한 부패생성물에 의해 발생한다.

(2) 화학성

① 화학물질에 기인되는 식중독이다.

② **원인** … 유기염소화합물, 수은, 비소 등의 유해금속류, 유기불소화합물, Methanol 등에 의해 발생한다.

(3) 자연독

① **동물성** … 조개류, 복어 등에 의해 발생한다.

② **식물성** … 감자, 독버섯, 유독식물 등에 의해 발생한다.

③ **Mycotoxin 중독** … Mycotoxin 생산 곰팡이류에 의해 발생한다.

2 　**식중독의 발생상황 및 역학조사**

① 　**식중독의 발생상황**

(1) 우리나라의 식중독 발생상황

① 연도별 발생상황

　　㉠ 식중독 발생건수 : 연도에 따라 다소 기복이 있지만 대체적으로 감소하는 경향을 보인다.

　　㉡ 환자수 : 대체적으로 증가하는 경향을 나타내며 이것은 발생건수당 환자수에 의하여 살펴보아도 그러하다.

　　㉢ 1993년 이후 환자수는 매년 1천명 이상 증가하여 그 전에 비해 뚜렷한 차이를 보이는데 이는 최근 단체급식의 증가로 인한 것으로 사료된다.

② **월별 발생상황**

   ㉠ 평균 발생건수는 6월이 가장 많고 환자수는 5월이 가장 많다.

   ㉡ 매년 3월 경에 증가하기 시작하여 5 ~ 6월에 최고치에 달하고 10월까지는 약간 감소하는 경향을 보인다.

   ㉢ 3 ~ 10월의 연평균 발생건수는 총 연평균 발생건수의 95.8%를 차지한다.

   ㉣ 원인 : 고온다습한 여름이기 때문에 미생물 발육이 활발해져 음식물의 부패가 쉽게 일어나며 날 음식을 접할 기회가 많고 더위로 인하여 체력이 약해지기 때문인 것으로 생각된다.

③ **병인별 발생상황** … 병인세균 중 발생건수가 가장 많은 것은 *Salmonella*이며 그 다음은 장염 *Vibrio*, 황색 포도상구균인 것으로 밝혀졌다. 또한 기타 세균과 병원성 대장균도 원인이 된다.

④ **원인식품별 발생상황**

   ㉠ 우리나라에서는 식중독 원인식품으로 육류 및 가공품이 가장 많이 차지한다.

   ㉡ 두 번째로 복합조리식품이다.

   ㉢ 세 번째로는 어패류 및 그 가공품이다.

(2) 식중독의 고찰 및 대책

① **식중독 발생경향**

   ㉠ 최근 학교 산업체 단체급식이나 외식의 증가로 단체취식 기회가 증가되어 식중독 환자수가 대체적으로 증가하는 추세이다.

   ㉡ 세균성 식중독 및 자연독 식중독도 무시할 수는 없지만 원인균이 검출되지 않는 경우가 많다.

② **원인** … 식품취급업소나 급식소의 종사자들이 식중독 원인식품 보존에 소홀할 수도 있다.

(3) 식품위생담당부서에서 마련한 식중독 발생에 따른 대책

① **신속한 대응체제의 확립** … 식중독이 발생했을 경우에는 지체없이 식품의약품안전처에 보고될 수 있도록 시·도 및 대한의사협회 등의 관련 기관과 유기적인 협조체제를 유지하고 약사와 명예 감시원에게 신속한 모니터링 체계를 확립한다.

② **관계부처와의 협조체계 확립** … 농림축산식품부, 국방부 등 관계부처와의 긴밀한 협조를 이룬다.

③ **식중독 원인식품과 문제업소에 대한 관리강화**

   ㉠ 도시락 제조업소, 집단 급식소 등에 대한 관계기관의 합동단속은 연간 일정 회수 이상 실시하며 식중독 원인식품인 식육가공품, 수산물, 김밥 등의 도시락류는 3 ~ 10월 사이에 집중 수거하여 검사를 실시한다.

   ㉡ 학교 급식관리는 지방교육청, 지방식품의약품안전청 및 시·도가 합동점검하며 식중독 발생 방지에 노력한다.

④ **위생수준 향상도모**
   ⊙ 식품의 위생관리에 대한 홍보강화 및 식품취급업소와 종사원의 교육강화 등을 통한 위생수준의 향상을 도모한다.
   ⓒ 대한영양사협회 등 관련단체의 협조로 식품취급업소와 그 종사자들에게 식중독 예방교육을 강화하고 전 국민을 대상으로 식품의 위생관리에 관한 홍보사업을 전개한다.

⑤ **HACCP 제도 확대 실시** … 학교급식소 및 집단 급식소에 적용할 모델을 개발하고 보급하여 식중독 예방강화를 도모한다.

② 식중독 역학조사

(1) 식중독 역학조사의 개념

식중독이 발생했을 때, 발생상황, 병인물질, 원인식품 등을 조사하고 실험적 방법을 통해 병인론적 연구를 실시하여 식중독 실태를 파악한다.

(2) 식중독 역학조사의 방법

① **검병조사** … 식중독이 발생했을 때 식중독 발생현장에 나가 의사나 환자 등으로부터 정보를 받고 조리방법이나 섭취장소 등의 정보를 수집, 증상이나 발생상황, 경과 등을 조사한다.

② **원인식품 추구**
   ⊙ 섭취한 식품으로부터 병인물질을 검출하여 판정하지만 이에 앞서 검병조사를 통한 자료를 근거로 추계표를 작성하여 추계학적 처리에 의해서도 추정이 가능하다.
   ⓒ 원인식품이 결정되면 식품제조 및 조리방법, 보존장소, 구입장소 등에 대해 조사하고 조리장소의 환경, 종업원의 건강상태 등을 현장에 나가 조사함으로써 오염경로를 밝히며 이 모든 조사는 신속하게 실행한다.

     ★🔍**TIP 추계표** … 사건이 일어난 집단의 전원을 대상으로 보통 사건 1주일 전 이내에서 먹은 것과 먹지 않은 것을 조사하여 집계한다.

③ **병인물질의 검사** … 원인식품, 환자 배설물, 토물이나 혈액 등을 검병조사 결과에 따라 미생물학적 검사용과 화학적 검사용으로 구분하여 수거하며 뚜렷하지 않다면 양쪽 모두 수거한다.

식중독의 개요

출제예상문제

1 바이러스성 식중독에 대한 설명으로 옳은 것은?

① 노로바이러스는 매우 전염력이 강하여 사람에서 사람으로 쉽게 퍼진다.

② 로타바이러스의 잠복기는 1주 ~ 2주이다.

③ 바이러스성 식중독은 여름철에만 발생한다.

④ 노로바이러스는 백신접종을 통해서 예방할 수 있다.

> **NOTE** ② 로타바이러스의 잠복기는 1 ~ 3일이다.
> ③ 바이러스성 식중독은 겨울철에 많이 발생하는데 이는 바이러스성 식중독균이 세균성 식중독균보다 낮은 온도에서 더 잘 살아남기 때문이다.
> ④ 노로바이러스는 바이러스 백신 등이 개발되지 않아 개인 위생관리와 식음료 관리를 통한 예방이 필수적이다.

2 세균성 식중독 중에서 감염형에 해당하지 않는 것은?

① 포도상구균 ② 살모넬라균

③ 아리조나균 ④ 장염비브리오균

> **NOTE** ① 포도상구균은 독소형 식중독에 해당한다.
> ②③④ 감염형에 해당한다.

3 포도상구균의 원인식품이 아닌 것은?

① 알류 ② 도시락

③ 곡류 및 곡류 가공품 ④ 우유 및 유제품

> **NOTE** 포도상구균의 원인식품은 우유, 버터, 치즈 등 유제품이다. 또한 김밥, 도시락, 떡, 곡류 및 곡류 가공품도 원인이 된다.

ANSWER | 1.① 2.① 3.①

4 식중독이 여름에 발생률이 높은 주요원인은?

① 식품취급자의 부주의

② 식품위생법의 미비

③ 취식자의 부주의

④ 미생물 증식 활발

> **NOTE** 여름은 온도와 습도가 높아 미생물이 증식하기에 좋은 조건이 되며 미생물의 증식을 방지하기 위해 저온보관과 습기제거가 필요하다.

5 식중독 발생 시에 행해져야 할 조치로서 우선순위가 가장 낮은 것은?

① 역학조사

② 당국에 신고

③ 환자의 격리 및 치료

④ 담당 공무원 인책

> **NOTE** 식중독이 발생하면 우선적으로 환자를 격리시키고 당국에 신고하여 역학조사를 펼쳐야 한다. 담당 공무원 인책은 역학조사 후에 시행되어야 할 것이다.

6 장염 비브리오 식중독이 잘 일어나는 시기는?

① 1 ~ 2월

② 3 ~ 4월

③ 5 ~ 6월

④ 7 ~ 8월

> **NOTE** 장염 비브리오와 같은 세균성 식중독의 대부분은 기온이 높은 여름철인 7~8월에 많이 발생된다.

7 식품의 신선도 및 부패의 화학적 판정에 있어 일반적인 지표 물질과 관련이 없는 것은?

① 트리메틸아민

② 휘발성염기질소

③ 이노신

④ 아크릴아마이드

> **NOTE** 트리메틸아민은 어패류의 신선도 저하와 함께 증가되기 때문에 어패류 신선도 검사에 이용된다. 휘발성염기질소는 단백질이 미생물 등의 작용으로 분해되고 변화되어 생기며 단백질의 신선도 및 품질을 표시하는 지표로 사용된다. 이노신은 하이포크산틴과 리보오스로 이루어진 뉴클레오시드이다.

ANSWER | 4.④ 5.④ 6.④ 7.④

식중독의 유형

1 세균성 식중독

① 개요

(1) 개념 및 종류

① **개념** … 세균성 식중독은 대량의 원인균이나, 원인균이 생산한 독소를 음식물과 함께 섭취하여 발생한다.

② **종류** … 세균성 식중독은 크게 감염형과 독소형으로 분류된다.

(2) 특징

① 식품은 세균이 증식하기에 좋은 영양원이므로 알맞은 조건에서 세균이 증식하여 발증량에 도달한 식품을 그대로 섭취할 때 식중독이 발생한다.

② 원인식품을 섭취한 후 발병하기까지 일정한 시간이 소요되는 기간을 잠복기라고 하며 일반적으로 감염형은 잠복기가 길고 독소형은 짧다.

② 감염형 식중독

(1) *Salmonella* 식중독

① **원인균의 특징**

　㉠ Gram 음성의 통성 혐기성 간균이다.

　㉡ 일반적으로 편모를 가지고 있어 운동성이 있다.

　㉢ 발육의 최적온도 : 37℃에서 잘 발육한다.

　㉣ 10℃ 이하에서는 거의 발육이 불가능하다.

　㉤ 가열에 약하여 60℃에서 20분간 가열 시 사멸한다.

> **★TIP** 살모넬라균을 배양하는 배지 … Selenite배지, Tetrathionate배지 등의 액체배지에 증균배양하고, SS한천배지, MacConkey한천배지 등의 고체배지에 도말배양한다.

② **증상 및 원인식품**

　㉠ 증상 : 메스꺼움, 구토, 복통, 설사, 발열 등의 증상을 보인다.

　㉡ 원인식품 : 식육, 우유, 달걀, 어패류, 도시락, 어육연제품 등에 의해 발생한다.

③ **오염원**

　㉠ 사람, 가축 등의 장내에 존재하여 분변과 함께 자연계로 배출된다.

　㉡ 식품 중 식육은 도축장에서 오염이 되거나 유통과정과 식육처리기에서 2차 오염이 되기도 한다.

　㉢ 달걀의 경우에는 닭의 난소가 *Salmonella*균에 감염되거나 분변 중에 있던 *Salmonella*균이 달걀 껍질에 묻는 경로가 있다.

④ **대책**

　㉠ 세균이 증식을 하지 못하도록 먹을 만큼만 조리하고 바로 먹는다.

　㉡ 보존이 필요할 경우에는 10℃ 이하나 70℃ 이상을 유지한다.

　㉢ 보존한 식품은 섭취 전에 반드시 가열하여 먹는다.

　㉣ 사료, 축사, 도축장의 위생관리를 잘한다.

　㉤ *Salmonella* 보균 동물을 배제한다.

　㉥ 수입 동물, 사료, 식품 검역을 철저히 한다.

　㉦ 정기적인 검변을 통해 식품 취급자 중 보균자를 철저히 적발한다.

　㉧ 식육, 가금류의 조리장 위생관리를 잘한다.

　㉨ 축산물 처리와 유통 중에 장 내용물에 의한 식육의 오염과 그 식육에 의한 다른 식품의 오염 등이 방지되어야 한다.

(2) 장염 *Vibrio*균 식중독

① **원인균의 특징**

　㉠ Gram 음성의 간균으로, 균체의 한쪽 끝에 긴 단모성 편모가 있어 운동성이 있는 통성 혐기성 세균이다.

　㉡ 아포와 협막이 없다.

　㉢ 발육의 최적온도 : 35 ～ 37℃에서 잘 발육한다.

　㉣ 최적 pH : pH 7.5 ～ 8.0에서 잘 발육한다.

　㉤ 호염성으로 3% 전후의 소금농도에서 잘 발육한다.

　㉥ 발육속도가 매우 빠른 것이 특징이며 최적조건하에서의 세대시간은 10 ～ 12분이다.

　㉦ 60℃, 15분간 가열하면 수분 내에 사멸한다.

　　★TIP **장염비브리오균을 배양하는 배지** … 일반배지에서 발육이 잘 안되므로 식염 3 ～ 4%가 함유된 배지에서 배양한다. 원인균의 분리배양을 TCBS한천배지나 비브리오한천배지를 이용한다.

② **증상**

　　㉠ 잠복기는 10 ~ 18시간이다.

　　㉡ 복부 위화감과 상복부통을 느끼며 메스꺼움, 설사, 37 ~ 38℃의 발열, 두통을 일으킨다.

　　㉢ 물같은 설사를 1일 10회 이상하며 점혈변이나 점액변이 나오기도 한다.

　　㉣ 보통 2 ~ 5일 후에는 회복이 가능하며 치명률도 낮다.

③ **원인식품**

　　㉠ 근해산 어패류가 대부분이며 어패류를 생으로 섭취했을 때 감염된다.

　　㉡ 간혹 생어패류에 의한 직·간접적인 2차 오염에 의해 가공식품이나 복합 조리식품에 의해서
　　　도 감염된다.

④ **오염원**

　　㉠ 근해 해역에서 오염률이 높으며 여름철에 그 검출률이 높다.

　　㉡ 균에 의해 오염된 바다에 사는 어패류가 직접적인 오염원이다.

　　㉢ 오염된 어패류에 의해 조리대, 도마, 행주, 식칼 등이 2차 오염원이 된다.

　　㉣ 호염성이므로 적당한 염분이 들어 있는 식품의 경우 여름철에 급속히 증식하여 섭취 시 식중독
　　　이 발생할 수 있다.

　　㉤ 환자의 분변 역시 오염원이 될 수 있다.

⑤ **대책**

　　㉠ 식품을 생식하지 않고 반드시 가열 조리하여 먹는다.

　　㉡ 조리 직후 바로 먹는 것이 가장 좋으며 보존하였다가 먹는 경우에는 섭취 직전에 다시 가열
　　　하여 먹는다.

　　㉢ 2℃, 48시간 냉장 시 어패류 표면의 균은 거의 죽으므로 냉장이나 냉동한다.

　　㉣ 2차 오염을 방지하기 위해 조리기구나 용기 등을 잘 세척하고 소독한다.

　　㉤ 세대시간이 매우 짧으므로 감염량에 도달하여도 겉으로 보기에는 선도가 좋아 보이므로 주의
　　　한다.

(3) **병원성 대장균 식중독**

① **개념** … 혈청학적으로 병원성 대장균과 일반 대장균은 구별되며 현재 약 30여 종이 병원성 대장
　　균으로 보고되고 있다.

② **원인균의 특징**

㉠ 형태와 생화학적 성상은 일반 대장균과 유사하다.

㉡ 장내 세균과에 속하며 Gram 음성의 간균이다.

㉢ 주모성 편모가 있어 운동성이 있는 것과 편모가 없어 비운동성인 것도 존재한다.

㉣ 무아포균이며 호기성 또는 통성 혐기성균이다.

㉤ 최적발육온도는 37℃이다.

㉥ 일반 대장균과 병원성 대장균 사이에는 항원성의 차이가 있어 5종으로 구분할 수 있다.

③ **병원성 대장균 식중독의 종류별 특징**

㉠ **장관 병원성 대장균(EPEC)**

- 영유아의 여름 설사증의 원인균으로 유아의 경우에는 감염병과 같은 예방대책이 필요하다.
- 학동기 이상인 경우에는 식품을 통해 경구감염된다.
- 세포침습성이 없으며 독소를 형성하지는 않는다.
- 감염이 되면 급성 위장염을 일으키고 설사가 나타난다.

㉡ **장관 조직침입성 대장균(EIEC)**

- 주로 세균성 이질환자에서 분리되며 이질균처럼 세포침입성이 있다.
- 사람을 고유숙주로 하여 미량감염이 되며 식품을 통해 감염이 되기도 하지만 사람에서 사람으로 전염이 된다.
- 가축이나 동물에는 없고 자연계에서 분리되는 일도 없다.
- 산발적으로 발생하지만 집단발생이 일어나는 수도 있다.

㉢ **장관 독소원성 대장균(ETEC)**

- 콜레라 설사환자에게서 분리되며 콜레라 독소와 유사한 Enterotoxin을 생산한다. 이 독소는 60℃, 30분 가열에 의해 활성을 잃는 이열성 독소와 100℃, 30분 가열에서도 견디는 내열성 독소가 있다.
- 감염경로는 일반 식중독과 같이 식품을 통해 감염되기도 하며 물이 오염원이 되기도 한다.
- 산발적으로 발생하지만 집단발생이 일어나는 수도 있다.

㉣ **장관 출혈성 대장균(EHEC)**

- 미국에서 발생한 식중독 원인식품인 햄버거에서 O157 : H7에서 분리되었으며 세포침입성은 없다.
- 장관에 정착하여 Verotoxin을 생성하며, 이 독소에 대한 Receptor를 가지고 있는 장관상피세포, 신상피세포 등에 작용하여 설사, 출혈, 신장장애 등의 여러 증상을 일으키는 것으로 보고되고 있다.

④ **증상 및 원인식품**

㉠ **증상**

- 장관 병원성 대장균(EPEC) : 메스꺼움, 구토, 설사, 복통, 발열 등
- 장관 조직침입성 대장균(EIEC) : 설사, 발열, 메스꺼움, 복통, 구토, 오한, 권태감 등
- 장관 독소원성 대장균(ETEC) : 설사, 복통, 발열, 메스꺼움, 구토 등
- 장관 출혈성 대장균(EHEC) : 혈변, 복통, 메스꺼움, 구토, 발열 등

  © 원인식품

   • 계절에 상관없이 발생하는 편이지만 특히 여름철에 그 발생빈도가 약간 높다.

   • 한정된 원인식품이 없으며 현재 보고된 식품은 햄, 치즈, 소시지, 채소 샐러드, 분유, 파이, 도시락, 두부 등이다.

 ⑤ **오염원**

  ⓿ 사람이나 동물의 분변이 오염원이 되며 환자나 보균자의 분변은 더욱 위험하다.

  © 자연계에도 널리 분포되어 식품의 1차, 2차 오염원이 된다.

  ⓔ 영유아의 경우는 환자, 간병인 등을 통해 직접 오염되거나 옷, 수건 등을 통해 전염된다.

  ⓚ 성인의 경우는 분변에 의해 오염된 식품을 섭취할 경우에 식중독이 발생한다.

 ⑥ **대책**

  ⓿ 환자의 분변처리를 철저히 하여 사람에서 사람으로 감염되는 경로와 분변에서 식품으로 감염되는 경로를 차단한다.

  © 음료수 및 급수시설의 위생관리를 철저히 한다.

  ⓔ 영유아의 수건, 기저귀, 침구 등의 소독을 철저히 한다.

  ⓚ 해외여행자의 경우 오염지역의 생수와 날 음식을 섭취하지 않도록 주의한다.

(4) *Campylobacter* 식중독(*Campylobacter* 장염)

① **원인균의 특징**

 ⓿ 원인균으로 *Campylobacter jejuni*, *Campylobacter coli* 등이 있다.

 © Gram 음성의 간균으로, Comma상의 형태를 가진다.

 ⓔ 균체의 한 쪽 끝이나 양 쪽 끝에 기다란 편모가 있어 특유의 Screw상 운동성을 가진다.

 ⓚ 미호기성 환경에서 발육, 호기성이나 편성 혐기성 환경에서는 생육하지 않는다.

 ⓝ 건조나 가열에 약하여 60℃, 30분 간 가열하면 사멸한다.

 ⓜ 고습도의 냉장에서는 오래 생존한다.

 ⓠ 최적발육 온도는 42℃, 발육가능 온도범위는 31 ~ 46℃이다.

② **증상**

 ⓿ 잠복기는 2 ~ 7일이다.

 © 주증상으로는 복통, 설사, 발열이 나타나며 감염형 장염을 일으킨다.

 ⓔ 설사가 잦으며 1주 정도 지속된다.

 ⓚ 설사에 점액, 고름이 섞이고 혈이 섞이는 경우도 있다.

③ **원인식품**

　㉠ 집단급식이나 학교급식에서 발생하는 경우가 많다.

　㉡ 식육, 우유, 햄버거, 닭고기, 어패류, 과자류 등에서 발생한다.

　㉢ 식육에서 직접 사람에게 감염이 되기도 하며 물이나 식품을 통해 간접적 감염이 되기도 한다.

　㉣ 감염균량이 다른 식중독균에 비해 미량이다.

④ **오염원**

　㉠ 동물의 체온이 42℃에 가까운 것에서 많이 검출되며 감염증을 일으킨다.

　㉡ 이런 동물의 분변이 식품, 물의 오염원이 된다.

⑤ **대책**

　㉠ 식육, 가금류의 위생관리를 철저히 한다.

　㉡ 상수도, 우물물을 완전살균한다.

　㉢ 식육으로부터의 2차 오염을 주의한다.

　㉣ 식품을 60℃ 이상으로 가열하여 섭취하며, 덜 익은 식품은 섭취하지 않도록 한다.

(5) *Yersinia enterocolitica* 식중독

① **원인균의 특징**

　㉠ Gram 음성의 통성 혐기성 간균이다.

　㉡ 30℃에서는 주모성 편모가 존재하지만 37℃에서는 없어진다.

　㉢ 다른 장관계 병원균보다 발육온도가 낮아 최적온도는 25～30℃이며 4℃ 이하에서도 발육이 가능하다.

　㉣ 세대시간이 다른 장내세균에 비해 길다.

② **증상**

　㉠ 잠복기는 2～3일이고 10일 이상인 경우도 있다.

　㉡ 2살 이하의 유아는 복통, 발열 등이 생기는 위장염이 발생한다.

　㉢ 소아는 설사증이 발생한다.

　㉣ 회장말단염, 장간막 임파절염, 충수염, 관절염 등을 일으킨다.

③ **원인식품**

　㉠ 우유, 물 등에 의해 발생한다.

　㉡ 잠복기가 길어 밝혀지지 않는 예가 많다.

④ **오염원**

　㉠ 사람과 동물의 분변이 식품이나 물 등의 오염원이 된다.

　㉡ 사람과 동물의 직접적인 접촉에 의해 감염된다.

　㉢ 이 균에 감염된 식품이나 물 등을 매개로 하여 감염된다.

　㉣ 사람에서 사람으로 전염되는 경우도 완전히 배제할 수는 없다.

⑤ **대책**

　㉠ 4℃ 이하의 저온에서도 생육이 가능하므로 장기간 냉장보관하지 않는다.

　㉡ 최적발육온도가 낮으므로 봄과 가을에 식중독이 발생할 가능성이 크다는 것을 주의한다.

　㉢ *Salmonella* 식중독과 같은 가열살균 등의 대책이 필요하다.

(6) *Arizona*균 식중독

① **원인균의 특징**

　㉠ *Salmonella*와 유사한 Gram 음성 간균이다.

　㉡ 편모가 있으며 편성 혐기성이다.

　㉢ *Salmonella*와는 달리 Malontksdua을 이용하여 Gelatine을 액화하고 유당을 분해하지만 D-주석산, 구연산염, Dulcitol 등은 이용하지 않는다.

② **증상**

　㉠ 잠복기는 10 ~ 12시간이다.

　㉡ 복통, 설사, 38 ~ 40℃의 열이 발생한다.

　㉢ 보통 1 ~ 2일이면 회복이 가능하다.

③ **원인식품** … 가금류의 알이나 그 가공품이 원인이다.

④ **오염원**

　㉠ 파충류와 가금류의 알에서 검출률이 높다.

　㉡ 이것이 오염원이 되어 식품을 통해 감염되는 것으로 이해된다.

⑤ **대책** … *Salmonella* 식중독의 예방대책과 같다.

③　독소형 식중독

(1) 포도상구균 식중독

① **개념** … 황색 포도상구균이 식품 중에 증식하여 이 균이 생산한 Enterotoxin을 경구섭취하여 일어나는 독소형 식중독이며 전 세계적으로 가장 많이 발생한다. 사람과 동물의 화농성 질환의 원인균이며 *Salmonella*와 같이 계절에 관계없이 발생한다.

② **원인균의 특징** … 생화학적 성상에 따라 황색 포도상구균, 표피 포도상구균, 부생성 포도상구균으로 구분된다. 이 중에서 식중독의 원인이 되는 것은 황색 포도상구균이다.

ㄱ **황색 포도상구균**(*Stephylococcus aureus*)
- Mannitol을 분해하고, Coagulase 양성한다.
- Gram 음성의 구균, 통성 혐기성, 포도송이같은 집락을 이룬다. 편모가 없고 무아포균이다.
- 소금 농도의 15%에서도 발육이 가능하다.
- 최적발육온도는 35 ~ 37℃이지만 6.5 ~ 46℃에서도 발육이 가능하다.
- 80℃에서 10분 가열하면 사멸하지만 Enterotoxin은 내열성이 매우 강하다.
- 발육 pH는 4.2 ~ 9.3, Enterotoxin 생산의 최적 pH는 6.8 ~ 7.2이다.
- 수분활성이 비교적 낮은 식품에서도 증식이 가능하다.

ㄴ Enterotoxin
- 식중독의 원인이 되는 균체 외 독소이다.
- 황색 포도상구균이 증식하는 과정 중에 생산된다.
- 총 A ~ E형의 종류가 있다.
- 생산의 최적 pH는 6.8 ~ 7.2이다.
- 소금 농도 10% 이상에서는 억제가 가능하다.
- 산과 소금의 상승작용에 의해 pH가 내려갈수록 저해효과가 크다.
- 유기용매에는 용해되지 않으며 Trypsin, Chymotrypsin, Papain 등의 단백질 분해효소에도 분해되지 않는다.
- 식품 중에서 내열성이 매우 커 100℃, 1시간 이상 가열하여도 불활성되지 않는다.
- 독성이 매우 강하며 증상은 메스꺼움, 구토 등이 있다.
- 이 독소는 연수의 구토 중추를 자극하고 위장에 작용하여 급성 위장염을 발생시킨다.

③ **증상**
ㄱ 잠복기는 대체로 1 ~ 6시간으로 타 세균성 식중독에 비해 매우 짧은 것이 특징이다.
ㄴ 초기에 침 분비가 증가하고 메스꺼움, 구토가 시작되고, 복통과 설사증세를 보인다.
ㄷ 중증인 경우 설사에 혈액이나 점액이 섞이고, 탈수증상이 나타난다.
ㄹ 혈압이 떨어지고 맥박이 빨라진다.
ㅁ 사지가 경련, 마비된다.
ㅂ 일반적으로 1 ~ 3일이면 회복이 가능하며 사망하는 일은 없다.

④ **원인식품**
ㄱ 매우 다양하며 전분질을 많이 함유한 식품이 많다.
ㄴ 쌀밥, 떡, 빵, 과자류, 어패류, 두부 등이 있다.

⑤ **오염원**

　㉠ 사람의 화농소가 오염원이다.

　㉡ 손이나 기침, 재채기 등에 의해 식품이 오염되어 감염된다.

⑥ **대책**

　㉠ 식품섭취자나 조리종사자는 손을 깨끗이 하며 화농성 질환이나 인후염이 있는 사람은 식품의
　　가공 조리를 하지 않는다.

　㉡ 조리종사자는 조리 시 마스크, 모자, 위생복 등을 반드시 착용하도록 한다.

　㉢ 조리식품은 가능하면 빨리 섭취하고 보존 시에는 10℃ 이하로 냉장 보관한다.

(2) *Botulinus* 식중독

① **원인균의 특징**

　㉠ Gram 양성의 편성 혐기성 간균으로, 아포를 형성하고, 주모성 편모가 있어 활발한 운동성이
　　있다.

　㉡ 뉴로톡신(Neurotoxin) 등의 신경독소를 생산하며 총 A ~ G의 7형이 있다.

　㉢ *Botulinus*균의 아포는 일반적으로 내열성이 있다.

> ★TIP *Botulinus* 독소
> 　㉠ 식품이 혐기성 조건과 그 외의 환경적 조건이 적당할 때 균이 증식하면서 생산된다.
> 　㉡ 독소의 생산조건
> 　• 식품이 충분히 가열되지 않아 아포가 살아있는 채로 식품이 그대로 혹은 탈기되어 밀봉
> 　　된 경우 생산된다.
> 　• pH 4.5 이상, 수분활성 0.94 이상, 온도 3.3℃ 이상(E형)이나 10℃ 이상(A, B형)으로 장
> 　　기간 저장 시 생산된다.
> 　㉢ 아포와는 다르게 열에 약해서 80℃, 15분이나 100℃, 2 ~ 3분 가열시 파괴되어 불활성화
> 　　된다.
> 　㉣ 산에는 안정하다.
> 　㉤ Pepsin, Trypsin, Chymotrypsin 등의 소화효소에 분해되지 않으며 일부는 독성이 더욱
> 　　증가하기도 한다.

② **증상**

　㉠ **잠복기** : 12 ~ 36시간, 72시간 이상 되기도 한다. 빠른 경우는 5 ~ 6시간일 경우도 있다. 보통
　　잠복기가 빠른 경우 중증이 된다.

　㉡ **초기증상** : 메스꺼움, 구토, 복통, 설사 등이 발생한다.

　㉢ 초기증상에 이어 특유의 신경증상이 나타난다. 먼저 현기증이나 두통이 있고 온몸의 위화감
　　이 생기고 시력이 저하되고 복시, 동공확대, 광선자극에 대한 반응지연이나 무반응 등의 눈
　　에 특징적인 증상이 나타난다.

② 목구멍 마비로 인한 침의 분비 저하, 복부팽만, 사지마비 등에 이어 중증인 경우 호흡마비로 사망하기도 한다.

⑩ 일반적으로 증상이 나타난지 4 ~ 8일이면 사망하나 10일 이상 생존 시 회복한다.

⑭ 발열은 없으며 사망 직전까지도 의식이 뚜렷하다.

⊗ 세균성 식중독 중 사망률이 가장 높다.

③ **원인식품** … 과일이나 채소의 자가제 병조림, 생선발효제품, 어류훈제품, 식육제품 등에 의해 발생한다.

④ **오염원**

㉠ 토양세균이므로 아포 상태로 흙, 바다, 하천 등의 바다 흙이나 동물의 장관에 존재한다.

㉡ E형 균의 경우는 위의 경우 외에 어류, 갑각류 장관 등에도 존재하여 육류, 어패류, 채소류의 오염원이 된다.

⑤ **대책**

㉠ 병조림, 통조림을 만들 때는 멸균을 철저히 해서 아포를 사멸해야 한다.

㉡ 식품이 흙 등에 오염되지 않게 한다.

㉢ 채소에 묻은 흙은 잘 씻고 어패류의 장 내용물이 식품에 오염되지 않도록 처리한다.

㉣ 신선한 식품을 pH 4.5 이하나 수분활성 0.94 이하로 보존한다.

㉤ 열에 약한 독소를 파괴하기 위해 식품 섭취 전에 80℃ 30분이나, 100℃ 3분 이상 가열한다.

㉥ 식품을 만든 후 바로 먹거나 보존할 경우는 3℃ 이하 냉장, 냉동한다.

(3) *Cereus* 식중독

① **원인균**

㉠ 특징

- Gram 양성의 통성 혐기성 간균, 주모성 편모가 있으며 타원형의 아포균이다.
- 발육가능온도는 10 ~ 48℃이며, 최적발육온도는 28 ~ 35℃이다.
- 아포의 발육가능온도는 1 ~ 59℃이며 발아최적온도는 30℃ 전후이고 증식가능 pH 범위는 4.9 ~ 9.3이다.
- 아포는 100℃, 30분의 가열에도 견딜만큼 내열성을 가지고 있다.

㉡ 종류

- *Cereus*균 설사독소
- 이 균의 독소인 Enterotoxin은 균체 외 독소이다.
- 균의 대수증식기나 아포 형성 전의 대수증식후기에 생산된다.
- Trypsin에 의해 분해된다.

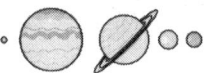

- 60℃, 20분 가열하면 파괴된다.
- pH 변화에 민감하다.
- *Cereus*균 구토독소 : 126℃, 90분 동안 가열 시에도 파괴되지 않는다.

② **증상**

ㄱ **설사형**
- 잠복기는 8 ~ 16시간이다.
- 복통, 설사 등의 증상이 나타난다.
- 가끔 메스꺼움, 구토, 두통, 발열 등이 발생한다.
- 대개 가벼운 증상을 나타내며 *Welchii*균 식중독과 유사하다.

ㄴ **구토형**
- 잠복기는 1 ~ 5시간이다.
- 메스꺼움, 구토 등의 증상이 나타난다.
- 설사, 복통, 두통은 빈번하나 발열은 가끔 발생한다.
- 포도상구균 식중독과 유사하다.

③ **원인식품**

ㄱ **설사형** : 식육제품, 채소 수프, 소스, 푸딩 등에 의해 발생한다.
ㄴ **구토형** : 쌀밥, 볶음밥 등의 탄수화물 식품에 의해 발생한다.

④ **오염원**

ㄱ 토양세균의 일종으로 자연계에 널리 분포한다.
ㄴ 흙에서 아포로 존재하며, 다양한 식품에서 증식하여 식품을 오염시킨다.
ㄷ 아포에 의해 오염된 식품을 가열조리하면 내열성이 있는 아포가 살아남아 열충격을 받게되어 발아 증식이 쉽게 되는 것으로 이해되고 있다.

⑤ **대책**

ㄱ 이 균에 의한 식중독 방지는 어렵다.
ㄴ 오염이 잘되는 식품은 조리하여 바로 먹는다.
ㄷ 보존 시에는 가능한한 빨리 10℃ 이하로 저온 보존한다.

④　생체내 독소형 식중독

(1) 생체내 독소형 식중독의 개념

감염형과 독소형의 중간형태로 중간형 또는 감염적 독소형 식중독이라고도 한다.

(2) *Welchii*균 식중독

① 개념

㉠ *Welchii*균 중에 특정한 균에 의해 오염된 식품을 먹어서 발생하는 식중독이다.

㉡ *Welchii*균이 장관 내에서 아포를 형성할 때에 독소를 생산하는데 이 독소가 식중독의 직접적인 원인이 된다. 그러므로 이 식중독은 감염형과 독소형이 합쳐진 특수 형태로 볼 수 있다.

② 원인균의 특징

㉠ Gram 양성의 간균으로 아포를 형성하고 편모가 없는 편성 혐기성 균이다.

㉡ 혐기성이 약한 편이므로 혐기조건이 약한 식품에서 증식이 가능하다.

㉢ 발육최적온도는 43 ~ 47℃, 발육최저온도는 12℃이며 50℃에서도 증식이 가능하다.

㉣ *Welchii*균 중 식중독을 일으키는 균은 A형과 F형이며, 아포는 내열성이 강하다. 100℃에서 4시간 가열하여도 파괴되지 않는다.

㉤ 세대시간이 매우 짧아 최적조건에서 10 ~ 12분이다.

> ★TIP *Welchii*균 독소
> ㉠ *Welchii*균의 증식과는 관계가 없으며 아포를 형성할 때 생산된다.
> ㉡ 이 독소를 생산하는 것은 대부분 A형 균이다.
> ㉢ 산이나 열에 약하여 pH 4.0 이하, 60℃에서 수 분간 가열하면 불활성화된다.

③ 증상

㉠ 잠복기는 8 ~ 22시간이다.

㉡ 주증상은 복통, 설사이며 주증상 전에 복부팽만감이 있는 경우가 있다.

㉢ 물 같은 설사를 하고 점혈변은 없다.

㉣ 구토나 메스꺼움, 발열은 드문 편이다.

㉤ 1 ~ 2일 정도면 회복이 가능할 정도로 증상은 보통 가볍다.

④ 원인식품

㉠ 조·수육과 그 가공품, 어패류와 그 가공품, 식물성 단백질 식품이 그 원인이다.

㉡ 주체가 당질인 식품은 거의 발생하지 않는다.

㉢ 가열 조리한 원인식품을 하나의 용기에 대량으로 수 시간에서 하룻밤 실온에 방치한 경우 발생한다.

> ★TIP 단백질 식품이 원인식품이 되는 이유
> ㉠ 원인식품이 *Welchii*균에 의해 오염되기 쉬운 식품이다.
> ㉡ 가열에 의해 공기가 추출되어 식품의 혐기상태가 커진다.
> ㉢ *Welchii*균 아포 발육이 촉진된다.
> ㉣ 가열 시에 무아포균은 살균되고 *Welchii*균만이 선택적으로 생존하게 된다.

(3) *Aeromonas*(에로모나스)균 식중독

① **개념** … *Aeromonas hydrophila*, *A. sobria*가 원인균으로, 개구리의 병원균으로 알려져 있었으나 최근 사람에게 설사원성 위장염을 발생시킨다고 보고되었다.

② **원인균의 특징**

　㉠ Gram 음성의 단모성 편모를 가진 통성 혐기성 간균이다.

　㉡ 담수에 많이 분포하며 중온균이므로 10℃ 이하에서 발육이 불가능하다.

　㉢ 균의 일부가 이열성의 장관 용혈독을 생산한다.

③ **증상**

　㉠ 산발적으로 발생한다.

　㉡ 잠복기는 5 ~ 6시간이다.

　㉢ 구역질, 구토, 복통, 발열, 설사를 보이는 급성 위장염 증세가 대부분이다.

　㉣ 심해지면 콜레라 같은 설사, 점액변, 혈변 등을 보이는 중증 위장염 증세를 보이며, 간경변 환자나 면역 질환자는 괴저, 복막염, 골수염, 폐렴 등으로 진행된다.

④ **대책** … 음료수와 식품을 먹기 전에 가열한다.

⑤ Allergy성 식중독

(1) Allergy성 식중독의 개념

어육 등의 단백성 식품의 부패생성물인 유해 Amine 중 특히 Histamine이 원인이 되어 발생하는 식중독이다. 식품 중 70 ~ 100mg% 이상의 Histamine이 생산되면 식중독이 발병한다.

(2) *Proteus*균 식중독

① **원인균의 특징**

　㉠ *Proteus*는 그람 음성이며, 운동성이 있는 간균으로 장내세균과에 속한다.

　㉡ *Morganella morganii*(*Morganella*균)이 대표적 원인균이다.

　㉢ 식품에 증식하여 Histamine decarboxylase를 생성하거나, 식품 중의 Histidine에서 Histamine 을 생성하여 Allergy성 식중독을 일으킨다.

　㉣ Methylagmatine, Agmatine 등의 Amine류 공존 시 독성이 증가한다.

② **증상**

　㉠ 잠복기는 3 ~ 18시간이다.

ⓛ 입 주변과 귓불의 열감, 홍조, 발진, 두통, 발열, 구토, 설사를 일으킨다.

ⓒ 회복은 좋은 편이며, 항Histamine제 복용으로 치료가 가능하다.

③ **오염원**

ⓐ 식품 중 Histamine이 5mg/100g 이상으로 함유하면 안전하지 않고, 100mg/100g 이상은 독성을 나타낸다.

ⓛ 감염경로는 Histidine 함유량이 많은 식품을 섭취하여 발생한다.

ⓒ 원인식품으로는 꽁치, 고등어, 정어리 등의 붉은 살 생선과 그 가공품이며 조리기구에 의한 2차 오염도 있다.

④ **대책**

ⓐ 신선한 붉은 살 생선과 그 가공품을 구입한다.

ⓛ 표면에 거품이 있는 것은 위험하므로 구입하지 않는다.

⑥ 세균성 식중독 방지대책

(1) 세균 매개생물의 박멸

세균을 매개하는 쥐, 파리, 바퀴 등이 부엌이나 창고에 침입하는 것을 방지하고 박멸하도록 노력한다.

(2) 식품취급자의 유의사항

① 식품취급자는 손씻기와 소독을 습관화한다. 화농성 질환이 있는 사람은 조리나 배식 등의 업무를 하지 않는다.

② 어패류를 다루는 데 사용하는 도마나 행주는 다른 것과 구분하고 자주 소독한다.

③ 조리종사자는 정기적으로 검변을 받아 보균자가 아닌 것을 확인한다.

④ 항상 신선한 식재료를 사용한다.

(3) 조리상 유의사항

① 조리된 식품은 바로 먹고 보존을 할 경우에는 청결한 냉장고나 냉동고를 이용한다.

② 이미 조리된 식품은 섭취 전에 다시 가열하여 먹는다.

③ 기온이 높은 환경에서는 조리한 식품을 보존해서 먹지 말고 가능하다면 식사 시 마다 조리해서 먹는다.

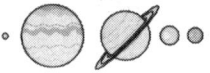

2 화학성 식중독

① 개념 및 원인물질

(1) 개념

인체에 유해한 화학물질을 오용하거나 고의적으로 식품에 혼용하거나 자연적으로 식품 자체에 함유, 혼입되어 일어나는 중독을 화학성 식중독이라 한다.

(2) 화학성 식중독의 원인물질

① **고의 또는 오용으로 첨가되는 유해물질** … 유해성 감미료, 인공착색료, 보존료, 표백료, 증량제 등

② **재배, 생산, 제조 및 가공, 저장 중에 본의 아니게 잔류, 혼입되는 유해물질** … 농약(수은, 비소, 불소 등)

③ **색, 맛이 식품과 비슷하여 식품으로 오인되는 유해물질** … 4에틸납, 바륨, 메틸알코올

④ **기구, 용기, 포장제품 등으로부터 용출되어 이행된 유해물질** … 납, 카드뮴, 비소, 아연 등

⑤ **제조, 가공 및 저장 중에 생성되는 유해물질** … 지방산, Nitroamine

⑥ **환경오염물질에 의한 유해물질** … 수은, PCBs

⑦ **기타 원인에 의하여 식품을 오염시키는 유해물질** … 방사능 오염 등

(3) 화학성 식중독의 중독증상

① **유해성 금속화합물**

　㉠ 비소 : 비소 중독은 비산염을 밀가루 등으로 오인하여 먹었거나 불순물로 혼입되거나, 농작물에 잔류되어 일어난다. 비소는 급성 중독 시 위장형 중독인 구토, 위통, 설사를 유발하며, 뇌척수성 중독인 경련, 마비, 혈압저하를 일으킨다. 만성 중독 시 피부발진, 색소침착, 탈모 등의 증상이 나타난다.

　㉡ 수은 : 유기수은이 함유된 폐수에 의해 오염된 해산물을 먹거나, 수은제 농약이 살포된 사료를 먹은 젖소의 우유를 먹을 경우 인체에 오염된다. 유기수은은 인체 내에 축적되어 신경조직을 마비시키는 미나마타병을 발생시킨다. 손발 등의 지각이상, 언어장애, 보행장애 등이 나타나고, 가벼운 정신장애 등의 신경증상을 나타내며, 심한 경우 사망하게 된다.

　㉢ 납 : 도료나, 안료, 농약 등에 사용된 납화합물에 의해 중독되며, 음료수를 수송하는 수도관에 납관을 사용할 경우 납중독이 일어날 수 있다. 구토, 구역질, 복통, 인사불성, 사지마비 등의 증상이 나타난다.

ⓔ **구리** : 인체에 필수적인 무기질이지만, 다량 섭취하면 중독을 일으킬 수 있다. 식품기구나 용기 등의 녹청에 의해 오염된다. 구토, 메스꺼움, 발한, 복통 등의 증상이 나타난다.

ⓜ **카드뮴** : 도자기의 유약으로 쓰이거나 플라스틱의 안정제로 쓰이는데 산성식품에 용출된다. 급성 중독 시 구토·설사·복통·요통 등이 일어나며 만성 중독 시에는 신장·간에 축적되어, 이타이이타이병의 원인이 된다.

ⓗ **아연** : 아연도금한 기구나 용기에 의해 중독이 일어날 수 있다. 복통, 구토, 설사, 경련 등의 증상을 일으킨다.

ⓢ **주석** : 통조림식품이나 통조림주스에 의해 중독되며, 독성은 약하지만 인체에 쉽게 흡수되기 때문에 유해하다. 구역질, 복통, 구토, 설사 등의 증상이 나타난다.

② **유해첨가물**

㉠ **유해착색료**

- Auramine : 황색타르색소로 단무지, 카레가루, 과자, 면류 등에 사용하였으나, 독성이 강해 금지되었다. 두통, 심계항진, 맥박감소, 의식불명 등의 증상이 나타나고, 간장에 대한 발암성을 가지고 있다.
- p-Nitroaniline : 황색합성착색료로 물에 녹지 않는 무미, 무취의 황색결정이다. 혈액과 신경계에 독성을 가지고 있으며, 두통, 맥박수 감소, 청색증 등의 증상이 나타난다.
- Rhodamin B : 분홍색의 염기성 타르색소로 과자, 어묵, 생강 등에 사용하였다. 전신착색이 일어나고, 색소뇨를 배설한다.

㉡ **유해표백제**

- Rongalite : 가열 시 강력한 환원력을 가지는 표백제로, 독성과 중독문제로 사용이 금지되었다. 아황산의 환원작용에 의해 포름알데히드(Formaldehyde)가 식품 중에 잔류되어 독성을 가지게 된다.
- NCl_3(Nitrogen trichloride) : 밀가루의 표백과 숙성에 사용하였으나 사용이 금지되었다. 히스테리적인 증상이 나타난다.
- 형광표백제 : 국수, 생선묵 등에 사용하였으나 독성이 강하여 금지되었다.

㉢ **유해감미료**

- Dulcin : 설탕의 250배 이상의 당도를 가지고 있어 당원으로 이용하였으나 만성중독이 발생하여 사용이 금지되었다. 혈액독으로, 간장, 신장장애, 간종양 등을 발생시키며 중추신경계에 자극을 준다.
- p-Nitroanillin : 설탕의 200배 정도의 당도를 가지고 있으며, 독성이 매우 강하다. 식욕부진, 미열, 구역질 등을 일으키며, 혼수상태에 빠져 사망한다.
- Ethylene glycol : 부동액으로 사용되는 것으로 단맛이 있어 감미료로 사용된 적이 있다. 신경장애 등의 증상을 나타낸다.
- Perillartine : 설탕의 2000배 정도의 당도를 가지고 있으며 자극성이 강하다. 입 속의 타액에 의해서도 분해되며, 신장을 자극하여 염증을 일으킨다.

   ⓔ 보존료
- 붕산(H_3BO_3) : 육류가공품, 우유가공품 등에 사용된 적이 있으나 사용이 금지되었다. 소화효소의 작용이 저해되고, 영양소의 동화를 방해하고 지방을 분해시켜 체중을 감소시킨다. 대량으로 섭취할 경우, 구토, 설사 등을 일으키고 사망한다.
- 포름알데히드(Formaldehyde) : 강력한 살균력으로 주류, 간장, 유제품, 육제품 등에 사용되었으나 독성이 강해 사용이 금지되었다. 소화작용을 저해하고, 두통, 구토, 현기증, 호흡곤란 등의 증상이 나타난다.
- β –Naphtol : 곰팡이의 방부살균 작용이 강하여 간장 등에 사용되었으나 독성이 강하여 사용이 금지되었다. 단백뇨증과 신장장애 등의 증상이 나타난다.
- 기타 : 승홍($HgCl_2$), 불소화합물, Urotropin 등이 있다.

③ **잔류농약**

   ㉠ 유기인제
- 체내의 Cholinesterase와 결합하여 혈액과 조직에 유해한 Acetylcholine을 축적한다.
- Parathion, Methylparathion, Malathion, Diazion, TEPP 등이 있으며, 독성이 강한 살충제로 사용된다.
- 구토, 오심, 발한, 전신경련 등을 유발한다.

   ㉡ 유기염소제
- DDT, DDD, BHC 등이 있으며, 화학적으로 매우 안전하여 채소나 과실에 잔류되어 만성중독을 일으킨다.
- 구토, 복통, 설사, 두통, 시력감퇴, 전신권태 등의 증상이 나타나며, 심할 경우 혼수상태에 빠져 사망하게 된다.

   ㉢ 유기수은제
- 농약으로 사용되는 에틸수은계로 메틸염화수은, 메틸요오드화 수은 등이 있으며, 종자소독이나 토양살균에 이용된다.
- 시야가 축소되고 언어장애가 나타나며, 보행곤란, 정신착란 등의 증상이 나타난다.

   ㉣ 비소화합물
- 비산, 아비산, 비산칼슘 등이 있으며, 잔류물이 잘 씻겨지지 않아 중독이 발생한다.
- 식도가 축소되고, 연하곤란 등의 증세가 나타나고 위통, 구토, 설사로 인한 수분 손실로 사망한다.

④ **기타 유해물질**

   ㉠ 메탄올
- 알코올 발효를 할 때 생성되는 것으로 포도주 등의 과실주, 정제가 불충분한 에탄올, 증류주 등에 미량 함유되어 있으며, 치사량은 30 ~ 100mL이다.
- Formaldehyde와 Formic acid를 생성하며, 산독증을 일으킨다.
- 두통과 현기증, 복통, 설사, 구토 등의 증상이 나타나며, 시신경에 악영향을 끼쳐 실명에 이를 수도 있다.

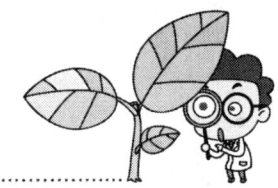

ⓒ PCB(Poly Chloro Biphenyls)

- 탈취공정에서 기름을 가열하는 열매체로 사용되었던 PCB가 열교환 파이프에서 유출되어 미강유에 유입되어 중독이 발생하였다.
- 배설속도가 매우 느리고, 인체에 축적되며, 적절한 치료법이 없다.
- 피부발진, 모공에 검은색소 침착, 피부각화, 가려움증, 심한발한, 안면부종, 손발저림, 권태감, 식욕부진, 간장장애 등의 증상이 나타난다.

ⓒ Benzopyrene : 다환 방향족 탄화수소의 중의 하나로 DNA와 결합하여 강력한 발암작용을 일으킨다.

⑤ **합성수지**

ⓐ 페놀수지 : 절연성이 좋고, 표면 강도가 크고 내수·내산성이 좋아 주방용 용기로 널리 쓰이지만, Phenol이나 Formalin이 용출된다.

ⓑ 요소수지 : 가정용품이나 유아용품, 식기 등에 사용하는 것으로, 가볍고 경도가 높으며 내열성은 떨어진다. 장기간 사용시 표면이 거칠어져 유해한 Formalin이 용출된다.

ⓒ 멜라닌수지 : 집단급식시설에서 많이 이용하는 것으로, 표면강도가 커서 내찰과성이 좋으며, 내열성이고 착색이 자유롭지만, Formalin이 용출된다.

ⓓ 폴리에틸렌 : 식품 포장용으로 쓰이며 내수성·내약품성이 좋다. 에틸렌을 중합할 때 생기는 성분이 유해한 물질로, 지용성으로 유지식품에 녹아 유해하다.

② 화학성 식중독 예방대책

(1) 식품측면의 예방책

① 부정, 불량품의 구입과 사용을 삼간다.

② 가급적 식품첨가물을 사용하지 않는다.

③ 식품첨가물을 사용하지 않는 식품가공법을 개발한다.

④ 식품재료, 기구, 용기, 포장 등은 청결하고 위생적으로 관리한다.

⑤ 식품, 첨가물, 기구, 용기, 포장 등은 위해물질에 오염되지 않도록 한다.

⑥ 식기, 완구 등의 색깔이 아름다운 것은 구입과 사용을 삼간다.

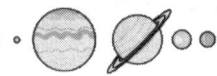

(2) 약품측면의 예방책

① 독성과 잔류성이 적은 농약을 개발한다.

② 공업약품, 농약 등은 식품, 첨가물, 기구, 용기, 포장 등과는 별도의 장소에 보관한다.

③ 식품위생법을 준수한다.

3 자연독 식중독

① 자연독 식중독

(1) 개념 및 발생배경

① **개념** ··· 자연에 있는 동·식물을 잘못 선택하여 섭취하거나 조리방법에 이상이 있는 경우의 식중독을 자연독 식중독이라 한다.

② **발생배경** ··· 현재 식품으로 이용되는 동·식물은 오랜 세월을 거쳐 사용되어 온 경험을 통한 산물이다. 식품으로 이용하는 동·식물 중에서는 그 종류나 부위에 따라 독성을 나타내는 경우가 있다.

(2) 원인 및 예방대책

① **자연독 식중독의 원인**

　㉠ 유독한 동·식물인데도 섭취해도 안전하다고 잘못 알고 있는 경우로 독버섯, 독꼬치 등이 이에 속한다.

　㉡ 유독한 부위가 제거되지 않은 경우로 감자, 복어 등이 이에 속한다.

　㉢ 환경적인 조건이나 특정 시기에 유독화된 것을 모르고 섭취한 경우로 조개, 미숙한 매실 등이 이에 속한다.

② **자연독 식중독 예방대책**

　㉠ 섭취하기에 위험한 동·식물에 대한 취급상의 지식을 배양하고 감별법을 터득하도록 한다.

　㉡ 정체 불명의 버섯이나 어패류 등은 피한다.

　㉢ 특정시기에 유독화하는 식품은 그 시기를 피하도록 하고 위험하다고 생각되는 부위는 철저히 제거한다.

② 식물성 식중독

(1) 독버섯

① 개념
○ 우리나라에서는 자연독 식중독 중에서 가장 많은 수를 차지하고 있는 것이 독버섯에 의한 식중독이다. 특히 식중독에 의한 사망자수 중 이것에 의한 사망자수가 가장 많은 비율을 차지하고 있다.

○ 우리나라에는 약 700여 종의 버섯이 서식하고 있으며, 이 중 30여 종이 독버섯인 것으로 알려져 있다.

② 버섯의 유독성분
○ Amanitatoxin
- Amanita 속의 알광대버섯, 흰알광대버섯, 독우산광대버섯, 붉은점박이광대버섯 등에 있는 유독성분이다.
- 성분 중에서 가장 맹독성을 가진다.
- 7 ~ 8개의 아미노산으로 구성된 환상 Peptide로 Phallotoxin군과 Amatoxin군으로 구분된다.
- 두 군의 구조는 매우 유사하지만, Phallotoxin군은 속효성으로 주사투여 시 강력한 독성을 나타내지만 경구투여할 경우에는 독성이 크지 않다.
- Amatoxin군은 지효성으로 경구투여할 경우에 보통 15시간 정도 지나야 독성을 나타낸다.
- Phallotoxin군과 Amatoxin군은 간장 및 신장 조직의 파괴력이 강하다.
- Amanitin은 DNA Polymerase의 활성을 저해하여 단백질 생합성을 저해한다.
- 섭취 후 10 ~ 20시간의 잠복기를 거쳐 복통, 강직, Cholera 같은 증상이 나타나고 일반적으로 수일 이내에 사망한다.

○ Muscarine
- 깔대기버섯, 땀버섯, 광대버섯 속의 일부에 들어 있는 유독성분이다.
- 부교감신경 말초를 흥분시켜 침흘림, 동공수축, 호흡급박 등과 소화기증상을 일으킨다.
- 중추신경에 작용해 환각을 일으키는 경우도 있다.
- 대개 24시간 이내에 회복하지만 다량 섭취 시에는 사망한다.

○ Muscimol
- 마귀광대버섯, 뿌리광대버섯, 광대버섯 등에 들어 있는 환각성분이다.
- 파리살충성분인 Idotenic acid의 탈탄산반응에 의해 생긴다.

○ Psilocybin
- 환각버섯 속의 버섯류에 들어 있는 환각성분이다.
- 사람의 혈당, 체온, 혈압을 상승시키며 환각, 심신의 위화감이 생긴다.

- Psilocybin이 체내에서 가수분해되어 생긴 Psilocin은 독성이 10배나 강하며, 애광대버섯, 암회색 광대버섯, 마귀광대버섯 등에 들어 있는 Bufotenine의 입체이성체로 환각작용이 있다.
- 급격하게 증상이 나타나며 손, 발, 혀가 꼬부러지고 불안감, 색채 환각, 환청 등의 증상을 보이며 LSD 환각증상과 유사하다.

ⓜ Lamoterol
- 화경버섯, 깔때기버섯 등에 들어 있으며 Illudin S라고도 한다.
- 섭취시 30분 ~ 3시간 후에 증상이 나타난다.
- 극심하게 위를 자극하며, 구토, 설사, 복통, 오한 등의 증상이 나타난다.

ⓗ Acromelic acid
- 독깔때기버섯에 들어 있는 유독성분이다.
- 교감신경을 흥분시켜 혈관수축에 따른 말초의 혈액순환에 심한 장애를 일으킨다.

ⓢ Coprine
- 두엄먹물버섯에 함유되어 있는 아미노산이다.
- 알코올음료와 섭취하면 혈액 중에 Aldehyde가 축적되어 홍조, 심장박동 가속, 현기증, 구토, 호흡곤란 등의 증상을 일으킨다.

ⓞ Gyromitrin
- 마귀곰보버섯에 들어 있는 유독성분이다.
- 체내에서 가수분해되어 Monomethyl hydrazine을 생성하여 중독작용을 일으킨다.

ⓩ 기타 … 이외에 Choline, Neurine, Fasciculol E와 F, Agaricic acid 등의 유독성분이 있다.

③ **독버섯의 감별법**
ⓖ 독버섯은 줄기가 세로로 갈라지지 않는다.
ⓛ 악취가 나거나 맛이 이상하다.
ⓔ 갓의 빛깔이 진하며 아름답다.
ⓡ 대에 턱받이가 있다.
ⓜ 유즙 등의 점질물을 분비한다.
ⓗ 삶을 때 은수저를 검게 변화시킨다.

★ TIP 그러나 예외가 많기 때문에 버섯 각각에 대한 올바른 감별법을 터득하는 것이 바람직하다.

❀ 독버섯의 유독성분 및 증상 ❀

종류	유독성분	증상
독우산광대버섯 흰알광대버섯 알광대버섯	• Phallotoxin군 : Phalloidin, Phalloin • Amatoxin군 : Amanitin, Amanin	혼수, 사망(사망률 50%이상), 중추신경 장애, 경련, 의식불명, Cholera상 증상, 신장 및 간장장애
광대버섯 마귀광대버섯 뿌리광대버섯	• Muscarine • Bufotenine • Muscimol • Ibotenic acid	구토, 설사, 헛소리, 흥분, 정신착란, 환각, 혼수 등
독깔때기버섯	• Clitidine • Achromelic acid A및 B	손 발끝의 붉은 색 부종, 심한 통증이 1개월 이상 지속됨
화경버섯	• Lamtero(Illudin S)	심한 구토, 설사, 복통
갈황색미치광이버섯 목장말뚝버섯 환각버섯	• Psilocybin • Psilocin • Bis−noryagonin	현기증, 광란, 이상흥분, 평형감각 상실, 환각, 실신
배불뚝이깔때기버섯 두엄먹물버섯	• Coprine	알코올음료와 함께 먹으면 피부홍조, 메스꺼움, 구토, 호흡곤란
마귀곰보버섯	• Gyromitrin	구토, 설사, 두통, 용혈, 황달, 출혈
노란다발버섯	• Fasciculol E 및 F	구토, 설사, 의식혼탁, 사망, 사망 시 온몸에 자색 반점
땀버섯	• Muscarine	발한, 마귀광대버섯중독과 비슷

(2) 유독성분이 들어 있는 식용작물

① 감자

ㄱ Steroid계 Alkaloid 배당체인 Solanine이 들어 있다.

ㄴ 보통 때는 문제가 되지 않지만 싹이 나거나 햇빛에 노출되어 녹색화되면 Solanine 함량이 증가한다.

ㄷ 이러한 부위를 제거하지 않아 Solanine 함량이 0.4%를 초과할 때 식중독의 원인이 된다.

ㄹ Solanine은 Cholinesterase 저해작용이 있어서 중독 시 복통, 메스꺼움, 구토, 설사 등의 위장장애 외에 입, 목구멍의 열감, 무력감, 현기증, 졸음, 가벼운 의식장애 등이 나타난다. 어린이의 경우에는 혼수, 경련에 이어 사망할 수 있다.

ㅁ Solanine의 사람에 대한 중독량은 25mg, 치사량은 400mg로 추정한다.

ㅂ 싹이 난 부위나 녹색화된 부분을 철저히 제거한 후에 조리한다.

ㅅ Solanine은 수용성이므로 조리에 의해 제거되지만 가열에 의해서는 분해되지 않는다.

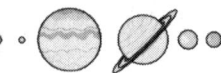

② **Cyan 배당체 함유식물**

    ㉠ Cyan 배당체는 효소에 의해 가수분해되어 청산을 유리하고 Cytochrome 산화효소를 저해해 조직호흡을 급속하게 저하시켜 치명률이 높다.

    ㉡ 미숙한 매실이나 살구씨에는 Amygdalin, 오색콩(미얀마콩)에는 Phaseolunatin, 수수에는 Dhurrin 이 들어 있다.

    ㉢ 다량 섭취 시 두통, 소화불량, 구토, 설사 등의 소화기계 증상이 나타나고 호흡곤란, 강직성 경련이 나타나면서 중증인 경우 호흡중추 마비로 사망에 이르게 된다.

    ㉣ 예방 : 오래 가열하여 청산을 휘발시키고 물로 여러 번 세척하여 제거한다.

③ **목화씨**(면화씨)

    ㉠ 목화씨는 면실유의 제조에 이용된다.

    ㉡ 이 기름에는 산화방지작용을 하는 Gossypol이 들어 있는데, 이 물질이 유독하기 때문에 면실유는 이것을 제거 정제한 후 식용으로 이용된다.

    ㉢ 정제가 충분하지 않은 면실유나 착유 후 종자단백을 먹으면 중독을 일으킨다.

    ㉣ 증상은 심부전, 간장장애, 황달, 출혈성 신염, 신장염 등이다.

    ㉤ Gossypol은 묽은 가성소다용액에 용해되므로 쉽게 기름에서 분리, 제거되며 가열에 의해서 어느 정도 분해가 가능하다.

④ **은행**

    ㉠ 다량 섭취할 경우 어린이들은 구토, 의식불명, 간질상의 경련을 일으켜 사망에 이를 수도 있다.

    ㉡ 은행에 있는 비타민 B_6인 Pyridoxine의 4위 Hydroxymethyl기가 Methylether화된 4-Methoxypyridoxine 이 원인이 된다.

(3) 오용하기 쉬운 유독식물의 종류

① **독미나리**(Cicuta virosa)

    ㉠ 미나리로 오해하여 섭취 시 중독을 일으킨다.

    ㉡ 여름철 강가나 습지에서 서식하며 미나리와 그 모양이 비슷하지만 미나리에 비해 크기가 크다.

    ㉢ 유독성분 : Cicutoxin에 의해 발생한다.

    ㉣ 증상 : 섭취 후 수 분~2시간 이내에 상복부 동통, 구토, 현기증, 경련을 나타내고 중증일 경우 의식불명, 10~20시간 내에 호흡마비로 사망에 이르게 된다.

② **독공목**(Coriaria japonica)

    ㉠ 뽕나무열매로 오해하여 섭취 시 중독을 일으킨다.

    ㉡ 산이나 들에서 서식하는 높이 1.5m 내외의 낙엽관목으로 열매는 둥글고 직경 8mm 정도이다. 초기에는 적색이나 성숙하면 흑자색으로 변한다. 달기 때문에 어린이들이 따먹고 중독이 될 우려가 크다.

ⓒ 유독성분 : Coriamytrin, Tutin 등의 경련독을 가지고 있다.

ⓓ 증상 : 구토, 경련 등이 발생하고 사망할 수도 있다.

③ **붓순나무**(Ilicium ansatum)

㉠ 대회향과 비슷하므로 잘못 알고 섭취하는 경우에 중독을 일으킨다.

㉡ 양지에서 자라는 2～5m 정도의 상록교목이며 가을에 등황색 열매가 열린다.

㉢ **유독성분** : 열매에 함유되어 있는 Anisatine, Shikimitoxin, Hananomin 등이 있다.

㉣ **증상** : 구토, 현기증, 경련, 심한 경우 허탈감이 들고 사망할 수도 있다.

④ **미치광이풀**(Scopolia parviflora)

㉠ 산속 계곡, 습한 지역에서 사는 풀로 30～50cm 정도이다.

㉡ **유독성분** : Hyoscyamine, Atropine, Scopolamine 등이 있다.

㉢ **증상** : 권태감, 동공확대, 흥분, 심계항진, 광란 등이 발생하고 호흡마비로 사망할 수도 있다.

⑤ **가시독말풀**(Datura alba)

㉠ 씨가 검은 참깨와 유사한데 이를 잘못 알고 섭취할 경우 중독을 나타내게 된다.

㉡ **유독성분** : Scopolamine, Hyoscyamine, Atropine 등이 있다.

㉢ **증상** : 섭취 후 30분에 흥분상태를 나타내며 몸 저림, 환각 등을 나타낸다.

㉣ 뿌리 역시 우엉과 비슷하므로 섭취시 중독을 나타낸다.

⑥ **바꽃**(Aconitum chinense)

㉠ 산나물로 오인하여 섭취시 급성 중독을 일으킨다.

㉡ **유독성분** : Aconitine, Mesaconitine 등이 있다.

㉢ **증상** : 입술과 혀에 열감, 손·발 저림, 구토, 복통, 손·발 마비, 언어장애, 중증인 경우 인사불성, 호흡곤란, 심장마비로 사망할 수도 있다.

⑦ **디기탈리스**

㉠ **유독성분** : Purpurea glycoside A, Luteolin glycoside 등의 강심 배당체, Digitonin, Gitonin 등의 Saponin이 있다.

㉡ **증상** : 부정맥, 심근 떨림, 순환장애를 일으켜 사망할 수도 있다.

⑧ **꽃무릇**

㉠ **유독성분** : Lycorine이 있다.

㉡ **증상** : 구토, 경련, 호흡마비로 사망할 수도 있다.

⑨ **독보리**

　ⓐ 유독성분 : Temulin이 있다.

　ⓑ 증상 : 두통, 메스꺼움, 현기증, 이명, 구토, 위통, 설사, 중증인 경우 배뇨곤란, 허탈, 경련, 혼수, 사망할 수도 있다.

(4) 발암성 및 변이원성 성분이 들어 있는 식용식물

① **고사리** … Nor sesquiterpenoid 배당체인 Ptaquiloside로 불안정하여 약알칼리성에서 포도당이 분리되어 Dienone이 되어 발암을 일으키는 Alkyl화제로 작용한다. Dinone도 약산성에서는 실온에서도 Pterosin B로 변한다.

② **소철**

　ⓐ 소철의 열매나 줄기에서 얻는 전분의 정제가 불충분할 때 중독을 일으킨다.

　ⓑ 메스꺼움, 구토가 급격히 나타나고 의식불명, 간장 종창, 사망에 이른다.

　ⓒ 유독성분 : Cycasin의 배당체로 Methyl-azoxymethanol-beta-glucoside가 있다.

③　동물성 식중독

(1) 어류에 의한 식중독

① **복어 중독**

　ⓐ 복어독

　　• Tetrodotoxin : 복어의 난소와 간장, 장, 피부에 많다. 1 ~ 4월경에 난소에 가장 잘 발달하고 독성도 가장 강력하다.

　　• 물이나 유기용매에 용해되기 어려운 약알칼리성 물질로 약산성의 물에 용해된다.

　　• 100℃로 가열해서는 독성을 잃지 않으며 자외선이나 햇빛에도 안정하다.

　　• 강산이나 알칼리에 쉽게 분해되며 알칼리 분해에 의해 Tetrodonic acid와 2 – amino – 6 – hydroxymethyl – 8 – hydroxyquinazoline이 된다.

　ⓑ 중독증상

　　• 흡수, 배설이 빨라 식후 20 ~ 30분에서 2 ~ 3시간이면 중독증상이 나타난다.

　　• 치사시간 : 1시간 30분 ~ 8시간, 8시간 이상이면 반드시 회복이 가능하다.

> **★TIP** 중독 증상의 네 단계
> ⓐ 제1단계 : 입 주위나 혀의 지각마비, 구토, 무게감각 둔화, 보행실조
> ⓑ 제2단계 : 미각, 촉각둔화와 마비, 손발, 팔 다리의 운동장애, 발성장애, 호흡곤란, 혈압저하가 나타나나 의식은 뚜렷
> ⓒ 제3단계 : 골격근 완전마비, 발성곤란, 호흡곤란, 혈압저하 심화, Cyanosis, 의식혼탁, 모든 반사기능 정지
> ⓓ 제4단계 : 의식불명, 호흡정지, 사망

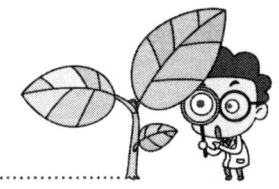

ⓒ 예방

- 복어요리는 복어조리전문가가 만든 음식만 먹는다.
- 난소, 간, 피부 등의 유해부위는 피하고 육질부만 먹는다.
- 제거한 유해부위의 폐기물은 확실히 처리한다.

② Ciguatera 중독

ⓐ 개념 : 열대나 아열대 산호초 주변에서 서식하는 독어를 섭취하여 일어나는 사망률이 낮은 식중독을 총칭하여 Ciguatera 중독이라 한다.

ⓑ 유독성분

- 사람의 중독에 관여하는 대표적인 것은 Ciguatoxin이다.
- 대개 근육보다 내장이 독성이 크며 큰 물고기 일수록 더 독성이 큰 경향을 나타낸다.

ⓒ 중독증상

- 위장장애 : 구토, 복통, 설사 등이 나타난다.
- 신경장애 : 혀, 입술, 팔, 다리, 온몸의 마비, 온도감각 이상을 일으켜 저온물체와 접촉 시 통증을 느낀다.

(2) 조개류 중독

① 섭조개 중독

ⓐ 유독성분 : Saxitoxin이 있다.
ⓑ 내열성이며 근육 및 신경세포의 세포막 밖의 나트륨 유입을 저해하여 탈분극을 방해한다.

② 모시조개 중독

ⓐ 유독성분 : Venerupin이 있다.
ⓑ 중독증상 : 식욕감퇴, 전신권태, 복통, 설사 등이 나타난다.

④ 곰팡이독에 의한 식중독

(1) Mycotoxin

① **개념** … 곰팡이에 의해 생성되는 독소를 총칭하는 말로 사람이나 가축에 급성·만성장애를 일으킨다. 곰팡이독에 의한 건강장애를 총칭하여 곰팡이중독증(진균중독증)이라고 한다.

② **종류** … *Aspergillus* 속, *Penicillium* 속, *Fusarium* 속 등이 있다.

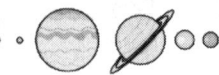

(2) 곰팡이독의 특징

① 탄수화물이 풍부한 수확 전후의 곡류나 가공품에서 증식하여 식품을 오염시킨다.

② 원인식품이나 사료에 곰팡이가 오염되어 있다.

③ 계절에 관계가 깊다.

> ★TIP 계절에 따른 곰팡이독
> ㉠ *Fusarium* 독소군 : 추울 때에 많이 발생한다.
> ㉡ *Aspergillus* 독소군과 *Penicillium* 독소군 : 고온다습한 여름에 많이 발생한다.

④ 사람이나 동물 사이에는 직접 이행되지 않는다.

⑤ 비교적 열에 대해 안정하고 가공과정에 분해되지 않는다.

⑥ 항생물질 투여에 의한 효과가 별로 없다.

(3) 주요 곰팡이독

① **아플라톡신**(Aflatoxin)

㉠ 아플라톡신의 특징

- 땅콩, 옥수수, 면화종자 등에 침입한 *Aspergillus flavus* 곰팡이에 의해 생산된다.
- 발암성 물질로 내열성이 강하여 $200 \sim 300℃$에서 겨우 분해된다.
- 유기용매에 잘 녹으며, 강염기·강산성에서 독력이 낮아 유도체로 변하며, 방사선, 자외선에 불안정하다.
- 아플라톡신은 B_1, B_2, B_{2a}, G_1, G_2, G_{2a}, M_1, M_2 등이 알려져 있다.

> ★TIP 아플라톡신의 독성순서 … $B_1 > M_1 > G_1 > M_2 > B_2 > G_2$

㉡ 아플라톡신 생성조건

- 온도 $25 \sim 35℃$, 상대습도 75% 이상이면 독소생산이 가능하다.
- 배지에 곡류가 첨가되면 독소생산이 잘 된다.

㉢ 중독증상

- 간 손상으로 성장저하, 체중감소, 식욕부진, 원기소실 등이 주로 발생한다.
- 말기에는 장기출혈, 경련, 황달 등이 일어난다.

② **맥각독**

㉠ 맥각 : 보리, 밀, 호밀 등에 잘 번식하는 맥각균의 균핵으로 곡류를 흑청색으로 변색시키고 부스러지기 쉽게 만든다.

㉡ 곡물 중에 맥각이 0.5% 이상 혼입되면 독성을 나타낸다.

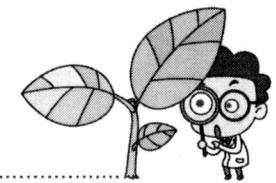

ⓒ 맥각의 사용
- 자궁수축제 · 분만촉진제 · 지혈제 등으로 쓰이며, 자궁출혈, 월경과다 등의 자궁질환에도 사용하지만 양이 많아지면 유독물질로 작용한다.
- LSD(Lysergic acid diethyl amide) : 환각제의 일종으로 정신병 분야의 의학적 연구에 사용되고 있다.

ⓔ 중독증상 : 급성 중독증으로 복통, 설사, 구토 등의 소화기계의 장애 및 두통이 나타나고, 지각이상 등의 신경증상이 나타나며 심하면 사망한다. 만성 중독일 경우 사지근육위축 등의 경련형과 말초신경 순환장애에 의한 괴저형의 증상이 나타난다.

③ 황변미독

㉠ 쌀에 *Penicillium* 속의 곰팡이가 기생하여 유독한 독성물질을 생성하고 쌀을 황색으로 변색시킨다.

㉡ 종류 : 간장독으로 Islanditoxin, Cyclochlorotin, Luteoskyrin, 신경독으로 Citreoviridin, 신장독으로 Citrinin 등이 있다.

㉢ 황변미독의 특성과 중독증상
- Citrinin : 황색의 침상 결정물질로, 신장독을 내어 신장에서 물의 재흡수를 저해한다.
- Luteoskyrin : 간에서 장애를 일으키며, 증상으로는 간소엽 중심성의 세포 괴사나 지방 변성, 간암 등이 있다.
- Islanditoxin : 간에서 출혈을 일으키며 간소엽 주변부의 괴사를 유발한다.
- Citreoviridin : 황색 결정물질이며, 증상으로는 구토, 호흡장애, 척추마비 등이 있다.

1 덜익은 매실이나 은행에 함유되어 있으며, 산이나 효소에 의해 가수분해되어 청산(HCN)을 생성하는 시안배당체는?

① 두린(dhurin)

② 아코니틴(aconitine)

③ 아트로핀(atropine)

④ 아미그다린(amygdalin)

    ✎NOTE| ① 수수에 함유되어 있는 시안배당체로 중추신경의 자극과 마비를 유발한다.
        ② 미나리아재빗과 식물의 뿌리에 들어 있는 알칼로이드로 혈액에 섞이면 신경을 마비시킨다.
        ③ 가지과의 식물에 함유되어 있는 알칼로이드이다.

2 해산물로 인해서 유발되는 독에 해당하지 않는 것은?

① Venerupin

② amatoxin

③ tetrodotoxin

④ saxitoxin

    ✎NOTE| ② 독우산광대버섯 및 흰알광대버섯 등에 많이 들어 있는 독으로 치사율 50% 정도의 맹독이다.
        ① 모시조개류에 의한 독이다.
        ③ 복어에 의한 독이다
        ④ 홍합류에 의한 독이다.

3 발열증상이 없는 독소형 식중독으로 신경마비증상을 수반하는 것은?

① 살모넬라

② 리스테리아

③ 보툴리눔

④ 장염 비브리오

    ✎NOTE| ③ 독소형 식중독에 해당한다.
        ①②④ 감염형 식중독에 해당한다.

ANSWER | 1.④ 2.② 3.③

4 진균독소 중 간장독에 해당하는 것은?

① citrinin
② aflatoxin
③ citreoviridin
④ sporidesmin

✎NOTE 간장독 … 간경변, 간종양 및 간세포의 괴사를 일으키는 물질로 간암을 일으키는 aflatoxin이 대표적이다.
◉ rubratoxin A, cyclopiazonic acid, islanditoxin, luteoskyrin 등

5 다음 중 시안배당체에 해당하는 것은?

① 미숙한 매실
② 은행
③ 감자
④ 붓순나무

✎NOTE 시안배당체 … 시안배당체는 효소에 의해 가수분해되어 청산을 유리하고 사이토크롬 산화효소를 저해해 조직호흡을 급속하게 저하시켜 치명률이 높다.
◉ 미숙한 매실 및 살구씨, 미얀마콩, 수수 등

6 다음 중 중독증상의 연결이 바르게 짝지어진 것은?

① 비소 – 충수염
② 수은 – 갑상선종
③ 구리 – 미나마타병
④ 카드뮴 – 이타이이타이병

✎NOTE 유해성 금속화합물에 의한 중독증상
㉠ 비소
• 급성 중독 시 : 구토, 위통, 경련, 마비, 혈압저하, 심한 경우 사망
• 만성 중독 시 : 피부발진, 색소침착, 탈모 등
㉡ 수은 : 미나마타병, 지각이상, 언어장애, 보행장애 등
㉢ 납 : 구토, 구역질, 복통, 인사불성, 사지마비
㉣ 구리 : 구토, 메스꺼움, 발한, 복통
㉤ 카드뮴
• 급성 중독 시 : 구토, 설사, 복통, 요통
• 만성 중독 시 : 이타이이타이병

ANSWER | 4.② 5.① 6.④

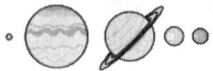

7 다음 중 용혈성요독증후군 증상을 나타내는 식중독균은?

① *E. coli* O157 : H7

② *C. coli*

③ *Stephylococcus aureus*

④ *Botulinus*

> ✎NOTE| 용혈성요독증후군
> ㉠ 장출혈성 대장균에 감염된 후 신장 기능의 저하로 나타나는 질환으로 출혈성 장염을 일으
> 킨다.
> ㉡ 주로 원인균은 O157 : H7이며, O17 : H18, O26 : H11, O11 : H8 등에 의해서도 발병된다.

8 다음 중 신경독소를 생성하는 식중독의 원인균은?

① 병원성 대장균 식중독

② 장염 비브리오 식중독

③ 보툴리누스 식중독

④ 살모넬라균 식중독

> ✎NOTE| 보툴리누스 식중독균은 신경독소를 생성하므로 신경계의 장애를 나타낸다. 심한 경우에는 시각
> 장애, 호흡곤란 등의 증상이 나타난다. 내열성은 약하기 때문에 고온처리를 통하여 살균한다.

9 다음 중 독소형 식중독이 아닌 것은?

① *E. coli*

② *Staphylococcus aureus*

③ *C. perfringens*

④ *C. botulinum*

> ✎NOTE| ① *Escherichia coli*는 병원성 대장균으로서 세균성 식중독을 유발한다.

10 어류의 부패 생성물이 아닌 것은?

① TMA

② H_2S

③ Histidine

④ Ammonia

> ✎NOTE| ③ 어류가 부패하면 Histidine이 탈탄산반응으로 Histamine이 되어 식중독을 유발한다.

ANSWER | 7.① 8.③ 9.① 10.③

11 메탄올의 중독증상이 아닌 것은?

① 구토　　　　　　　　　　　② 실명

③ 설사　　　　　　　　　　　④ 백내장

　　NOTE| 메탄올은 두통과 현기증, 복통, 구토, 설사 등의 증상이 나타나며, 시신경에 악영향을 끼쳐 실명에 이를 수도 있다.

12 황변미 독소로 볼 수 없는 것은?

① Citrinin　　　　　　　　　② Citeroviridin

③ Choline　　　　　　　　　④ Cyclochlorotin

　　NOTE| ③ 독버섯의 독소이다.
　　　　※ 황변미 독소
　　　　　㉠ Citrinin : 황색의 침상 결정물질로, 신장독을 내어 신장에서 물의 재흡수를 저해한다.
　　　　　㉡ Citreoviridin : 황색 결정물질이며, 증상으로는 구토, 호흡장애, 척추마비 등을 일으키는 신경독이다.
　　　　　㉢ Cyclochlorotin : 간세포를 파괴하고 간암을 유발시키는 간장독이다.

13 장염 비브리오균의 성질 중 옳지 않은 것은?

① 독소에 의해 식중독이 발병하지 않는다.

② 편모에 의한 운동성을 갖는다.

③ 무포자 간균이다.

④ 내열성이 매우 높다.

　　NOTE| 장염 비브리오균의 특징
　　　　㉠ Gram 음성의 간균
　　　　㉡ 균체의 한쪽 끝에 긴 단모성 편모가 있어 운동성이 있는 통성 혐기성 세균
　　　　㉢ 아포와 협막 없음
　　　　㉣ 발육의 최적온도 : 35 ~ 37℃
　　　　㉤ 최적 pH : 7.5 ~ 8.0
　　　　㉥ 호염성으로 3% 전후의 소금농도에서 잘 발육
　　　　㉦ 60℃에서 가열하면 수 분 내에 사멸

ANSWER | 11.④　12.③　13.④

14 그람 양성의 절대혐기성 간균으로 신경장애 증상을 나타내는 식중독균은?

① Staphylococcus aureus

② Clostridium botulinum

③ Campylobacter jejuni

④ Lsteria monocytigenes

✎NOTE| 클로스트리듐 보툴리늄은 강력한 신경독소를 생성하는 보툴리누스 식중독의 원인균이다. 이 균은 식품 중에서 증식하는 과정에서 생겨난 독소로 섭취 시 식중독이 발생한다.

15 다음은 어떤 식중독의 설명인가?

- 우리나라에서 흔한 식중독 중의 하나이다.
- Enterotoxin을 생성한다.
- 잠복기가 1~6시간으로 매우 짧다.
- 독소는 열에 매우 강하다.
- 화농성 염증으로부터 오염되어 식중독을 유발할 수 있다.

① Botulinus 식중독

② 병원성 대장균 식중독

③ 포도상구균 식중독

④ Welchii균 식중독

✎NOTE| **포도상구균** … 황색 포도상구균이 식품 중에 증식하여 이 균이 생산한 Enterotoxin을 경구섭취 하여 일어나는 독소형 식중독이며 전 세계적으로 가장 많이 발생한다. 사람과 동물의 화농성 질환의 원인균이며 Salmonella와 같이 계절에 관계없이 발생한다.

16 미강유 중독의 원인물질은?

① DDT

② Benzopyrene

③ PVC

④ PCB

✎NOTE| **PCB 중독**
ㄱ 탈취공정에서 기름을 가열하는 열매체로 사용되었던 PCB가 열교환 파이프에서 유출되어 미강유에 유입되어 중독이 발생하였다.
ㄴ 배설속도가 매우 느리고, 인체에 축적되며, 적절한 치료법이 없다.

ANSWER | 14.② 15.③ 16.④

17 다음 중 화농성 염증에 의해 오염되어 걸릴 수 있는 식중독은?

① *Botulinus* 식중독   ② 대장균 식중독

③ *Welchii*균 식중독   ④ 포도상구균 식중독

>📝**NOTE**│ 포도상구균은 염증이나 상처를 매개로 하여 발생한다.

18 *Welchii*균은 혈청학적 특징에 따라 A ~ F의 형태가 있다. 이 중 식중독을 유발하는 형태는?

① A형과 F형   ② A형과 D형

③ B형과 D형   ④ B형과 E형

>📝**NOTE**│ *Welchii*균으로 인한 식중독은 A형과 F형에 의한 것이다.

19 다음 중 대합조개의 독 성분은?

① Tetrodotoxin   ② Venerupin

③ Saxitioxin   ④ Ciguatoxin

>📝**NOTE**│ ① 복어의 독이다.
>② 바지락의 독성분이다.
>④ 플랑크톤에 의해 생성되어 조개로 전이되는 독이다.

20 병원성 대장균의 특성으로 옳지 않은 것은?

① 급성 위장병   ② 장내 상재균

③ 경구적 침입   ④ 분변오염의 지표

>📝**NOTE**│ 병원성 대장균은 경구적 침입을 통해 장내로 들어와 Verotoxin 등의 독소로 질병을 유발시킨다.
>급성 위장병을 유발하며 분변오염의 지표로 이용된다.

21 다음 중 감염형 식중독이 아닌 것은?

① 장염 비브리오   ② 캄필로박터

③ 보툴리누스   ④ 웰차이

>📝**NOTE**│ ③ 보툴리누스는 독소형 식중독이다.

ANSWER │ 17.④ 18.① 19.③ 20.② 21.③

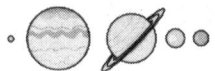

22 식중독 중에서 내열성이 강해 가열방법만으로는 예방하기 어려운 것은?

① 살모넬라 식중독　　　　　　　　② 포도상구균 식중독
③ 병원성 대장균 식중독　　　　　　④ 장염 비브리오 식중독

　　✎NOTE┃ 포도상구균 식중독은 균에 의해 생성되는 장내독소(Enterotoxin)로 인해 발생하는데, 이 독소
　　　　　 는 내열성이 강해 120℃에서 20분간 가열해도 사멸되지 않고 독성을 띤다.

23 손에 상처를 입은 식품취급자가 조리를 할 때 발생할 수 있는 식중독은?

① 살모넬라 식중독　　　　　　　　② 비브리오 식중독
③ 보툴리누스 식중독　　　　　　　④ 포도상구균 식중독

　　✎NOTE┃ 포도상구균은 비강이나 감염된 상처, 피부손상부위가 발생원인이 된다.

24 다음 식중독 중 발열증상이 나타나지 않는 것은?

① 포도상구균 식중독　　　　　　　② 장염 비브리오 식중독
③ 살모넬라 식중독　　　　　　　　④ 아리조나균 식중독

　　✎NOTE┃ 포도상구균 식중독의 임상증상은 급성위장염(설사, 복통, 점액 혈액 섞인 분변) 증상이며, 발
　　　　　 열은 거의 없다.

25 다음 중 살모넬라 식중독의 예방책으로 옳지 않은 것은?

① 위생규칙을 준수하여 식품의 교차오염을 방지한다.
② 상온에는 식품을 저장하지 않는다.
③ 조리해서 저장했던 식품은 재가열하지 않고 섭취해도 무방하다.
④ 60℃ 이상에서 20분간 조리하면 살모넬라균은 사멸된다.

　　✎NOTE┃ ③ 음식을 저장했다가 사용할 경우 완전한 재가열을 통해 살모넬라균을 사멸한 뒤 섭취해야
　　　　　 한다.

ANSWER ┃ 22.② 23.④ 24.① 25.③

26 다음 식품들은 인체에 피해를 주는 독소를 가지고 있다. 이 식품들은 어떤 중독을 일으키는가?

> 버섯, 미나리, 감자

① 식물성 식중독   ② 동물성 식중독

③ 곰팡이독 식중독   ④ 화학성 식중독

  NOTE 버섯, 감자, 미나리는 자연독을 가지는 것으로 식물성 식중독을 유발시킨다.

27 병원성 대장균의 종류 중 햄버거의 덜 익힌 다진 고기에서 주로 발견되는 E.coliO157 : H7이 속하는 것은?

① 장관출혈성 대장균   ② 장관독서원성 대장균

③ 장관침투성 대장균   ④ 장관병원성 대장균

  NOTE 병원성 대장균에는 EPEC인 장관병원성 대장균, ETEC인 장관독소원성 대장균, EIEC인 장관 침입성 대장균, EHEC인 장관출혈성 대장균이 있다.
  EHEC인 장관출혈성 대장균은 병원성 대장균 중 베로독소를 생성하여 대장 점막에 궤양을 유발하여 조직을 짓무르게 하고 출혈을 유발시키는 대장균이다.

28 독버섯은 어떤 독소를 가지고 있는가?

① Solanine   ② Muscarin

③ Venerupin   ④ Tetrotoxin

  NOTE ① 솔라닌은 감자에 있는 독소이다.
  ③ 베네루핀은 모시조개의 독성분이다.
  ④ 테트로톡신은 복어독이다.

29 원인식품이 달걀인 세균성 식중독은 어느 것인가?

① 포도상구균   ② *Salmonella*

③ 비브리오균   ④ *Botulinus*

  NOTE *Salmonella*는 닭, 쥐, 돼지 등을 매개로 하며, 독소가 없는 세균성 식중독으로 발열이 심하며 우유, 돼지고기, 달걀 등으로 인해 발생한다.

ANSWER | 26.①   27.①   28.②   29.②

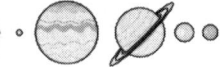

30 살모넬라 식중독을 예방하기 위하여 가열하여야 할 온도와 시간은?

① 50℃에서 40분   ② 60℃에서 5분

③ 60℃에서 20분   ④ 70℃에서 10분

>✎NOTE| 살모넬라균의 사멸을 위해서는 60℃ 이상에서 20분 이상 가열하여야 한다.

31 장염 비브리오 식중독의 원인균은 무엇인가?

① *Staphylococcus aureus*   ② *Salmonella*

③ *Vibrio cholera*   ④ *Vibrio parahaemolyticus*

>✎NOTE| *Vibrio*균은 여러 종류가 있으나 우리나라와 일본 등에서 가장 흔히 발병되는 식중독은 *Vibrio parahaemolyticus*에 의한 감염증이다.

32 다음 중 황색포도상구균 식중독의 원인독소는 무엇인가?

① Aflatoxin   ② Enterotoxin

③ Verotoxin   ④ Tetrodotoxin

>✎NOTE| ① 곰팡이독 ③ O-157 ④ 복어독

33 다음 중 장염 비브리오균의 특징은?

① 편모가 없다.   ② 독소를 생성한다.

③ 열에 약하다.   ④ 아포를 형성한다.

>✎NOTE| 장염 비브리오균은 아포를 형성하지 않는 비아포균이며 감염형균이므로 독소를 생성하지 않고, 단모성 편모를 가지고 있어 운동성이 있다. 열에 약하여 60℃에서 15분간 가열 시 수 분 내에 사멸한다.

34 감염형 식중독 병원체가 아닌 것은?

① Salmonella enteritidis   ② Yersinia enterocolitica

③ Staphylococcus aureus   ④ Vibrio parahaemolyticus

>✎NOTE| 황색포도상구균인 Staphylococcus aureus은 독소형 식중독 병원체에 해당한다.

ANSWER | 30.③ 31.④ 32.② 33.③ 34.③

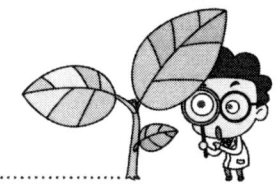

35 다음 식중독균 중 3 ～ 4% 식염첨가 배지에서 잘 자라는 균은?

① *Vibrio parahaemolyticus*

② *Clostridium botulinum*

③ *Salmonella*

④ *Staphylococcus aureus*

✏NOTE | 비브리오균은 3 ～ 4% 식염첨가 배지에서 잘 자라는 중온균이다.

36 *Vibrio parahaemolyticus*에 의한 식중독의 설명 중 옳지 않은 것은?

① 증상은 설사이다.

② 잠복기는 평균 10 ～ 18시간이다.

③ 열에 강하다.

④ 원인 식품은 주로 어패류이다.

✏NOTE | ③ Vibrio균은 열에 약하여 60℃에서 15분 이상 가열하면 사멸된다.

37 다음 중 포도상구균 식중독에 대한 설명 중 옳지 않은 것은?

① 잠복기가 짧다.

② 심한 발열증상이 있다.

③ 장독소에 의해 발생한다.

④ 원인균은 황색포도상구균이다.

✏NOTE | ② 포도상구균에 의한 식중독은 발열증상이 없는 것이 특징이다.

38 다음 중 살모넬라균을 분리할 때 주로 사용되는 배지는?

① Selenite배지　　　　　　　　　② EMB배지

③ LB배지　　　　　　　　　　　④ BGLB배지

✏NOTE | 살모넬라균을 분리할 때는 주로 Selenite배지를 사용한다.

ANSWER | 35.① 36.③ 37.② 38.①

39 다음 중 병원성 대장균군의 특성에 대한 설명으로 옳지 않은 것은?

① 젖당을 분해하여 Gas를 생성한다.

② 최적발육온도는 37℃이다.

③ 장내 세균과에 속한다.

④ 대장균은 전부 식중독을 유발한다.

✎NOTE│ ④ 모든 대장균군이 식중독이나 질병을 유발하는 것은 아니다.

40 *Welchii*균 식중독에 대한 설명으로 옳지 않은 것은?

① 주로 A형균에 의해 *Welchii*균 독소가 생성된다.

② 포자를 형성하지 않는다.

③ 내열성 독소에 의해 식중독을 유발한다.

④ *Welchii*균 독소는 산에 약하여 pH 4.0 이하에서 수분간 가열하면 불활성화된다.

✎NOTE│ *Welchii*균은 Gram 양성의 간균으로 아포를 형성하고 내열성이 강해 고온에서 장시간 가열해도 잘 사멸되지 않는다.

41 다음 중 장염 비브리오균의 분리 시 사용되는 배지는?

① SS agar배지　　　　　　　　　② TCBS agar배지

③ EMB배지　　　　　　　　　　　④ 영양배지

✎NOTE│ 장염 비브리오균은 주로 BS배지, TCBS agar배지 등을 이용하여 분리한다.

42 세균성 식중독의 예방방법이 아닌 것은?

① 원인균의 식품 오염방지　　　　② 오염된 균의 증식방지

③ 증식된 균의 사멸　　　　　　　④ 고온보존

✎NOTE│ 세균성 식중독은 저온보존을 해야 오염된 균의 증식을 방지할 수 있다.

ANSWER │ 39.④　40.②　41.②　42.④

43 복어독의 성분은?

① Verotoxin ② Enterotoxin

③ Tetrodotoxin ④ Tetramine

> ✎NOTE | ① 장관 출혈성 대장균인 EHEC의 장내독소균이다.
> ② 균체내의 독소이다.
> ④ 육식성 고둥·보라골뱅이의 독소이다.

44 다음 중 Mycotoxin에 대한 설명으로 옳은 것은?

① 효소에 의한 대사산물로 주로 미생물에 길항작용을 한다.

② 세균에 의한 대사산물로 고등동물에 장애를 나타낸다.

③ 미생물에 의한 대사산물로 하등동물에 장애를 나타낸다.

④ 곰팡이에 의한 대사산물로 고등동물에 장애를 나타낸다.

> ✎NOTE | Mycotoxin … 곰팡이에 의한 산물로 급성·만성장애를 일으키며, *Aspergillus*, *Penicillium*, *Fusarium* 속 등이 있다.

45 콩류 및 땅콩 제품에서 문제가 되는 독성분은?

① 아플라톡신 ② 엘고톡신

③ 엔테로톡신 ④ 베로톡신

> ✎NOTE | ① 아플라톡신은 유기용매에 잘 녹으며, 강염기·강산성에서는 독력이 낮은 유도체로 변하는 성질이 있다. 내열성이 강하여 200~300℃에서 겨우 분해되는 특징이 있다.

46 알레르기성 식중독에 관여하는 성분은 무엇인가?

① Cadaverin ② Histidine

③ Trimethlamine ④ Histamine

> ✎NOTE | 알레르기성 식중독은 붉은 살 어류의 섭취 시 나타나는 증상이다. 어육 중의 Histidine이 *Proterrous morganii*에 의한 작용의 결과로 생성된 Histamine이 축적되어 발병한다. 두통, 안면 열감, 홍조, 두드러기, 발열, 구토, 설사 등의 증상을 보인다.

ANSWER | 43.③ 44.④ 45.① 46.④

47 만성 중독 시 피부 발진이나 색소 침착이 일어나는 중금속은?

① 비소(As) ② 구리(Cu)
③ 아연(Zn) ④ 안티몬(Sb)

NOTE| 비소
⊙ 급성 중독 시
• 위장형 중독 : 구토, 위통, 설사를 유발한다.
• 뇌척수성 중독 : 경련, 마비, 혈압 저하를 일으킨다.
ⓛ 만성 중독 시 : 피부 발진, 색소 침착, 탈모 등의 증상이 나타난다.

48 화학물질에 의한 식중독의 원인물질과 거리가 먼 것은?

① 제조과정 중에 혼입되는 유해물질
② 식품 자체에 함유되어 있는 유해물질
③ 제조, 가공 및 저장 중에 생성되는 유해물질
④ 기구 · 용기 및 포장 재료 등에서 용출 이행하는 유해물질

NOTE| ② 식품 자체에 있는 유해 물질은 자연독에서 유래한 식중독으로 볼 수 있다.

49 곰팡이독의 특징으로 옳지 않은 것은?

① 계절과 관계가 깊다.
② 동물이나 사람 사이에는 전파가 되지 않는다.
③ 항생물질의 투여에 의한 효과는 없다.
④ 원인 식품이나 사료에 세균이 오염되어 있다.

NOTE| 곰팡이독의 특징 … 곡류 · 목초 등 특정식품 · 사료의 섭취가 원인이 되며, 계절과 관계가 깊고, 동물이나 사람 사이에 전파가 되지 않으며, 원인 식품이나 사료에는 곰팡이가 오염되어 있다.

50 *Aspergillus flavus*가 Aflatoxin을 생성하는 데 필요한 생육조건과 거리가 먼 것은?

① 최적온도 25 ~ 30℃ ② 기질은 탄수화물
③ 기질수분 15% 이상 ④ 최적습도 40%

NOTE| ④ *Aspergillus flavus*의 최적습도는 80%이다.

ANSWER | 47.① 48.② 49.④ 50.④

51 아플라톡신 생성에 관계되는 환경요인으로 옳은 것은?

① 독소생성의 온도 범위는 25 ~ 35℃이다.

② 독소는 자외선, 방사선에 대하여 안정하다.

③ 배지에 육류가 첨가되면 독소 생산이 잘 된다.

④ 상대습도가 50% 이상이면 독소 생산이 가능하다.

> **NOTE** 아플라톡신 생성에 관계되는 환경요인
> ㉠ 독소생성의 온도 범위는 25 ~ 35℃이고, 30℃ 전후가 최적 온도이다.
> ㉡ 독소는 자외선 및 방사선에 불안정하다.
> ㉢ 배지에 곡류가 첨가되면 독소 생산이 잘 된다.
> ㉣ 상대습도가 75% 이상이면 독소 생산이 가능하다.

52 다음 중 통조림 등 밀봉식품의 부패로 인한 식중독은 어떤 것인가?

① 살모넬라 식중독　　　　　　② 보툴리누스 식중독

③ 포도상구균 식중독　　　　　④ 프로테우스 식중독

> **NOTE** 통·병조림, 진공포장 식품과 같은 밀봉식품의 변질로 인하여 발생하기 쉬운 식중독은 보툴리누스 식중독이다.

53 식중독균 중 열에 가장 강한 식중독 원인균은?

① 대장균　　　　　　　　　　② 비브리오균

③ 살모넬라균　　　　　　　　④ 보툴리누스균

> **NOTE** 보툴리누스균은 내열성이 강해 밀봉식품에서도 식중독을 유발시킨다.

54 호흡곤란, 연하곤란, 실성 등의 중독증상을 나타내며 잠복기가 12 ~ 36시간인 식중독은?

① 보툴리누스 식중독　　　　　② 포도상구균 식중독

③ 살모넬라 식중독　　　　　　④ 비브리오 식중독

> **NOTE** 보툴리누스 식중독은 구역질·구토·설사 등의 증상이 나타나고, 증상이 진행됨에 따라 신경마비, 호흡곤란, 인후마비(연하곤란, 언어장애), 근육마비 등이 일어난다.

ANSWER | 51.① 52.② 53.④ 54.①

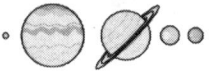

55 버섯의 독성분은?

① Muscarine   ② Tetrodotoxin

③ Gossypol   ④ Solanine

> **NOTE |** 무스카린은 산림지에 자생하는 독버섯의 유독성분인 알칼로이드로 안구조절 경련이나 순환성 쇼코, 혼수 등의 부작용이 나타난다.

56 다음 중 벌꿀에 함유된 독성분으로 옳은 것은?

① Dhurrin   ② Amygdalin

③ Amanitatoxin   ④ Andromedotoxin

> **NOTE |** ① 수수에 들어 있는 독소이다.
> ② 덜익은 매실이나 살구씨에 들어 있는 독소이다.
> ③ 버섯에 들어 있는 독소이다.

57 Cholera 증상형을 나타내는 자연독 식중독은 어느 것과 관계가 있는가?

① 은행   ② 대합

③ 독버섯   ④ 복어

> **NOTE |** 독버섯의 증상
> ㉠ 위장염 증상
> ㉡ Cholera 증상
> ㉢ 향정신작용
> ㉣ 부교감신경 말초를 흥분시키는 증상

58 다음 중 독성분이 바르게 짝지어진 것은?

① 독미나리 – Shikimin   ② 붓순나무 – Cicutoxin

③ 독버섯 – Amatoxin   ④ 독보리 – Solanine

> **NOTE |** 독미나리의 독은 Cicutoxin, 붓순나무의 독은 Shikimin, 독보리의 독은 Temulin이다.

ANSWER | 55.①   56.④   57.③   58.③

59 식중독을 일으키는 자연독소로서 어류, 패류 등과 같은 해산물로부터 검출되지 않는 자연독소는?

① Saxitoxin
② Ciguatoxin
③ Cicutoxin
④ Venerupin

> **NOTE** Cicutoxin은 독미나리 독으로 지하경에 많이 함유되어 있으며 섭취 후 수분에서 2시간 내 발병하고 약 10~20시간 후 사망하기도 한다.

60 다음 중 독미나리의 중독증상과 관계없는 것은 무엇인가?

① 구토
② 경련
③ 두통
④ 환각증상

> **NOTE** 독미나리에는 Cicutoxin이 함유되어 있어 상복부 동통, 구토, 현기증, 경련을 나타내고 중증일 경우 의식불명이 되며 호흡마비로 사망한다.

61 신선하지 않은 생선과 조개를 덜 익혀 먹을 때 발생하기 쉬운 식중독은?

① 비브리오균 식중독
② 포도상구균 식중독
③ 보툴리누스균 식중독
④ 살모넬라균 식중독

> **NOTE** ① 비브리오균 식중독은 날 어패류나 덜 익은 생선을 섭취할 경우에 발생한다.

62 다음의 식중독 원인물질 중 동물성 독성분인 것은?

① 솔라닌
② 무스카린
③ 테트로도톡신
④ 고시풀

> **NOTE** ③ 복어의 독소
> ① 감자의 독소
> ② 버섯의 독소
> ④ 면실유의 독소

ANSWER | 59.③ 60.④ 61.① 62.③

63 다음 중 독소와의 연결이 잘못된 것은?

① 식중독 – Salmonellosis

② 동물성 자연독 – Tetrodotoxin

③ 식물성 자연독 – Gossypol

④ 진균독 – Enterotoxin

✎NOTE | ④ 진균독은 Mycotoxin이며, Enterotoxin은 포도상구균의 독소이다.

64 다음 중 면역성과 가장 관계가 깊은 식중독은?

① 살모넬라 식중독   ② *Welchii*형 식중독

③ 병원성 대장균 식중독   ④ *Proteus* 식중독

✎NOTE | *Proteus morganii*는 어육 등에 번식하면서 알레르기 유발 물질인 Histamine을 분비하고 이것으로 인해 Allergy성 식중독이 유발된다.

65 농약으로부터 중독될 수 있는 물질은?

① 비소(As)   ② 크롬(Cr)

③ 주석(Sn)   ④ 납(Pb)

✎NOTE | 농약으로부터 중독될 수 있는 금속들로는 수은, 비소, 불소 등이 있다.

66 다음 중 장내에서 Verotoxin을 발생시켜 식중독을 유발하는 대장균은?

① EPEC   ② EHEC

③ EIEC   ④ ETEC

✎NOTE | 장관 출혈성 대장균(EHEC ; *Enterohemorrhagic E. Coli*) … 미국에서 발생한 식중독 원인식품인 햄버거에서 O157 : H7에서 분리되었으며 세포침입성은 없다. 장관에 정착하여 Verotoxin을 생성하며 이 독소에 대한 Receptor를 가지고 있는 장관상피세포, 신상피세포 등에 작용하여 설사, 출혈, 신장장애 등의 여러 증상을 일으키는 것으로 보고되고 있다.

ANSWER | 63.④   64.④   65.①   66.②

67 다음 중 바지락, 모시조개의 독성분은?

① Muscarin   ② Gossypol

③ Saxitoxin   ④ Venerupin

> **NOTE** ④ 바지락·모시조개의 독성분이며 알칼리 상태에서 열에 불안정하며, 두통, 구토, 복부·경부·
> 상박·대퇴 등에 피하 출혈반이 생긴다.
> ① 독버섯의 성분으로 발한, 설사, 호흡곤란, 구토를 유발한다.
> ② 면실유의 독성분이며 복통, 구토, 설사 등을 유발한다.
> ③ 섭조개·대합조개·검은조개를 섭취할 경우 중독이 일어난다. 입술·혀·안면에 작열감, 언어
> 장애, 두통, 구갈, 구토, 호흡곤란으로 사망에 이른다.

68 독버섯의 성분으로 자율신경계에 작용하는 물질은?

① Amine   ② Lampterol

③ Coprin   ④ Psilocybin

> **NOTE** 자율신경계에 장애를 유발하는 물질은 Coprin이다.

69 화학물질에 의한 식중독의 원인물질이 아닌 것은?

① 수은   ② 카드뮴

③ 구리   ④ 철

> **NOTE** ④ 철은 인체에 흡수되어 식중독을 유발하지 않는다.

70 Penicillium속이 생산하는 독소로서 사과주스에 잔류기준이 설정되어 있는 것은?

① 아플라톡신   ② 퓨모노신

③ 제아랄레논   ④ 파튤린

> **NOTE** 파튤린은 사과의 상한 부분에서 흔히 발견되는 것으로 알코올성 과일 음료 또는 과일 식초에
> 서는 발견되지 않아 발효에 의해 억제되는 것으로 알려져 있다. 이 독소는 신경조직과 소화기
> 관에 영향을 미치며 국내에서는 사과나 사과쥬스 농축액에 대해 파튤린을 $50\mu g/kg$ 이하로 정
> 하고 있다.

ANSWER | 67.④ 68.③ 69.④ 70.④

71 다음 중 화학적 식중독에 속하지 않는 독성물질은?

① 사카린　　　　　　　　　　　② 인공색소

③ 메탄올　　　　　　　　　　　④ 아플라톡신

　　✎NOTE | 아플라톡신은 곰팡이에 의해 생성되는 자연독이다.

72 다음 중 물에 녹기 쉬운 무색의 기체로 방부목적으로 사용하여 문제를 일으키는 독성물질은?

① 질산　　　　　　　　　　　② 둘신

③ 포름알데히드　　　　　　　④ 사카린

　　③ 포름알데히드는 살균력 및 방부력이 매우 강하기 때문에 방부제, 보존제로 널리 사용되었
　　으나, 자극성이 매우 강해 소화장애나 두통, 구토, 호흡곤란 등을 유발한다.

73 다음 중 체내에 흡수되어 청색증을 유발하는 독성물질은?

① Auramine　　　　　　　　② p-Nitroaniline

③ Rhodamine B　　　　　　④ Rongalite

　　✎NOTE | ② 황색합성착색료로 물에 녹지 않는 무미, 무취의 황색결정이다. 혈액과 신경계에 독성을 가
　　지고 있으며, 두통, 맥박수 감소, 청색증 등의 증상이 나타난다.

74 다음 중 신장에서 문제를 일으키는 독소는?

① Citrinin　　　　　　　　② Luteoskyrin

③ Islanditoxin　　　　　　④ Citreoviridin

　　✎NOTE | ① 황색의 침상 결정물질로, 신장독을 내어 신장에서 물의 재흡수를 저해한다.
　　② 간에서 장애를 일으키며, 증상으로는 간소엽 중심성의 세포괴사나 지방변성, 간암 등이 있다.
　　③ 간에서 출혈을 일으키며 간소엽 주변부의 괴사를 유발한다.
　　④ 황색 결정물질이며, 증상으로는 구토, 호흡장애, 척추마비 등이 있다.

ANSWER | 71.④　72.③　73.②　74.①

75 다음 중 유독성 금속 화합물에 의한 식중독의 주된 증상은?

① 고열   ② 경련

③ 구토, 메스꺼움   ④ 설사

> **NOTE** 유독성 금속 화합물에 의한 증상은 구토와 메스꺼움이다.

76 도가니 등 도자기류에 존재하는 유독물질은?

① 은(Ag)   ② 카드뮴(Cd)

③ 주석(Sn)   ④ 안티몬(Sb)

> **NOTE** ② 도자기의 유약으로 쓰이거나 플라스틱의 안정제로 쓰이는데 산성식품에 용출된다. 급성 중
> 독 시 구토·설사·복통·요통 등이 일어나며 만성 중독 시에는 신장·간에 축적되어, 이
> 타이이타이병의 원인이 된다.
> ① 식기 등으로 이용되는데 강한 위통, 위염을 일으킨다.
> ③ 통조림의 도금에 사용되는데, 내용물에 질산이 존재하면 용출이 잘 된다. 증상으로는 구
> 토·설사·복통·권태감 등이 있다.
> ④ 구리와 합금한 기구류가 산성식품과 접촉하면 중독을 일으킨다. 증상으로는 구토·설사·
> 경련·두통·빈혈 등이 있다.

77 도자기로 된 식기에 음식을 먹고 피로, 식욕부진, 시각장애 등의 증상을 보인다면, 무엇에 의한
식중독으로 보이는가?

① 주석   ② 납

③ 비소   ④ 구리

> **NOTE** 납의 최대 사용 허용량은 0.5ppm으로 독성이 매우 강한 물질로 도자기의 유약성분에서 나와
> 식중독을 유발할 수 있다.

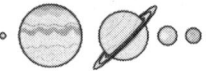

78 Venerupin 중독과 관계 있는 것은?

① 복어
② 바지락, 꼬막
③ 독꼬치
④ 붓순나무

NOTE | 베네루핀(Venerupin)은 바지락, 꼬막의 독으로 100℃로 3시간 가열하여도 파괴되지 않으나, 120℃에서는 50% 이상 파괴된다.

79 다음 중 화학적 식중독의 원인으로 옳지 않은 것은?

① 대사과정에서 생성되는 독소
② 방사능 물질에 의한 오염
③ 식품제조, 가공 중에 혼입되는 유해물질
④ 허가없이 사용한 유해물질

NOTE | ① 대사과정에 생성되는 독소는 세균성 식중독의 독소형에 의한 것이 대부분이다.

80 식품의 제조 · 가공 · 저장 중에 생성되는 유해물질로서 강력한 발암성 물질인 것은?

① PCB
② 비소
③ 산화유지
④ Benzopyrene

NOTE | Benzopyrene은 DNA와 결합하여 발암작용을 하는 것으로 알려져 있다.

81 끓여서 먹으면 식중독을 예방할 수 있는 것은?

① 솔라닌
② 엔테로톡신
③ 테트로도톡신
④ 뉴로톡신

NOTE | 뉴로톡신은 보툴리누스 식중독의 원인물질로 열에 약해 끓여서 먹으면 독소가 사멸되어 식중독을 예방할 수 있다.

ANSWER | 78.② 79.① 80.④ 81.④

82 일반 식중독 세균의 분류에 사용하는 배지의 적당한 pH는?

① 8.0 ~ 9.0   ② 3.5 ~ 4.5

③ 2.0 ~ 3.0   ④ 6.5 ~ 7.5

> **NOTE** 일반 식중독 세균은 중성에서 가장 활발하게 생장하므로 중성인 pH 6.5~7.5의 배지에서 분류한다.

83 미량 금속과 유해작용으로 잘못 묶인 것은?

① 수은 – 미나마타병   ② 카드뮴 – 이타이이타이병

③ 구리 – 녹청   ④ 셀레늄 – 치아장애

> **NOTE** ④ 셀레늄은 항산화 물질로 치아장애와는 관련이 없다.

84 다음 중 열에 대한 내성이 가장 강한 식중독 균은?

① Vibrio균   ② 장구균

③ 병원성 대장균   ④ 포도상구균

> **NOTE** 포도상구균의 독소는 내열성이 강해 잘 사멸되지 않는다.

85 보툴리누스 식중독에 관한 설명으로 묶인 것은?

㉠ 독소형	㉡ 통조림에서 주로 발생
㉢ 시력저하	㉣ 신경계증상

① ㉠㉡   ② ㉢㉣

③ ㉠㉡㉢   ④ ㉠㉡㉢㉣

> **NOTE** 보툴리누스 식중독은 독소형 식중독으로 통조림이나 소시지에서 주로 발생하며 시력저하, 동공확대, 복시 등과 같은 신경계 증상을 나타낸다.

ANSWER | 82.④   83.④   84.④   85.④

86 알레르기성 식중독과 관련이 큰 세균은?

① Clostridium botulinum
② Bacillus cereus
③ Proteus morganii
④ Listeria monocytogenes

> **NOTE** | Proteus morganii는 알레르기성 식중독균이다. Clostridium botulinum은 신경독소에 의해 신경마비를 일으킬 수 있는 통조림 식중독이다. Bacillus cereus는 설사형과 구토형이 있는 식중독 균으로 조리한 식품은 신속히 섭취하거나 재가열하여 섭취한다. Listeria monocytogenes는 사람에 감염되면 대부분이 패혈증, 수막염, 뇌수막염이 나타난다.

87 보툴리누스 식중독의 독소는?

① Neurotoxin
② Aflatoxin
③ Citrinin
④ Enterotoxin

> **NOTE** | Neurotoxin은 신경독소로 보툴리누스 식중독의 원인 독소이다.

88 세균성 식중독을 소화기계 감염병과 비교할 때 그 차이점으로 적절하지 않은 것은?

① 잠복기가 길다.
② 균이 다량으로 침입해야 한다.
③ 식품의 섭취로 발생한다.
④ 전염성이 거의 없다.

> **NOTE** | 세균성 식중독은 경구감염병에 비해 잠복기가 짧다.

89 다음 감염병 중 세균성 병원체에 의한 것은?

① A형 간염
② 장티푸스
③ 이즈미열
④ 급성회백수염

> **NOTE** | 세균에 의한 질병은 장티푸스, 콜레라, 파라티푸스, 이질 등이 있다. A형 간염은 바이러스에 의해 발생하는 간염이다.

ANSWER | 86.③ 87.① 88.① 89.②

90 식중독에 관하여 틀린 것은?

① 장염비브리오균은 호산성균이다.

② 포도상구균은 내열성이다.

③ 살모넬라균은 가열하면 예방할 수 있다.

④ 곰팡이 식중독은 대사산물에 의해 장애를 입힌다.

✎NOTE | 장염비브리오균은 호염기성균이다.

91 다음 중 감염형 식중독은?

① 장염비브리오 　　　　　　② 포도상구균

③ 보툴리누스 식중독 　　　　④ 웰치균 식중독

✎NOTE | 장염비브리오는 *Vibro Parahemolyticus*에 의한 감염형 식중독이다.

92 경구감염병 및 그 병원체가 바르게 연결된 것은?

① 세균성 이질 – Shigella sonnei

② 장티푸스 – Salmonella typhimurium

③ 콜레라 – Vibrio vulnificus

④ 성홍열 – Coxiella burnetti

✎NOTE | 장티푸스는 Salmonella typhi, 콜레라는 Vibrio cholerae, 성홍열은 groupA hemolytic strptococcus이다.

ANSWER | 90.① 91.① 92.①

PART **03**

식품과 감염병 및 기생충

CHAPTER

01

식품과 감염병

1 감염병의 개요

① 감염병의 개념과 분류

(1) 감염병의 개념

① **감염병** … 병원체의 감염이 원인인 질병을 감염성 질환이라 하며, 이 중 전염성을 가지고 새로운 숙주를 전염시키는 질병을 감염병이라 한다. 즉 병원체나 독성 산물에 의해 발생하는 질환이 사람이나 동물에 직접적으로 전파되거나 매개체를 통해 발생하는 질환을 의미한다.

② **감염병의 병원체** … 세균, 바이러스, 리케차, 원충류 등이 있다.

(2) 감염병의 분류

① **세균성 감염병** … 장티푸스, 콜레라, 파라티푸스, 세균성 이질, 비브리오 패혈증, 성홍열, 다프테리아, 탄저, 결핵, 브루셀라, 파상풍, 백일해, 장출혈성 대장균 감염증 등이 있다.

② **바이러스성 감염병** … 전염성 설사증, 유행성 간염, 인플루엔자, 홍역, 유행성 이하선염, 폴리오 등이 있다.

③ **리케차성 감염병** … 발진티푸스, 쯔쯔가무시병, Q열, 발진티푸스 등이 있다.

④ **원충성 감염병** … 아메바성 이질 등이 있다.

② 감염병의 발생요인

(1) 감염원(병원소)

① 감염병 병원체를 감수성 숙주에 전파하는 근원이 된다.

② 병원체가 생존하여 증식하고 질병이 전파될 수 있는 상태로 저장되어 있는 장소를 병원소라 하며 이것이 감염원이 된다.

③ 병원소에는 인간 병원소(환자, 보균자), 동물 병원소, 분변 및 토양이 있다.

④ **환자** … 병원체에 감염되어 임상증상이 나타나는 사람으로 본인 및 타인이 경계하고 대비해야 한다.

⑤ **보균자**

 ㉠ **잠복기 보균자** : 감염성 질환이 발생하기 전의 잠복기 중에 병원체를 배출하는 환자를 말한다.

 ㉡ **회복기 보균자**(병후 보균자) : 감염성 질환에 이환되었다가 임상증상이 소실되었음에도 불구하고 병원체를 배출하는 환자를 말한다.

 ㉢ **건강 보균자** : 감염에 의한 임상증상은 없으나 병원체를 배출하는 환자를 말한다.

(2) 감염경로

① **직접감염** … 환자나 보균자로부터 배출한 병원체가 중간매개체 없이 직접 감수성 숙주에 감염되는 것으로, 주로 피부접촉, 비말접촉을 통해 발생한다.

② **간접감염** … 환자나 보균자로부터 배출된 병원체가 여러 매개체에 의해 감수성 숙주에게 전염되는 경우, 모기, 파리, 벼룩 등의 활성 전파체와 물, 공기, 의복, 식품 등의 무생물 전파체에 의해 발생한다.

 ㉠ **1차 오염** : 경구감염병의 병원체는 주로 환자나 보균자의 분뇨나 분비액에 존재하는데 병원체가 직접 식품이나 음료수 등을 오염시키는 경우를 뜻한다. 보통 1차 오염이 2차 오염에 비해 발생규모가 크다.

 ㉡ **2차 오염** : 병원체가 식기, 손가락, 곤충, 쥐 등에 오염되고 이것을 거쳐 식품이 간접적으로 병원체에 오염되는 경우이다.

(3) 숙주의 감수성

① 숙주에 병원체가 침입했을 때, 숙주에서 그 질병이 발병하는 경우를 감수성이라 한다.

② 개인에 따라 감수성에 차이가 있으므로 병원체에 노출되어도 감염병이나 질병으로 연결되는 것은 아니다.

③ **감수성지수**(접촉감염지수) … 환자와의 접촉에 의해 전파되는 급성호흡기계 감염병 등에 있어서 감수성 숙주가 병원체에 감염되어 질병이 발생하는 정도를 말한다.

③ 감염병의 종류

(1) 경구감염병

소화기계 감염병으로 병원체가 식품이나 음용수, 수지, 완구, 식기 등을 매개로 하여 입을 통해 침입, 발병하지만 주요 병변이 소화기계에 국한되지는 않는다.

(2) 인수공통감염병

척추동물과 사람 사이에 자연적으로 전파되는 질병으로, 질병에 걸려있는 동물의 젖이나 고기를 먹거나, 이런 동물을 처리, 가공, 조리 시 부주의에 의해 발생한다.

2 경구감염병

① 경구감염병의 개요

(1) 개념

세균, 원충, Virus 등의 병원체가 음식물이나 손, 기구 등을 통해 경구적으로 체내에 침입하여 질병을 일으키는 것을 말한다.

(2) 구분

① **세균에 의한 것** ⋯ 세균성 이질, 장티푸스, 파라티푸스, 콜레라 등이 있다.

② **Virus에 의한 것** ⋯ 소아마비, 전염성 설사증, 이즈미열, 유행성 간염 등이 있다.

③ **기타** ⋯ 연쇄상구균감염증, 디프테리아 등도 식품을 통해 경구감염을 일으키기도 한다.

(3) 현황

우리나라의 경우 일반적으로 장티푸스의 발생률이 가장 높고 세균성 이질, 콜레라, 급성회백수염 등으로 나타난다.

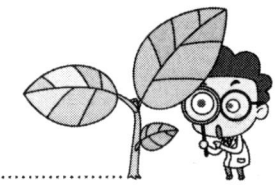

② 경구감염병의 특징

(1) 경구감염병과 세균성 식중독과의 차이

① 2차 감염여부

㉠ 경구감염병
- 병원체와 고유숙주 사이에 감염환이 성립되어 병원체는 고유숙주에서 고유숙주로 감염을 되풀이한다.
- 2차 감염이 빈번히 발생한다.

㉡ 세균성 식중독
- 고유숙주 간의 감염환에서 병원체가 비고유숙주로 오염을 일으켜, 그 이후의 감염은 일어나지 않는 종말감염을 한다.
- 2차 감염이 일어나지 않지만 가끔 발생하기도 한다.

② 균량의 차이

㉠ 경구감염병 : 미량의 균량으로도 감염이 일어난다.

㉡ 세균성 식중독 : 다량의 균량이 요구된다.

㉢ 경구감염병에 비해 세균성 식중독은 잠복기가 짧다.

㉣ 일반적으로 병소와 침입부위가 가까울수록, 침입균량이 많을수록 잠복기가 짧다.

(2) 경구감염병의 발생현황

① 계절별 발생현황

㉠ 대개 여름철이 많으며 겨울철에는 적다. 그러나 계절에 따른 변동은 변한다.

㉡ 경구감염병이 여름철에 많이 발생하는 이유
- 여름에는 음식물에 부착한 병원체가 증식하기가 쉽고 파리 등이 많이 발생하여 감염의 기회가 많다.
- 숙주인 소화기계 점막의 저항력이 저하되기 쉽다.

② 지역별 발생현황

㉠ 매년 많이 발생하는 지역이 또 다시 발생하는 경우가 많다.

㉡ 도시와 농촌에 따라 발생이 다른 경우도 있는데, 세균성 이질의 경우 농촌에서 많이 발생하는 경향이 있다.

③ 경구감염병의 연령별 발생현황 … 고령층에는 세균성 이질 등이 많이 발생하는데 반해 장티푸스의 경우는 장년층에 많이 발생한다. 이것은 감염의 폭로기회와 숙주의 병원체에 대한 감수성이 연령에 따라 달라지기 때문이다.

④ **성별에 따른 발생현황** … 성별에 따라서는 차이가 없다고 생각되지만 다소 차이가 인정되는 경우도 있다. 예를 들면, 장티푸스의 경우는 남성 쪽이 약간 더 많다. 그러나 장티푸스 보균자는 여성이 더 많다.

⑤ **발생형태**

    ㉠ 경구감염병은 폭발적으로 발생하거나 집단적으로 발병한다.

    ㉡ 세균성 이질이나 장티푸스는 가족집적으로 발병한다.

(3) 면역

① **개념** … 병원균에 의한 감염 기회는 많지만 발병이 되지 않는 경우가 많은데 이것은 면역이 있기 때문이다.

② **면역의 종류**

구분			특징
선천성 면역	개체면역		연령 및 내분비 등에 따라 다르다.
	종특이성면역		다른 종에 발병되는 병원체의 병에 이환되지 않는다.
	씨족면역		에스키모인은 디프테리아에 이환되지 않는다.
후천성 면역	능동면역	자연능동면역	현성 및 불현성감염 후에 발생하는 면역이다.
		인공능동면역	사균, 생균 및 *Toxiod* 등에 의한 면역이다.
	수동면역	자연수동면역	태반, 유즙을 통해서 얻는 면역이다.
		인공수동면역	동물의 면역혈청 및 성인이 혈청에서 얻는 면역이다.

(4) 경구감염병의 예방대책

① 환자, 특히 경증환자나 보균자를 조기발견하여 식품의 제조, 취급, 조리 등에 종사시키지 말아야 한다.

② 식품의 원료는 위생적으로 처리한 신선한 것을 사용한다.

③ 식품의 보존에 주의하며 생식을 가능한 금지시킨다.

④ 음용수에 주의하며 오염되었다고 생각되는 물은 사용하지 않는다.

⑤ 식품을 취급하는 사람은 특히 손을 잘 씻고 소독을 철저히 한다.

⑥ 쥐, 파리, 바퀴 등의 침입을 방지하고 구제한다.

⑦ 식품의 제조, 취급, 조리 등에 사용되는 기구나 식기는 깨끗이 씻고 소독한다.

⑧ 작업장을 청결하게 한다.

⑨ 예방접종을 실시한다.

★ TIP 백신

ㄱ 백신의 개념 : 감염병의 병원균 자체나 일부를 사용하여 비감염자를 면역시키는 데 사용하는 항원을 말한다.

ㄴ 사균백신(Killed vaccine)
- 개념 : 병원미생물을 죽이거나 불활성화하여 적당한 농도의 부유액으로 만들어 정해진 방부제를 가한 것이다.
- 특징 : 균이 사멸하여 증식할 수 없기 때문에 감염성이 없고, 정제된 형태로 제조가 가능하지만, 면역성의 지속기간이 짧아 추가접종이 필요하다.
- 종류 : 장티푸스-파라티푸스 혼합백신, 콜레라백신, 백일해백신, 발진티푸스백신, 일본뇌염백신, 인플루엔자백신, 폴리오의 소크백신, 홍역의 K백신 등이 있다.

ㄷ 생균백신(Live vaccine)
- 개념 : 균의 독성을 약화시키고, 항원성을 보유하고 있어, 면역성을 유발하는 살아있는 균의 부유액이다.
- 특징 : 장기간 면역성이 지속되고, 체액성 면역뿐만 아니라 세포성 면역도 유발시키지만, 독성이 있는 균주로 환원되어 면역기능이 저하된 소아에게 질병을 일으킬 수도 있다.
- 종류 : 결핵의 BCG백신, 천연두의 두묘, 황열백신, 폴리오의 생백신, 홍역의 L백신 등이 있으며, 가축에도 이 종류의 백신이 쓰이고 있다.

③ 대표적 경구감염병

(1) 세균성 이질(Bacillary Dysentery, Shigeollosis)

① 개념

ㄱ 세균성 이질과 아메바성 이질이 있으며 일반적으로 이질이라 함은 세균성 이질을 의미한다.

ㄴ 우리나라에서 발병하고 있는 대부분의 이질은 세균성 이질이며 식품위생상 문제가 된다.

② 발생현황

ㄱ 여름철에 많이 발생하고 겨울철에는 현저히 감소한다.

ㄴ 우리나라에서는 초여름에 증가하기 시작하여 한여름에 그 정점에 달하고 차차 감소한다.

ㄷ 많이 발생하는 연령은 10세 이하이다.

③ 병원체

ㄱ 세균성 이질은 사람에게만 감염되며 원숭이와 침팬지에는 감수성은 있지만 발병하지는 않는다.

ㄴ Gram 음성의 단간균으로 아포, 협막이 없으며 운동성도 없다.

ㄷ 신선한 우유에서 잘 증식하고 열에 약해 보통 가열살균법으로 살균할 수 있다.

ㄹ 1% 석탄산에서 16 ~ 30분이면 사멸된다.

④ **병인론**

  ㉠ 세균성 이질균의 체내독소에 의해 발병한다.

  ㉡ 세균성 이질균이 대장점막 상피세포에 침입, 증식한 후 점막 고유층에 침입하여 그 세포 내에서 증식한다.

  ㉢ 각 부위에서 증식한 세균성 이질균의 체내독소에 의해 그 주변에 염증과 궤양이 형성된다.

⑤ **임상증상**

  ㉠ 잠복기 : 1 ~ 7일의 잠복기를 가진다.

  ㉡ 복통, 오심, 구토, 설사, 38℃ 전후의 발열이 발생하며 전신권태와 식욕부진이 나타난다.

  ㉢ 대장점막에서 농과 혈액이 분비되므로 분변에 이것이 섞이게 된다.

  ㉣ 일반적으로 2 ~ 3주면 치유되며 경증인 경우에는 단시일 내에 치유가 가능하다.

  ㉤ 어린이의 경우 전신증상이 강하게 나타나며 고열과 경련 등의 뇌신경 증상을 일으켜 역리라고도 불린다.

  ㉥ 치유 후에도 충분한 면역이 형성되지 않으므로 예방접종의 효과도 기대할 수 없다.

⑥ **감염경로**

  ㉠ 경구적으로 감염되며 균은 환자나 보균자의 장관에 서식하기 때문에 분변과 함께 배출된다.

  ㉡ 배출된 균은 기구, 손 및 음식물 등을 통해 전파되며 쥐나 파리 등에 의해 균이 운반되어 식품을 오염시키는 경우도 있다.

  ㉢ 음용수에 이 균이 들어가면 집단발병을 일으키기 쉽다.

(2) 장티푸스(Typhoid Fever)

① **개념** … 장티푸스균(*Salmonella typosa*, *Salmonella. typhi*, *Eberthella typhi*)에 의해 발생하며 우리나라의 제1종 법정감염병 중에서 가장 높은 발병률을 차지한다.

② **병원체**

  ㉠ Gram 음성 간균으로, 주위에 8 ~ 12개의 편모가 있어 활발한 운동성이 있다.

  ㉡ 사람이 유일한 숙주로 동물은 감염되지 않는다.

  ㉢ 저항력은 비교적 강하며 열광이 없고 습한 환경에서 장시간 생존한다.

  ㉣ 분변 속에서는 수주 이상 생존이 가능하나 깨끗한 물에서는 영양분이 없어서 빨리 죽는다.

  ㉤ 0.1% 승홍, 5% 석탄산에서 30분 정도 후 사멸한다.

③ **병인론**

  ㉠ 경구적으로 침입하여 소장 말단의 임파조직표면에 침입하여 증식한다.

  ㉡ 임파조직이 증대되며 표면에 가피가 생성된다.

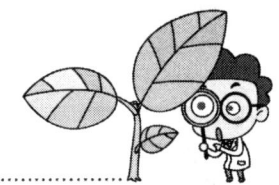

ⓒ 증식한 장티푸스균과 그 독소가 혈액 속에 들어가면서 발병한다.

ⓔ 이 독소는 뇌를 침범하는 것이 특징이며 혈액 속에 들어간 균은 오줌이나 담즙 등을 통해 배출된다.

④ **임상증상**

ㄱ **잠복기**: 일반적으로 1∼3주, 평균 2주 정도이다.

ㄴ 전신권태증상, 40℃ 정도의 고열이 2주 정도 지속된다.

ㄷ 오른쪽 하복부에 이상음이 들리며 누를 때 통증이 있다.

ㄹ 피부에 붉은 발진, 심한 두통, 헛소리를 한다.

ㅁ 3주째부터는 서서히 열이 떨어진다.

ㅂ 비장이 손상되고 백혈구가 감소된다.

ㅅ 회복기에 접어들면 복막염을 일으키기 쉽다.

ㅇ 혈관이 장내면에 노출되어 음식이나 가스의 약한 압력으로도 장출혈을 일으키기 쉽기 때문에 회복기에 사망하는 경우도 있다.

ㅈ 1주에는 혈액에서 장티푸스균을 검출하기가 용이하며 2∼3주에는 분변이나 오줌 속에서 균이 많이 검출된다.

ㅊ 치유 후에는 평생 면역이 지속된다.

⑤ **감염경로**

ㄱ 환자의 분변, 뇨, 혈액 중의 장티푸스균이 배출되어 기구, 손, 음식물, 물 등을 오염시켜 입을 통해 체내에 침입한다.

ㄴ 치즈나 버터에서는 1개월 이상 생존이 가능하다.

ㄷ 담즙 속에서 증식을 계속하기 때문에 치유 후에도 균을 배출하는 경우가 있다(병후보균자). 따라서 보균자가 감염원이 되므로 위험하며 발견하기도 어렵다.

ㄹ **원인식품**: 얼음, 어패류, 두부 등, 외국의 경우에는 우유가 많다.

(3) 파라티푸스(Paratyphoid fever)

① 파라티푸스(*Samonella paratyphi*)에 의해 일어나며 A, B, C의 총 3형이 있다.

② 증상은 크게 두가지로 장티푸스처럼 전신감염을 일으키는 경우와 국소에만 병변이 생기는 것으로 급성위장카타르 증상이 있다.

③ 계절로는 여름에 많이 발생하며 감염경로는 장티푸스와 같다.

④ 잠복기는 3∼6일이며, 24시간 정도의 급성인 경우도 있다.

(4) 콜레라(Cholera)

① **병원체**

ㄱ 콜레라균(*Vibrio cholera*)에 의해 일어나며 두가지 형이 있다.

ㄴ 인도에서 유행하기 시작하여 서구와 미국을 휩쓴 Vibrio cholera에 의한 것과 동남아시아 일대에서 유행한 것으로 본래의 콜레라균과는 다소 성상이 다른 것이 있다.

ㄷ 작은 콤마나 바나나 모양으로 한 쪽 끝에 하나의 편모가 있어 활발한 운동을 한다.

ㄹ 외계에 대한 저항력이 약하고 열에 약하다.

ㅁ 분변 속에서 보통 1 ~ 2일 이내에 사멸하며 소독제에도 약하다.

ㅂ 특히 산에 약하므로 건강한 위의 유리염산 농도로도 사멸되지만 음식물과 함께 들어가면 산에 의한 직접작용을 받기 어려워 사멸을 기대할 수 없다.

② **병인론**

ㄱ Choleragen이라는 독소가 있고 이열성의 Procholeragen A와 내열성의 Procholeragen B가 있다.

ㄴ 이 두 물질의 공존에 의해 실험적으로는 콜레라 증상이 발생하므로 Choleragen이 콜레라의 원인물질로 생각이 되지만 그 화학적 성질에 대해서는 불분명하다.

ㄷ Choleragen이 콜레라를 발현시키는 기전에 대해서도 아직 밝혀지지 않았다.

③ **임상증상**

ㄱ 잠복기 : 보통 2 ~ 3일로, 최단 3 ~ 4시간에서 최장 7 ~ 8일의 잠복기를 가진다.

ㄴ 전구 증상이 없이 복통, 복명, 설사가 발생한다.

ㄷ 하루에 10 ~ 30회의 쌀뜨물 같은 설사를 하며 구토가 일어난다.

ㄹ 일반적으로는 발열을 보이지 않고 가끔 평열 이하가 나타난다.

ㅁ 심한 구토와 설사로 체내 수분손실이 많아 구갈, 탈수가 심하게 나타난다.

ㅂ 배장근통, 무뇨, 실성증이 있다.

ㅅ 사망률은 60 ~ 70%이지만 근래에 발생하는 것은 10% 이내이다.

④ **감염경로**

ㄱ 보균자나 환자의 분변이나 구토물에 콜레라균이 배출된다.

ㄴ 배출된 균은 손, 물, 식품, 파리 등에 의해 입에 침입하여 감염된다.

ㄷ 근래에 유행한 콜레라는 어패류의 생식에 의해 감염된 예가 많이 보고된다. 해수가 오염되어 그 유행지역의 어패류가 오염되어 발생한다.

ㄹ 콜레라균에 폭로된 사람 중 발병하지 않은 경우 10% 정도가 보균자가 된다.

(5) 디프테리아(Diphtheria)

① 간균인 디프테리아균(*Corynebacterium diphtheriae*)에 의해 발병한다.

② 열이나 소독에 비교적 약하여 58℃에서 10분이나, 1분 정도의 자비에 의해 사멸된다.

> ★☆TIP 아포형성균을 제외하고는 건조에 대해 저항성이 강하므로 건조된 위막에서 14주 동안 생존한 예가 있다.

③ **증상**

　㉠ 보통 2 ~ 5일의 잠복기를 거쳐 급격한 고열이 나며 목이 아프며 연하곤란 및 기침을 한다.

　㉡ 편도선에 디프테리아의 흰 위막이 생기고 이 막에 디프테리아균이 번식하여 강한 체외독소를 생산한다.

　㉢ 독소가 체내에 들어가면 전신증상이 나타난다.

　㉣ 위막이 후두부에 생기면 기도가 좁아져 호흡곤란이 나타나기도 한다.

　㉤ 독소가 체내를 순환하면서 여러 근육을 마비시키는데 특히 심장이나 음식물 섭취에 작용하는 근육이 마비되기 쉬우며 이로 인해 심장마비를 일으킨다.

　㉥ 사망자의 2/3가 어린아이이다.

④ **감염경로**

　㉠ 비말감염으로 재채기나 기침을 할 때 분비물에 있던 디프테리아균이 나와 기도에 들어가서 감염되는 것이 보통이다.

　㉡ 생우유나 아이스크림 등에 의해 집단감염이 되기도 한다.

(6) 성홍열(Scarlet fever)

① Gram 양성으로 협막을 가지고 있는 것도 있다.

② 이른 봄이나 이른 겨울에 많이 발생한다.

③ 5 ~ 10세의 어린이에게 잘 감염되며 전신에 특징적인 발진을 볼 수 있다.

④ **감염경로** … 용혈성 연쇄구균(*Streptococcus hemolyticus*)에 의해 감염된다.

⑤ **증상**

　㉠ 3 ~ 7일의 잠복기를 거쳐 40℃ 전후의 고열이 나타난다.

　㉡ 목이 아프며 전신에 걸쳐 담적색의 발진이 생긴다.

　㉢ 혀가 종대되고 편도선이 종창된다.

(7) **급성회백수염(소아마비, Polimyelitis)**

① 급성열성질환으로 6, 7월 경에 많이 발생하며 주로 분변에 배출되어 오염된 음용수나 식품을 통해 감염된다.

② 가장 감염되기 쉬운 연령은 1~2세로 환자의 약 50%를 차지한다.

③ **증상**

　　㉠ 전형적인 마비형은 잠복기가 평균 10일 정도이며 감기와 같은 증상으로 시작한다.

　　㉡ 2~3일간 발열이 지속되면서 두통, 인후통, 식욕감퇴, 복통, 설사, 구토 등이 나타나다가 열이 내리면서 사지마비가 나타난다.

④ **예방** … 생백신 예방접종을 하는 것이 가장 유효한 방법이다. 생후 1개월부터 1~2개월 간격으로 3회를 접종하고 18개월에 추가접종을 한다.

(8) **유행성 간염(Epidemic hepatitis)**

① 바이러스에 의해 감염되며 여름철에 많이 발생한다.

② 청소년이 많이 감염되며 발열, 황달이 나타난다.

③ **잠복기** … 15~50일 정도의 잠복기를 가진다.

④ 일반적으로 전구기, 발열기, 황달기, 회복기의 총 4기로 구분한다.

　　㉠ **전구기** : 특별한 증상은 없고 구토, 설사가 발생한다.

　　㉡ **발열기** : 급격히 오한이 발생하고 38℃ 정도의 열이 나타난다, 식욕감퇴, 권태감이 심해지고 인두염, 기관지염, 두통, 요통이 발생한다.

　　㉢ **황달기** : 간이 비대해지고 전신황달 증세가 나타나며 2~4주에서 때로는 수 개월간 계속되기도 한다.

　　㉣ **회복기** : 2~6주에 치유된다.

⑤ 저항력이 강하므로 60℃에서 30분 가열해도 생존하며 1ppm의 염소를 함유한 물에서도 사멸하지 않고, 건조에도 강하다.

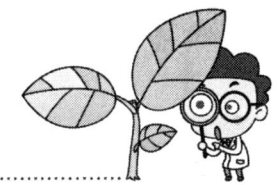

(9) 전염성 설사증

① 환자의 분변과 함께 배출된 바이러스가 음식을 통해 경구감염된다.

② **증상**

    ㉠ 2 ～ 3일의 잠복기를 거친다.

    ㉡ 미열과 하루 5 ～ 20회 정도의 특이한 수양성 설사를 일으킨다.

    ㉢ 4 ～ 7일이면 회복되며 예후가 좋다.

③ 연소자에게는 거의 발병하지 않는다.

⑽ 이즈미열(Izumi fever)

① 바이러스에 의한 발진성 질환이다.

② **감염경로** … 음식이나 물을 매개로 감염되고 접촉에 의해서도 감염이 될 수 있다.

③ **증상** … 성홍열과 비슷하다.

④ **잠복기** … 2 ～ 10일 정도의 잠복기를 거친다.

3 인수(인축)공통감염병(Zoonoses)

① 인수(인축)공통감염병(Zoonoses)

(1) 개념

① 척추동물과 사람 사이에 자연적으로 전파되는 질병이다.

② 사람은 병원체가 존재하는 동물의 고기나 우유를 조리, 가공, 처리, 섭식하거나 이환동물의 분비물, 오염된 음식물에 의해 감염된다.

(2) WHO에서 분류한 인수공통감염병

① **직접전파 인수공통감염병**(Direct transmitted zoonoses)

  ㉠ 병원체가 같은 종류의 척추동물 사이를 전파하는 과정에서 사람과 척추동물에게 이행한다.

  ㉡ 종류 : 광견병 선모충증, 파상열 등이 있다.

② **주기 인수공통감염병**(Cyclo-zoonosos)

  ㉠ 병원체가 다른 종류의 척추동물 사이를 전파하는 과정에서 사람과 척추동물에게 이행한다.

  ㉡ 종류 : 촌충증, 포충증 등이 있다.

③ **변채 인수공통감염병**(Meta-zoonoses)

  ㉠ 병원체가 척추동물과 무척추동물 사이를 전파하는 과정에서 사람과 척추동물에게 이행한다.

  ㉡ 종류 : 페스트, 주혈흡충증 등이 있다.

④ **부패 인수공통감염병**(Sapro-zoonoses)

  ㉠ 병원체가 척추동물과 비동물 사이를 전파하는 과정에서 사람과 척추동물에게 이행한다.

  ㉡ 종류 : 사상균증, 유충이행증, 간질증 등이 있다.

(3) 인수공통감염병의 예방대책

① 동물 사이에서의 유행을 예방하여 가축의 건강유지, 이환동물의 조기발견, 도살이나 격리, 소독, 예방접종 등의 가축 위생상의 조치를 게을리하지 않아야 한다.

② 이환동물을 식품으로 취급하거나 판매, 수입하는 것을 방지한다.

③ 이환동물로부터 얻은 젖이나 유제품에 대한 취급, 판매, 수입을 방지한다.

④ 도살장이나 우유처리장의 검사를 철처히하며 수입 시에도 철저한 검역조치가 요구된다.

② 대표적 인수공통감염병

(1) 결핵(Tuberculosis)

① 결핵균(*Mycobacterium tuberculosis*)에 의해 발생하는 질병으로 사람은 물론 조수류에도 감염된다.

② 사람에게 감염되는 인형과 소에 감염되는 우형, 조류에 감염되는 조형, 사람과 무관한 파충형이 있다.

> ★🔍TIP 모두 동일한 형이었으나 각기 다른 숙주에 오랫동안 서식하면서 그 성질이 변화된 것으로 보고있다. 한우에 비해서는 젖소가 감염될 확률이 높다.

③ **감염경로**

　㉠ **우형**

　　• 직접 사람에게 감염되는데 주로 임파절, 장에 침입한다.

　　• 우형결핵균은 우유와 함께 방출되어 우유를 먹는 어린이에게 잘 감염되며, 어른인 경우는 저항력이 있어서 잘 감염되지 않는다.

　　• 우유에 결핵균이 들어가는 경우는 유방에 병소가 있을 때이며 착유 후 분변에 오염되기도 한다.

　　• 이환우나 이환계의 달걀도 위험하다.

　㉡ **인형** : 기도 및 인형균에 감염된 소나 돼지를 섭취함으로써 감염될 수 있다.

　㉢ **조형 및 파충형** : 사람에게는 잘 감염되지 않는다.

④ **잠복기** … 4 ~ 6주의 잠복기가 있다.

⑤ **예방법**

　㉠ 정기적인 OT(Ole Tuberculin)반응검사를 실시하여 음성자는 BCG접종을 실시한다.

　㉡ 식품의 경우는 충분히 가열하여 섭취한다.

(2) 브루셀라증(Brucellosis, Undulant fever)

① 양, 산양, 돼지, 소에게 유산을 일으키는 브루셀라균이 사람에게 감염되면 파상열을 일으킨다.

② **원인균의 특징** … Gram 음성의 작은 간균으로 운동성은 없으며 아포를 형성하지 않는다.

③ **감염경로** … 감염된 동물의 임파절, 자궁, 유방 등에서 검출되며 사람은 접촉이나 우유 및 육류를 생식하면서 감염된다.

④ **잠복기** … 보통 5 ~ 21일의 잠복기가 있다.

⑤ **증상**

　㉠ 파상열이 나타나고 보통 오후에 38 ~ 40℃의 고열이 발생하고 오전에는 평열이 된다. 이런 상태는 2 ~ 3일 지속되며 이러한 열형이 반복된다.

　㉡ 경련, 관절염, 간과 비장의 비대, 백혈구 수 감소, 발한 등의 증상이 나타난다.

(3) 탄저(Anthrax)

① 탄저균에 의해 발병하는 질병으로 가축의 급성감염병인데 사람에게도 감염된다.

② **원인균의 특징** ··· Gram 양성의 대형 간균으로 운동성이 없다. 산소가 있어야 아포를 형성하며 저항성이 매우 강하다.

③ 감수성이 강한 동물은 소, 양으로 사람의 탄저는 주로 가축, 축산물로부터 감염되며 사람에서 사람으로 전염되는 경우는 매우 드물다.

④ 사람의 경우 탄저부위에 따라 피부탄저, 장탄저, 폐탄저로 나누며 그 중 폐탄저가 대부분이다.

⑤ **감염경로** ··· 폐탄저는 기도를 통해 감염되며 털에 묻은 아포나 탄저로 죽은 가축의 골분을 비료로 밭에 사용할 때 흡입된다.

⑥ **증상** ··· 습성폐렴을 일으키고 심한 경우 패혈증으로 사망한다.

(4) 야토병(Tularemia)

① 페스트와 비슷한 설치류의 질환이다.

② **원인균의 특징** ··· 이 균의 형태는 다양하며 Gram 음성이고 저항력이 강해 상온에서도 상당히 오랜 기간 생존한다.

③ **감염경로** ··· *Pasteurella tularensis*에 의해 설치류와 가축에 의해 감염된다.

④ **잠복기** ··· 1~14일로 임파절형과 안임파절형 등이 있다.

⑤ **증상** ··· 일반적으로 오한과 발열이 있고 침입부위의 피부에 농포가 발생하여 궤양으로 되고 국소의 임파절이 종창된다. 이환된 후에는 강한 면역을 얻는다.

(5) 돈단독

① 돼지단독균(*Erysipelothrix insidiosa*)에 의한 돼지의 세균성 질환이다.

② **감염경로** ··· 피부상처로 인한 피부감염이 가장 많으며 경구감염도 가능하다.

③ **증상**

    ㉠ 폐혈증상이 주된 증상이다.

    ㉡ 관절염 및 심장장애도 나타난다.

    ㉢ 감염국소에 붉은 홍반과 종창 및 강한 동통을 수반한다.

④ **잠복기** ⋯ 10 ~ 20일이다.

⑤ **예방법** ⋯ 이환동물을 조기발견하여 격리치료한다.

(6) 비저

① 비저균(*Pseudomonas mallei*)의 감염에 의하여 일어나는 질병이다.

② **감염경로** ⋯ 이환동물과 접촉, 경구 · 경피 · 기도 감염이 가능하다.

③ **증상**

    ㉠ 두통, 발열, 권태 등이 발생하고, 근육통, 관절통 및 피부발진, 기침 등을 일으킨다.

    ㉡ 사망률이 60%이고 고통이 심하다.

④ **잠복기** ⋯ 3 ~ 5일의 잠복기를 가진다.

(7) Q열

① 리케차의 감염에 의하여 일어나는 감염병이다.

    ★**TIP** 리케차

        ㉠ 사람이나 동물의 병의 원인이 되는 미생물로, 살아있는 세포 내에서만 증식이 가능하여 인공배지에서는 증식하지 못한다.

        ㉡ 흡혈곤충에 기생생활을 하므로, 이 곤충들과의 접촉 시 감염이 일어난다.

        ㉢ 쯔쯔가무시병, Q열, 발진열 등의 감염병을 일으킨다.

② **감염경로** ⋯ 공기를 통한 감염이 많이 이루어진다.

③ **증상**

    ㉠ 발열이 2 ~ 3주간 지속되며 급격한 오열, 쇠약, 두통 등의 증상이 발생한다.

    ㉡ **잠복기** : 4 ~ 5일의 잠복기를 가진다.

④ **예방법** ⋯ 흡혈곤충의 박멸을 통해 예방이 가능하고, 우유는 멸균한 후 섭취해야 한다.

(8) 리스테리아증(Listeriosis)

① 소, 양 등의 가축과 가금에 감염되며 때로는 사람에게 감염된다.

② **원인균의 특징** ··· *Liseria monocytogenes*이며 Gram 음성 무아포 간균이다.

③ **감염경로**

    ㉠ 감염동물과의 직접접촉에 의해 감염된다.

    ㉡ 오염된 식육, 유제품 등에 의해 경구감염된다.

    ㉢ 오염된 먼지의 흡입에 의해 감염된다.

④ **증상** ··· 다양하나 수막염의 경과를 취하는 경우가 일반적이다.

    ㉠ 단핵구가 현저히 증가한다.

    ㉡ 패혈증을 일으킨다.

    ㉢ 임산부의 경우 자궁내막염과 사산을 일으킨다.

    ㉣ 신생아의 경우는 수막염을 일으키고 치명률은 40%이다.

(9) 광우병(크로이츠펠트-야콥병, BSE)

① 우해면양뇌증(BSE ; Bovine Spongiform Encephalophthy)이라고도 하며 서유럽을 강타한 광우병은 전세계로 확산되고 있다.

② **감염경로** ··· 주로 광우병에 걸린 쇠고기나 그 추출물로 만든 식품을 먹었을 때 감염된다.

③ **증상**

    ㉠ 심한 우울증과 근육마비 등이 나타난다.

    ㉡ 말기에는 뇌조직에 구멍이 뚫리고 전신마비와 시력상실 등이 일어나고 사망한다.

    ㉢ 예후는 좋지 않아서 발병 후 13개월 정도면 사망한다.

④ 광우병을 일으키는 Prions는 단백질 입자로 100℃ 이상 가열해도 활성을 잃지 않는다.

⑤ **잠복기** ··· 보통 5 ~ 10년이다. 유전되지는 않으며 영국 등 유럽에서 초식동물인 소의 발육을 촉진시키기 위해 동물성 사료를 먹인 것이 원인으로 지적되기도 한다.

(10) **구제역(Foot and mouth disease)**

① 돼지, 양, 말 등 우제류의 급성열성감염병이다.

② 병원체는 바이러스이다.

③ **잠복기** ⋯ 3 ~ 6일의 잠복기가 있다.

④ **증상**

   ⊙ 40 ~ 41℃의 발열이 있으며 구강점막, 제관부에 수포를 형성한다.

   ⓒ 사람의 경우 발열, 구토, 연하곤란, 구내건조, 두통, 전신쇠약 등이 있고 심한 경우 장 카타르에 의해 사망한다.

⑤ **예방법**

   ⊙ 감염동물의 소각, 감염동물의 이동을 금지한다.

   ⓒ 사람의 유행지 출입을 금지시키고 소독을 철저히 하며 젖이나 식육 등의 살균을 철저히 한다.

식품과 감염병

출제예상문제

1 법정감염병에 대한 설명으로 옳지 않은 것은?

① 제1군감염병이란 발생 또는 유행 즉시 방역대책을 수립하여야 하는 감염병으로서 콜레라, 파라티푸스, 장티푸스, 세균성 이질 등이 있다.

② 제2군감염병이란 발생빈도가 높아 예방접종을 통해 관리되는 감염병으로서 A형 간염, 야콥병, 파상풍, 백일해, 홍역, 일본뇌염 등이 있다.

③ 제3군감염병이란 간헐적으로 유행할 가능성이 있어 계속 그 발생을 감시하고 방역대책의 수립이 필요한 감염병으로서 말라리아, 결핵, 성홍열, 레지오넬라증, 비브리오패혈증 등이 있다.

④ 제4군감염병이란 국내에서 새롭게 방생하였거나 발생할 우려가 있는 감염병 또는 국내 유입이 우려되는 해외 유행 감염병을 말한다.

> **NOTE** | 제2군감염병은 예방접종을 통하여 예방 및 관리가 가능하여 국가 예방접종사업의 대상이 되는 감염병으로 디프테리아, 백일해, 파상풍, 홍역, 유행성이하선염, 풍진, 폴리오, B형간염, 일본뇌염, 수두, b형헤모필루스인플루엔자, 폐렴구균이 있다.

2 다음 제시된 법정 감염병 중 그 분류가 다른 것은?

① 콜레라 ② 백일해

③ 파상풍 ④ B형 감염

> **NOTE** | ① 제1군 감염병에 해당한다.
> ②③④ 제2군 감염병에 해당한다.

3 다음 중 간염에 대한 설명이 바르게 연결된 것은?

① A형 간염은 간경병, 간암으로 진행되기도 한다.

② B형 간염 바이러스는 주로 경구적인 경로로 체내에 침입한다.

③ C형 간염은 백신을 통해서 예방할 수 있다.

④ E형 간염은 급성간염으로 인도에서 많이 발생한다.

NOTE | ① A형과 E형은 급성 간염만 일으키며, B형, C형, D형 중 일부에서 만성 지속성 간염으로 진행된다.
② 경구적인 경로로 감염되는 것은 A형 간염이다.
③ C형 간염은 현재 백신이 없는 상태이다.

4 다음 중 Virus에 의한 경구감염병이 아닌 것은?

① 전염성 설사증

② 급성회백수염

③ 성홍열

④ 유행성 간염

NOTE | ③ 용혈성 연쇄구균으로 전염되는 세균성 경구감염병이다.

5 감염병의 종류 중 바이러스성 감염병으로 옳은 것은?

① 세균성 이질, 소아마비

② 디프테리아, 성홍열

③ 전염성 설사증, 유행성 간염

④ 장티푸스, 파라티푸스

NOTE | 감염병의 종류
㉠ 세균성 : 세균성 이질, 장티푸스, 파라티푸스, 콜레라 등
㉡ 바이러스성 : 소아마비, 전염성 설사증, 이즈미열, 유행성 간염 등
㉢ 기타 : 연쇄상구균감염증, 디프테리아 등

6 다음 중 바이러스에 의한 경구감염병은?

① 파라티푸스

② 콜레라

③ 장티푸스

④ 전염성 설사증

NOTE | 바이러스에 의한 경구감염병은 전염성 설사증, 유행성 간염, 소아마비 등이 있으며 원생동물에 의한 경구감염병으로는 아메바성 이질 등이 있다.

ANSWER | 3.④ 4.③ 5.③ 6.④

7 광우병에 대한 설명으로 옳지 않은 것은?

① 공기, 물, 피부접촉, 타액만으로는 감염되지 않는다.

② 광우병 감염 소의 척수 부위를 먹어도 광우병에 걸릴 위험성은 없다.

③ 인간광우병은 감염경로에 따라 짧게는 7 ~ 8년에서 길게는 30 ~ 50년의 잠복기를 가진다.

④ 변형 프리온이 많이 들어 있는 부위는 뇌, 두개골, 눈, 편도, 혀, 척수, 회장 등이다.

>✎NOTE| ② 국제수역사무국이 정한 광우병 위험부위는 감염된 소의 뇌와, 눈, 두개골, 등뼈, 척수, 편도,
>소장 끝부분이다.

8 리케차에 관한 사항 중 옳지 않은 것은?

① 발진열을 일으킨다.　　　　　　　② 포유동물의 세포 외에서 기생한다.

③ 인공배양기에서 발육하지 않는다.　④ 매개체는 혈족동물이다.

>✎NOTE| ② 리케차는 포유동물의 세포 내에서 기생하는 세균이다.

9 감염병 발생의 3대 요인이 아닌 것은?

① 감수성　　　　　　　　　　　② 감염원

③ 증상발현　　　　　　　　　　④ 감염경로

>✎NOTE| 감염병 발생의 3대 요인 … 감염원, 감염경로, 감수성이다.
>③ 증상발현은 감염발생 후의 상태이다.

10 다음 중 감염지수(감수성, 접촉지수)가 가장 높은 감염병은?

① 홍역　　　　　　　　　　　　② 소아마비

③ 성홍열　　　　　　　　　　　④ 디프테리아

>✎NOTE| 감염지수 … 급성 호기성 감염병의 감수성자가 환자와 접촉했을 때 발병률을 표시한 것으로써,
>백일해는 60 ~ 80%, 성홍열 40%, 디프테리아는 10%, 소아마비는 0.1%이고 홍역과 천연두는
>95%로 가장 높다.

ANSWER | 7.② 8.② 9.③ 10.①

11 세균성 식중독과 경구 감염병과의 차이점을 바르게 설명한 것은?

① 경구감염병은 소량의 원인균으로 발병되나 세균성 식중독은 다량의 균으로 발병한다.

② 세균성 식중독은 발병 후 면역이 생기나 경구감염병은 생기지 않는다.

③ 세균성 식중독과 경구감염병은 2차 감염이 빈번하게 일어난다.

④ 세균성 식중독은 경구감염병에 비하여 잠복기가 길다.

NOTE		세균성 식중독	경구감염병
	필요 균량	대량의 생균 또는 발병량의 독소에 의해 발병	소량의 균이라도 숙주 체내에서 증식하여 발병
	감염	종말감염이며 원인식품에 의해서만 감염해 발병하여 2차 감염 없음	원인병균에 의해 오염된 물질에 의한 2차 감염
	잠복기	경구감염병에 비해 짧음	일반적으로 긺
	면역	면역성 없음	면역이 성립되는 것이 많음

12 잠복기가 가장 짧은 감염병은?

① 발진열　　　　　　　　　　② 콜레라
③ 유행성 이하선염　　　　　　④ 파라티푸스

NOTE ② 잠복기가 10시간~5일(보통 1~3일)
① 잠복기가 1~2주
③ 잠복기가 2주 이상
④ 잠복기가 1~2주

13 경구감염병의 병원체가 아닌 것은?

① 솔라닌　　　　　　　　　　② 바이러스
③ 원생동물　　　　　　　　　④ 세균

NOTE ① 솔라닌은 감자의 독성분으로 식물성 자연독에 의한 식중독을 유발한다.

ANSWER | 11.① 12.② 13.①

14 경구감염병의 예방대책 중 가장 중요한 것은?

① 가축 사이의 질병 예방   ② 식품취급 장소의 공기소독 철저
③ 보균자의 식품취급 금지   ④ 식품의 저온보관

> ✎**NOTE**| 환자, 특히 경증환자나 보균자를 조기발견하여 식품의 제조, 취급, 조리 등에 종사시키지 말아야 한다.
> ※ **경구감염병의 예방대책**
> ㉠ **감염원 대책** : 환자 발생 시 조기에 발견하여 격리하는 것이 예방상 가장 중요하다.
> ㉡ **감염경로 대책** : 상수도나 우물물의 관리가 매우 중요하고, 식품을 위생적으로 다루는 것이 중요하다.
> ㉢ **숙주에 대한 대책** : 생활환경에 대한 위생을 철저히 행하고, 일반적인 건강유지법에 따라 건강유지와 저항력의 향상에 노력하며, 예방접종을 실시하는 것이 중요하다.

15 다음 중 세균성 이질과 관련 있는 세균은?

① *Vibrio cholera*   ② *Shigella dysenteriae*
③ *Streptococcus hemolyticus*   ④ *Salmonella paratyphi*

> ✎**NOTE**| ② 세균성 이질은 *Shigella*균 군에 의해 발병된다.
> ① 콜레라의 원인균이다.
> ③ 성홍열의 원인균인 용혈성 연쇄구균이다.
> ④ 파라티푸스의 원인균이다.

16 세균에 의한 감염병으로 옳지 않은 것은?

① 전염성 설사   ② 이질
③ 비브리오패혈증   ④ 콜레라

> ✎**NOTE**| ① 전염성 설사증은 바이러스에 의한 질병이다.

17 우리나라에서 가장 많이 발생하는 경구감염병은?

① 탄저병   ② 급성회백수염
③ 장티푸스   ④ 파라티푸스

> ✎**NOTE**| 우리나라에서는 장티푸스가 가장 많이 발병되며 여름철에 특히 다발한다.

ANSWER | 14.③ 15.② 16.① 17.③

18 다음 중 경구감염병 세균인 것은?

① 아메바성 이질　　　　　　② 전염성 설사증
③ 세균성 이질　　　　　　　④ 유행성 간염

　　NOTE| ① 기생충에 의한 원충성 감염병이다.
　　　　　②④ 바이러스에 의한 감염병이다.

19 다음 중 콜레라에 대한 설명으로 옳지 않은 것은?

① 음료수, 식품, 어패류에 오염되어 경구전염을 한다.
② 유행할 때는 생균백신을 접종한다.
③ 동남아시아 등에서 전염된다.
④ 어패류의 생식을 금한다.

　　NOTE| ② 콜레라는 사균백신이다.

20 다음 중 콜레라의 증상이 아닌 것은?

① 탈수증상, 체온이 상승한다.　　② 잠복기는 수 시간～5일이다.
③ 맥박이 약하다.　　　　　　　④ Cyanosis를 나타낸다.

　　NOTE| ① 콜레라는 체온이 떨어지는 증상을 보인다.

21 유행성 간염에 대한 설명이 아닌 것은?

① 황달을 일으킨다.
② 간장이 붓고 간경변증이 온다.
③ 병원체는 바이러스이다.
④ 사람에서는 1년 동안 바이러스를 보균한다.

　　NOTE| ④ 유행성 간염은 사람에서는 수 년 동안 바이러스를 보균한다.

ANSWER | 18.③　19.②　20.①　21.④

22 세균성 설사증을 일으키는 이질균에 대한 설명 중 옳지 않은 것은?

① 이질균이 분변으로 배출된다.

② 법정 감염병이다.

③ Gram 음성 간균이다.

④ 예방으로 항생물질을 내복하는 것이 좋다.

　　NOTE| ④ 세균성 설사증을 예방하기 위해서는 음식물의 가열 및 개인위생이 가장 중요하다.

23 어린이 환자가 많고, 심할 경우 소아마비를 일으키는 질병은?

① 파라티푸스　　　　　　　　　② 성홍열

③ 유행성 간염　　　　　　　　　④ 급성회백수염

　　NOTE| ④ 병원균은 *Poliomyelitis virus*이고, 분변이나 인후분비액과 같이 균이 전염된다. 감염은 경구감염과 비말감염으로 이루어진다. 증상으로는 구토, 두통, 뇌증상, 강직, 사지마비, 근육통 등이 있다.
　　　　① 보균자나 환자의 분뇨 또는 타액을 통해 균이 전염된다. 잠복기는 3～6일로 장티푸스와 유사한 증상을 보이지만, 치명률이 낮다.
　　　　② 용혈성 연쇄구균이 병원균이며, 갑자기 고열을 동반하며 두통, 인후통 등의 증상을 보이고, 신체에 발진이 생긴다.
　　　　③ 병원균은 *Epidemic hepatitis virus*이며, 경구전염되며 증상으로는 발열, 구토, 두통, 위장장애, 황달 등이 있다.

24 다음 중 우유에 대한 매개성 감염병에 속하지 않는 것은?

① 콜레라　　　　　　　　　　　② 결핵

③ 브루셀라　　　　　　　　　　④ 디프테리아

　　NOTE| ① 콜레라는 오염된 어패류를 날것으로 섭취함으로써 발생한다.

25 다음 중 *S. typhi*에 대한 설명이 아닌 것은?

① 사람, 동물이 숙주이다.

② 편모가 있어 활발한 운동성이 있다.

③ Gram 음성 간균이다.

④ 장티푸스를 유발한다.

✎NOTE| *S. typhi*는 장티푸스를 유발하는 장내세균으로 Gram 염색 시에 음성을 나타내며 8~12개의 편모가 있어 활발한 운동을 하며 사람이 유일한 숙주이다.

26 다음 감염병 중 소화기계 질병인 것은?

① 장티푸스

② 백일해

③ 류마티스염

④ 유행성 뇌막염

✎NOTE| 감염병의 종류

ⓐ 소화기계 질병 : 장티푸스, 콜레라, 파라티푸스, 식중독, 세균성 이질, 영아 설사증 등이 있다.

ⓑ 호흡기계 질병 : 유행성 뇌막염, 백일해, 폐렴, 류마티스염, 결핵, 천연두, 인플루엔자 등이 있다.

27 다음 중 외래성 감염병은?

① 콜레라

② 파라티푸스

③ 성홍열

④ 장티푸스

✎NOTE| 콜레라는 외래성 감염병으로 검역을 철저히 하여 국내에 침입되지 않도록 하는 것이 중요하다.

28 다음 비교 중 내용이 옳지 않은 것은?

구분	세균성 식중독	경구감염병
① 감염관계	종말감염이다.	감염환이 성립한다.
② 균의 양	미량이 필요하다.	다량이 필요하다.
③ 2차 감염	2차 감염이 거의 드물다.	2차 감염이 빈번하다.
④ 면역성	면역이 안 된다.	면역이 된다.

✎NOTE| ② 세균성 식중독이 발생하기 위해서는 다량의 균이 필요하지만, 경구감염병은 미량의 균만으로도 선염이 쉽게 이루어진다.

ANSWER | 25.① 26.① 27.① 28.②

29 감염병 유행의 3대 요인에 해당되지 않는 것은?

① 토양 ② 접촉기회

③ 숙주의 면역성 ④ 의료시설

✎NOTE | ④ 의료시설은 감염병 유행의 요인과는 관련이 없다.

30 진드기 등 흡혈곤충의 박멸, 우유의 살균 등으로 예방되는 감염병은?

① 파상열 ② Q열

③ 렙토스피라병 ④ 야토병

✎NOTE | Q열 … 감염원은 소, 면양, 염소 등이며 소가 진드기에 물리거나 리케차가 함유된 먼지를 마실 때 감염된다. 사람은 균이 함유된 생유를 마시거나 이환동물의 배설물 등에 접촉되어 감염된다. 그러므로 Q열 감염병을 예방하려면 진드기 등의 흡혈곤충을 박멸하고 우유를 살균하여 마셔야 한다.

31 다음 중 병원소가 아닌 것은?

① 물 및 식품 ② 토양 및 동물

③ 불현성 환자 ④ 건강 보균자

✎NOTE | 병원소 … 병원체가 생활하고 증식하면서 인간에게 전파될 수 있는 상태로 저장되어 있는 곳으로 이러한 장소가 없으면 병원체는 사멸한다. 병원소에는 환자나 보균자의 인간병원소, 동물병원소, 분연 및 토양이 있다.

32 급성감염병으로 알려진 제1군 법정감염병이 아닌 것은?

① 콜레라, A형간염 ② 세균성 이질, 장출혈성대장균감염증

③ 장티푸스, 파라티푸스 ④ 홍역, 백일해

✎NOTE | ④ 홍역과 백일해는 제2군 감염병으로 급성감염병이 아니다.

ANSWER | 29.④ 30.② 31.① 32.④

33 경구감염병에 속하지 않는 것은?

① 장티푸스   ② 콜레라

③ 이질   ④ 발진티푸스

> **NOTE** ④ 발진티푸스는 감염된 이가 사람의 피부상처나 찰과상 등을 통해 감염시킨다.

34 다음 중 예방접종이 거의 이용되지 않는 감염병은?

① 장티푸스   ② 홍역

③ 이질   ④ 콜레라

> **NOTE** ③ 예방접종이 아니라 개인 위생적 측면이 중요하게 여겨진다.

35 인수공통감염병에 대한 설명 중 옳지 않은 것은?

① 어류나 파충류에서도 감염된다.

② 일부 기생충 질환도 포함된다.

③ 사람에게는 반드시 식품을 통해서만 감염된다.

④ 사람과 척추동물 사이에서 자연히 이행될 수도 있다.

> **NOTE** 인수공통감염병 … 바이러스, 리케차, 세균, 곰팡이, 원생동물, 윤형동물 등으로 다양하게 감염되고, 동물 사이에 전염은 곤충, 기타 방법으로 전파되며 사람과 동물 사이의 감염양식은 더 복잡하다.

36 다음 중 코와 입의 분비물에 대한 위생적 처리로 예방이 가능한 감염병은?

① 소아마비   ② 콜레라

③ 디프테리아   ④ 유행성 간염

> **NOTE** 디프테리아 … 환자나 보균자의 비·인후부의 분비물이 비말감염되는 것이 주경로이고, 이러한 분비물이 오염된 식품을 통한 경구감염으로 이루어지므로 이러한 경로에 대한 위생적 처리를 통해 예방이 가능하다.

ANSWER | 33.④   34.③   35.③   36.③

37 패혈증을 일으키고 가축을 취급하는 사람에게 걸리는 감염병은?

① 파상열   ② Q열

③ 비저   ④ 탄저병

> **NOTE** ④ 탄저병은 피부의 상처나 경구흡입에 의해 감염될 수 있으며 가축사육사나 도살업자, 수의
> 사 등이 감염되기 쉬운 질병으로 감염부위에 따라 피부탄저, 장탄저, 복통, 설사, 비종, 패
> 혈증을 일으켜 사망에 이르기도 한다.
> ① 주로 우유나 육류를 생식하기 때문에 감염되고 발열이 주된 증상이다.
> ② 공기를 통해 감염이 되며, 주요 증상으로는 두통, 권태, 오한, 발열 등이 있으며, 황달과
> 불면, 흉통 등의 증상도 나타날 수 있다.
> ③ 이환동물과의 접촉 등에 의해 발생하며 초기에는 두통, 발열, 권태 등의 증상을 보이다 궤
> 양과 근육통, 관절통, 비점막의 궤양, 피부발진 등과 함께 기침을 한다.

38 인수공통감염병으로 피로감, 무기력, 체중감소, 각혈 등의 증상을 보이는 질병은?

① 돈단독   ② 결핵

③ 파상열   ④ 비저

> **NOTE** ② 잠복기는 잘 알려져 있지 않으며, 피로감, 무기력, 체중감소, 기침 및 각혈, 흉통 등의 증
> 상을 보인다.
> ① 국소에 적자색의 홍반을 만들며, 림프선염이나 관절염을 수반하는 경우도 있다.
> ③ 발열이 주된 증상이며 주기적으로 반복하여 열이 나므로 파상열이라 한다.
> ④ 이환동물과의 접촉 등에 의해 발생하며 초기에는 두통, 발열, 권태 등의 증상을 보이다 궤
> 양과 근육통, 관절통, 비점막의 궤양, 피부발진 등과 함께 기침을 한다.

39 다음 중 인수공통감염병이 아닌 것은?

① 탄저병   ② 결핵

③ 야토병   ④ 급성회백수염

> **NOTE** 급성회백수염은 사람과 사람 사이에서만 전염되는 경구감염병이다.

ANSWER | 37.④   38.②   39.④

40 인수공통감염병 중 세균성이 아닌 것은?

① 야토병　　　　　　　　　　② 돈단독
③ 두창　　　　　　　　　　　④ 결핵

　　　✎NOTE｜ 두창은 사람 사이에서만 전파되는 바이러스성 질병이다.

41 다음 인수공통감염병 중 리케차가 병원체인 질병은?

① 야토병　　　　　　　　　　② Q열
③ 파상열　　　　　　　　　　④ 탄저병

　　　✎NOTE｜ Q열은 리케차가 병원체이다.

42 우형 결핵균이 사람에게 감염될 수 있는 매개경로는?

① 우유　　　　　　　　　　　② 토양
③ 물　　　　　　　　　　　　④ 음식물

　　　✎NOTE｜ 결핵에 감염된 소의 우유 중에 균이 함유되어 이를 마시면 장관에 감염을 받아 사람에게도 결핵이 발생한다.

43 감염병의 예방 및 관리에 관한 법률에 따른 인수공통감염병으로 묶이지 않은 것은?

① 공수병, 결핵　　　　　　　② 탄저, 성홍열
③ 일본뇌염, Q열　　　　　　④ 장출혈성대장균감염증, 브루셀라증

　　　✎NOTE｜ 감염병의 예방 및 관리에 관한 법률에 고시된 인수공통감염병에는 장출혈성대장균감염증, 일본뇌염, 브루셀라증, 탄저, 공수병, 조류인플루엔자 인체감염증, 중증급성호흡기증후군(SARS), 변종 크로이츠펠트-야콥병(vCJD), 큐열, 결핵이 있다.
　　　　　　성홍열은 급성 감염성 질환으로 주로 3세 이상의 소아에게서 발생하는 질병이다.

ANSWER ｜ 40.③　41.②　42.①　43.②

44 파상열의 병원균은 어느 것인가?

① *Bacillus anthracis*   ② *Brucella melitensis*

③ *Tuberculosis*   ④ *Listeriosis*

✎NOTE| 파상열을 일으키는 병원균은 *Brucella melitensis*이다.

45 피혁을 통해서도 감염되는 인수공통감염병은?

① 파상열   ② 결핵

③ 탄저병   ④ 야토병

✎NOTE| 탄저병은 소, 말, 돼지 등에 의해 전염되며 사람은 피부의 상처나 경구흡입에 의해서도 감염될 수 있다. 가축사육사나 도살업자, 피혁업자 등이 잘 감염된다.

46 소, 돼지, 양, 염소 등에 감염성 유산을 일으키고 사람에게 열성 질환을 일으키는 질병은?

① 야토병   ② 돈단독

③ 결핵   ④ 파상열

✎NOTE| ④ 사람의 감염은 이환동물의 유즙·유제품을 매개로 하거나 이환동물의 고기를 매개로 하는 경구감염이 많고, 경피감염도 된다.
① 야토 등 설치류와 돼지, 고양이 등에서 볼 수 있으며, 동물간에는 흡혈절족동물을 매개로 하여 감염된다.
② 돼지의 감염병인데 소, 말, 양, 닭 등에서도 보이며 담수어, 해산어 등에서도 균이 검출된다.
③ 결핵균에 감염된 소의 우유 중에 균이 함유되어서 사람에게 결핵이 발생된다.

47 인수공통감염병인 탄저의 예방대책이 될 수 없는 것은?

① 가축사육자는 BCG를 정기적으로 접종한다.

② 도축업자는 감염된 가축을 판매하지 않는다.

③ 식품취급자는 감염된 수육을 절대로 조리하지 않는다.

④ 환축의 털, 가죽은 고압증기멸균한다.

✎NOTE| ① BCG의 예방접종은 결핵을 예방하는 방법이다.

ANSWER | 44.② 45.③ 46.④ 47.①

48 일반적인 디프테리아의 예방책은?

① 환경위생 개선 　　　　　　② 음료수 소독

③ Toxoid 접종 　　　　　　　④ Antitoxin 접종

> ✎NOTE｜ 디프테리아는 주로 음식물의 위생처리, 특히 아이스크림이나 생유에 의해 집단적으로 발생하므로 환경위생을 개선하는 것에 주의를 해야한다.

49 시아노시스 현상과 관계되는 경구감염병은?

① 콜레라 　　　　　　　　　② 장티푸스

③ 파라티푸스 　　　　　　　④ 디프테리아

> ✎NOTE｜ 청색증(Cyanosis)은 콜레라로 인해 발생하는 증상이다.

50 장티푸스의 감염경로는?

① 호흡기감염 　　　　　　　② 경구감염

③ 경피감염 　　　　　　　　④ 비말감염

> ✎NOTE｜ 장티푸스는 수인성 감염병으로 경구감염을 통해 감염된다.

51 인수공통감염병과 관련이 없는 것은?

① 결핵 　　　　　　　　　　② 브루셀라

③ 베네루핀 　　　　　　　　④ 프리온

> ✎NOTE｜ 베네루핀은 동물성 자연독으로 모시조개에서 처음으로 조개 식중독 원인물질로 분리되었으며, 3~4월에 주로 발생하고 잠복기는 12~48시간 정도이다.

52 인수공통감염병이 아닌 것은?

① 야토병, 결핵 　　　　　　② Q열, 돈단독증

③ Listeria, 페스트 　　　　　④ 일본뇌염, 구제역

> ✎NOTE｜ 인수공통감염병에는 탄저, 파상열, 야토병, 결핵, Q열, 돈단독증, Listeria, 페스트 등이 있다.

ANSWER｜ 48.① 49.① 50.② 51.③ 52.④

식품과 기생충

1 기생충의 개요

① 기생충의 개념 및 감염경로

(1) 기생충의 개념

① **기생충**
- ㉠ 생체 내부에 정착하여 생존한다.
- ㉡ 여러 장애나 증상을 일으킨다.
- ㉢ 인체에 소량이지만 영양손실을 일으킨다.
- ㉣ 기생충은 소화관이 없는 충으로 수분 및 영양물질의 흡수와 배설은 체표를 통해 일어난다.

② **숙주와 기생충증**
- ㉠ 숙주 : 인간이나 동물 등 기생충이 기생하는 생명체를 뜻하며 과일류, 채소, 육류, 어류 등의 음식물을 통해 감염되어 기생된다.
- ㉡ 기생충증 : 기생충에 의해 발생하는 장애 및 질병을 의미한다.

(2) 기생충의 감염경로

① 경구, 경피 및 태반감염 등으로 대별할 수 있다.

② 식품과 밀접한 관계가 있는 경구감염을 일으키는 기생충은 2가지로 나누어 볼 수 있다.

③ 기생충의 충란이나, 유충이 오염·부착된 식품을 사람이 섭취하여 감염된다.

④ 기생충에 감염된 동물의 고기를 섭취하여 그 동물체 내의 기생충이 그대로 사람에게 감염된다.

② 기생충의 분류와 예방대책

(1) 기생충의 분류

① **선충류** … 회충, 십이지장충, 구충, 요충, 편충, 동양모양선충, 분선충 등이 있다.

② **흡충류** … 간흡충, 폐흡충, 요코가와흡충 등이 있다.

③ **조충류** … 광절열두조충, 무구조충, 유구조충, 위립조충, 왜소조충 등이 있다.

④ **원충류** … 이질아메바, 말라리아원충 등이 있다.

> ★TIP 연도별 발생현황
> ㉠ 1971년 회충 54.9%, 구충 10.7%, 편충 65.4%, 요충 1.3% 등
> ㉡ 1976년 회충 40.5%, 편충 40.3%, 구충 2% 등
> ㉢ 1981년 회충 13%, 구충 0.47%, 편충 23.4%, 요충 12% 등
> ㉣ 1989년 회충 0.4%, 편충 0.4%, 요충 0.3%, 간디스토마 0.1% 등
> ㉤ 1997년 회충 28명, 구충 3명, 편충 17명 등
> ㉥ 2005년 간흡충 2.4%, 요충 0.6%, 요코가와흡충 0.5%, 편충 0.3%, 회충 0.05%, 폐흡충 0.002% 등

(2) 기생충병의 예방대책

① 분변을 완천처리하여 기생충란을 사멸 또는 배제시킨다.

② 정기적으로 검변하여 조기에 구충한다.

> ★TIP 구충은 집단적으로 실시하는 것이 효과적이다.

③ 감염성 충란 또는 유충으로 오염된 조리기구를 통하여 다른 식품에 오염되지 않도록 유의한다.

④ 수육, 어육 등은 충분히 가열조리한 것을 먹는다.

⑤ 채소류는 흐르는 물에 충분히 세척하고 화학비료로 재배하여 먹는다.

> ★TIP 채소류는 수돗물을 세게 틀고 세척하면 부착된 충란의 90% 정도가 제거된다.

⑥ 손은 항상 깨끗이 씻는다.

2 채소로부터 감염되는 기생충

① 원충류(Protozoa)

(1) 아메바성 이질(Amoebic dysentery)

① 대장으로 침입하여 장점막을 파괴하여 표층점막이 괴사탈락되어 궤양이 발생한다.

② 감염경로

    ㉠ 감염원 : 환자와 포낭보충자에 의해 감염된다.

    ㉡ 사람의 감염은 포낭에 의해 이루어지며 감염원으로는 환자보다 포낭보충자가 더욱 위험하다.

    ㉢ 접촉, 음용수, 식품, 곤충, 쥐 등에 의해 감염된다.

③ 증상

    ㉠ 아메바가 증식하면서 병소가 점점 확대되어 아메바성 이질증상이 나타난다.

    ㉡ 분화구 모양의 궤양이 생기며 아메바가 사멸되지 않는 한 치유되지 않는다.

    ㉢ 잠복기 : 5일 ~ 수 개월, 보통 3 ~ 4주의 잠복기를 가진다.

(2) 람불편모충(Giardia lamblia)

① 종류

    ㉠ **영양형**(Trophozoite) : 크기는 $(4.5 \sim 21\mu) \times (5 \sim 15\mu)$로 평균 $7 \sim 14\mu$이다.

    ㉡ **포낭형**(Cystic form, Cyst) : 크기는 $8 \sim 12\mu$이다.

② 일반적으로 어른보다 어린이에게 많고 남부지방에 많다.

③ 십이지장, 담낭에 기생하여 설사, 복통, 빈혈 등의 원인이 되기도 한다.

② 선충류(Nematoda)

(1) 회충(Ascaris lumbricoides)

① **형태** ⋯ 사람에게 기생하는 선충류 중 제일 큰 것으로 수컷의 길이는 $(15 \sim 31cm) \times (2 \sim 4mm)$ 이며, 암컷은 $(20 \sim 35cm) \times (3 \sim 6mm)$이다.

② 일반적으로 소장에서 기생하며 감염 후, 산란까지 60 ~ 75일이 걸린다. 암컷 한 마리가 하루에 약 10 ~ 20만개의 알을 낳는다.

③ **증상** … 담관, 체관, 충수 등에 침입하여 위해를 일으키며, 다수의 충체에 의한 장폐색 외에도 두통, 오심, 현기증, 복통, 설사, 전간 등이 나타난다.

④ 76℃ 이상의 열탕에서 1초 이상, 65℃에서 10분 이상이면 사멸하는데 60℃ 이하에서는 10시간 이상 처리하여도 사멸되지 않는다.

(2) 구충(Hookworm)

① 전세계적으로 분포하는 기생충으로, 우리나라에서 발견되는 구충은 두비니구충(십이지장충, Ancylostoma duodenale)과 아메리카구충(Necator americanus)의 두 종류이다.

② 입에 있는 예리한 절치를 이용하여 장벽에 교착하므로 항문으로 자연 배출되는 예가 거의 없다. 대부분 공장상부에 기생한다.

③ **감염경로** … 충란에 오염된 채소를 먹음으로써 경구감염되거나, 피부를 통하여 경피감염될 수 있다.

④ **증상**
   ㉠ 겉절이 김치나 상추 등에 의해 발생하므로 채독증이라고 한다.
   ㉡ 빈혈로서 뇌빈혈을 일으키기 쉬우며 식욕이 감퇴되고 이미증을 일으킨다.
   ㉢ 어린이가 심한 구충증에 걸리면 신체와 지능의 발육이 저해되고 병원균에 대하여 저항력이 저하되므로 각종 질병에 걸리기 쉽다.

⑤ 열에 대한 저항성이 약하여 70℃에서 1초 이내에 사멸된다.

(3) 편충(Trichocephalus trichiurus)

① 전세계적으로 발견되며 발현이 높다.

② 기생수가 보통 10마리 미만으로 증상이 거의 나타나지 않는다.

③ **형태** … 수컷은 30 ~ 45mm, 암컷은 45 ~ 50mm 정도이다.

④ 감염양상은 회충의 경우와 같다.

(4) 요충(Enterobius vermicularis)

① 전세계적으로 발견되며 어른보다는 어린이에게 많이 감염된다.

② **형태** … 소장하부에 기생하며 수컷의 크기는 (2 ~ 5mm) × (0.1 ~ 0.2mm) 이하이고, 암컷은 (8 ~ 13mm) × (0.3 ~ 0.5mm)이며 꼬리가 뾰족하다.

③ **증상** … 항문 주위나 회음부에 소양증이 생기고, 심하게 긁으면 발적, 찰상이 생기며, 어린이의 경우, 잠을 자지 못하고 신경질이 심해져 수척해진다.

(5) 동양모양선충(Trichostrongylus orientalis)

① **크기** … 수컷의 크기는 (3.8 ~ 4.8mm) × (0.07 ~ 0.2mm), 암컷은 (4.9 ~ 6.7mm) × (0.075 ~ 0.8mm)로서 섬세한 털 모양이며 담홍회백색이다.

② **감염경로** … 오염된 채소나 손을 통하여 경구감염되며 경피감염은 잘 일어나지 않는다.

③ 성충은 소장상부점막에 교착되어 있다.

④ 다수가 기생하지 않는 한 뚜렷한 증상은 없다.

⑤ 감염유충은 온도나 화학약품에 비교적 저항력이 강하다.

3 식용동물로부터 감염되는 기생충

① 원충류(Protozoa)

(1) 톡소플라스마증(Toxoplasmosis)

① 톡소플라스마증은 Toxoplasma gondii에 의하여 사람이나 포유동물, 조류에 일어나는 질병으로서 감염경로는 분명치 않다.

② 고유숙주는 사람을 포함한 거의 모든 온혈동물이다.

③ **형태학상 분류**

　　㉠ **증식형** : 도말표본상에서 초승달 모양의 (4 ~ 8μ) × (2 ~ 4μ)크기이다.

　　㉡ **포낭형** : 크기는 8 ~ 100μ까지 다양하며 감염과 관계가 많다고 생각된다.

(2) 증상

① 임산부에 있어서는 유산이나 조산의 원인이 되며, 특히 임신초기에 감염되면 사산을 일으키는 경우가 있다.

② 기타 중추신경계에 친화성이 있으므로 뇌수종, 뇌석회화, 맥락망막염 등을 일으킨다.

③ 태아로 감염이 이행되었을 경우, 불구아의 만출, 안저질환, 임파선염 등을 일으킨다.

② 흡충류(Trematoda)

(1) 간디스토마(간흡충, Clonorchis sinensis)

① 극동에만 분포하며 중국, 월남, 일본, 대만, 필리핀, 한국 등에서 감염률이 높다.

② **형태**
  ㉠ 크기는 숙주에 따라서 다르며 사람에게 기생하는 것은 (10 ~ 25mm) × (3 ~ 5mm)이다.
  ㉡ 충란의 크기는 $(27.3 \sim 35.1\mu) \times (11.7 \sim 19.5\mu)$ 정도이다.

③ **감염경로** … 충란→분변과 함께 배출→왜우렁이(제1중간숙주)→유모유충(Miracidium)→포자낭유충(Sporocyst)→레디유충(Redia)→유미유충(Cercaria)→담수어(제2중간숙주)→피낭유충(Metacercaria)→경구감염(사람, 종말숙주)→탈낭(장내)→성충(담관)

④ **증상**
  ㉠ 간 및 비장의 비대, 복수, 부종, 설사, 소화장애, 황달, 빈혈 등이 나타난다.
  ㉡ 황달은 간에서 분비되는 담즙이 이 흡충의 기생에 의하여 담관이 막혀 발생한다.

⑤ 단시간에 죽지 않으나, 열에는 약하여 55℃에서 15분, 끓는 물에서는 1분 이상 가열하면 죽는다.

(2) 폐디스토마(폐흡충, Paragonimus westermani)

① 극동에 많으며 전세계에 분포한다.

② **형태** … 살아있을 때, 나뭇잎같은 모양을 하고 (7.5 ~ 12.0mm) × (4 ~ 6mm) × (3.5 ~ 5.8mm) 정도 크기의 편평한 것인데, 죽은 것은 콩알 정도이다.

③ **감염경로** … 충란→객담, 분변과 함께 배출→물 속에서 부화→유모유충(Miracidium)→다슬기(제1중간숙주)→포자낭유충(Sporocyst)→레디유충(Redia)→유미유충(Cercaria)→민물게, 가재(제2중간숙주)→피낭유충(Metacercaria)→경구감염(사람, 종말숙주)→탈낭(소장상부)→성충(폐)

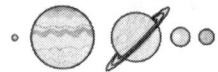

④ 성충은 사람뿐만 아니라 육식동물의 폐조직에 충낭을 형성, 그 속에 기생하고 있으며 충란은 객담과 함께 외계에 배출된다.

(3) 요코가와흡충(횡천흡충, Metagonimus yokogawai)

① 사람 이외에 개, 고양이, 돼지 등의 동물과 펠리칸 같은 어식조류의 소장점막에 기생한다. 우리나라에는 1914년 이후 각 지역에서 발견되었다.

② **형태** … $(1 \sim 2mm) \times (0.4 \sim 0.6mm)$, 평균 1.2mm(양귀비의 크기)의 극히 작은 장내흡충이며, 충란의 크기는 $(28 \sim 30\mu) \times (16 \sim 17\mu)$으로서 장내에 산란되므로 분변과 같이 배출된다. 충란은 간디스토마와 이형흡충의 것과 비슷하다.

③ 기생에 의한 장애는 보통 일어나지 않으나, 다수 기생하면 만성 장카타르 또는 설사가 일어난다.

④ 피낭유충은 일반적으로 열이나 화학약품에 저항성이 강하다.

⑤ 감염을 예방하기 위해서는 은어와 같은 민물고기의 생식을 피해야 한다.

③ 조충류(Cestoda)

(1) 광절열두조충(긴촌충, Diphyllobothrium latum)

① 사람 외에 개, 고양이, 여우, 곰, 족제비 등에서 기생한다.

② **형태** … 보통 $(3 \sim 10m) \times (1.5 \sim 2.0cm)$이며, $1,000 \sim 4,000$개의 체절로 되어 있고 충란의 크기는 $70\mu \times 45\mu$이다.

③ 소장에 기생하며 충란은 분변과 같이 배출된다.

④ **중간숙주**
　㉠ 제1중간숙주 : 물벼룩이 섭취하면 그 속에서 전의미충이 된다.
　㉡ 제2중간숙주 : 담수어 또는 연어, 숭어, 농어, 꼬치어가 물벼룩을 섭취하면 의미충이 된다.

⑤ 의미충의 저항력은 상당히 강하여 건조, 염지, 또는 냉동시켜도 죽지 않지만 고온에 약하다.

⑥ **증상** … 식욕감퇴, 복통, 오심, 구토, 설사 등의 증상과 빈혈을 일으킨다.

(2) 만손열두조충(만손스파르가눔증, Manson)

① 고양이, 개의 장에 기생하는 성충에서 산란한 충란이 숙주에 기생한다.

② **중간숙주**

　　㉠ 제1중간숙주 : 물벼룩 등이 있다.

　　㉡ 제2중간숙주 : 담수어, 뱀, 닭, 개구리, 포유류, 사람 등이 숙주가 된다.

③ **증상**

　　㉠ 기생부위 조직에 무통성 종양이 발생한다.

　　㉡ 비뇨에 기생하면 요통, 혈뇨 등이 발생하며, 안구 내에 존재 시 안구돌출, 운동장애, 현기증, 두통 등이 발생한다.

④ **예방 및 구제**

　　㉠ 개구리, 뱀 등을 생식하지 않는다.

　　㉡ 강, 호수 등의 민물고기를 먹지 않는다.

(3) 무구조충(민촌충, Taenia saginate)

① 쇠고기를 식용으로 하는 세계각지에 분포한다.

② **형태**

　　㉠ 길이는 보통 10 ~ 12m, 길이 16 ~ 20mm의 1,000 ~ 2,000개의 체절로 되어 있는 대형조충이다.

　　㉡ 성충의 두절에는 작은 4개의 반구상 흡반이 있으나, 그 끝에 문이나 소구가 없고 오히려 약간 함몰되어 있다.

③ **증상** … 복부의 압통, 식욕이상항진, 오심, 구토, 빈혈, 소화기증상, 체중감소, 호산구증가 등이다.

(4) 유구조충(갈고리촌충, Taenia solium)

① **형태**

　　㉠ 길이 2 ~ 7m, 폭 5 ~ 6mm 내외, 알의 크기는 31 ~ 43μ, 무구조충과 비슷하나 머리에 갈고리를 가진 점이 다르다.

　　㉡ 구형으로 된 두부의 전단 중앙에는 반구상의 문이 있어 그 주위에 22 ~ 23개의 대소 2종의 구가 서로 엇갈리게 두 줄로 배열되어 있고 약 1,000개의 체절로 되어 있다.

② **감염경로**

　　㉠ 사람은 낭충이 들어 있는 돼지고기를 섭취함으로써 감염된다.

　　㉡ 낭미충증 : 성충이 소장에 기생하는 것 외에 충란으로 오염된 음식물, 또는 직접 환자의 손을 통하여 충란을 섭취하면 돼지에서와 같이 낭충이 사람의 장기나 조직 등에 기생한다.

③ **증상**

㉠ 기생에 의한 장애는 심하지 않으나, 오심, 구토, 두통, 과민한 감정상태, 때로는 장관을 폐쇄 시기키 때문에 소화장애를 일으킨다.

㉡ 수 년 내지 수 십년 기생하므로 빈혈을 일으키는 경우도 있다.

㉢ 낭충의 기생에 의한 장애는 성충에 의한 것보다 심하며, 뇌 낭충증일 경우, 충체의 사멸로 뇌증을 일으킨다.

④ 선충류(Nematoda)

(1) **유극악구충(Gnathostoma spinigerum)**

① 주로 인도, 말레이시아, 중국, 일본 등 극동지방에 분포한다.

② **중간숙주**

㉠ 제1중간숙주 : 물벼룩 등이 있다.

㉡ 제2중간숙주 : 가물치, 뱀장어, Glossobius, Therapon, Clarias 속의 민물고기와 양서류, 파충류, 조류, 갑각류, 포유동물 등이다.

③ **형태** ··· 수컷은 16mm × 1.9mm 암컷은 18mm × 1.2mm의 유충이 피하조직 등에 종양을 만들어 기생하며 때로는 체내로 이동한다.

④ 알의 크기는 $(65 \sim 70\mu) \times (38 \sim 40\mu)$이다.

(2) **선모충(Trichinella spiralis)**

① 감염률은 낮고 전 세계적으로 분포되어 있으나, 아프리카, 남아메리카 및 동양에는 드물다.

② **감염경로** ··· 쥐에서 2차적으로 돼지, 개, 여우가 감염된다.

③ 사람의 경우에는 주로 돼지고기에 의해서 감염되며 한 숙주에서 성충과 유충을 발견할 수 있다.

④ **형태** ··· 수컷은 $(1.4 \sim 1.6mm) \times (40 \sim 60\mu)$이고 암컷은 $3 \sim 4mm$ 또는 6mm이다.

⑤ 동물 조직 내에 피낭자충 형태로 기생하고 있는데 이것이 사람의 채내에 들어가면, 위에서 탈 낭한 후, 자충은 십이지장 또는 공장상부점막에서 2 ~ 4일에 성숙되어 성충이 된다.

⑥ **증상**

　㉠ 고열, 근육통, 호흡곤란, 언어장애, 안검이나 코 주위에 부종이 생긴다.

　㉡ 감염 후 1개월 전후부터 피낭이 형성되기 시작하여 시일이 경과되면서 그 주위에 지방 및 석회침착이 생기며, 환자는 쇠약해지고 안면, 사지, 복벽 등에 부종과 빈혈을 일으켜 심장쇠약, 폐렴, 복막염, 뇌염 등이 병발하여 사망하는 경우도 있다.

　㉢ 위험기를 거쳐 수 개월 후 점차 회복된다.

⑦ 피낭자충은 저항력이 강하고 고온과 저온에 대한 저항력도 강하다. 그리고 염지나 건조에서도 죽지 않으므로 돈육을 조리할 때는 충분히 가열해야 한다.

(3) 아니사키스(Anisakis sp)

① **형태**

　㉠ Anisakis 속의 성충은 본래 제2중간숙주인 해산포유류의 소화관에서 기생하며 암컷은 약 12cm, 수컷은 약 8cm 정도이고 고래의 위에서도 2 ~ 3cm의 미성숙충이 발견되었다.

　㉡ 제1중간숙주인 고등어, 전갱이, 청어, 가자미, 갈치, 대구, 오징어 등에서 유충이 발견되는데 고등어 복강이나 근육에서 발견되는 유충은 20 ~ 30mm 정도이다.

② **감염경로** … 사람은 감염된 생선이나 미성숙 충체가 기생하고 있는 고래고기를 생식함으로써 감염되며 유충이 각 조직을 이행하여 장애를 일으킨다.

③ 50℃에 10분, 55℃에 약 2분, −10℃에 6시간을 생존하며, 겨자에는 저항력이 약하나, 다른 조미료에는 비교적 오래 생존한다.

④ 해산어류는 충분히 가열하여 섭취하여 예방한다.

식품과 기생충

출제예상문제

1 수돗물을 세게 틀고 채소세척을 하는 경우 부착된 기생충란의 몇 % 정도가 떨어지는가?

① 40% ② 50%

③ 80% ④ 90%

✎NOTE| 약 90% 정도가 제거된다고 한다.

2 다음 중 채소로부터 감염될 수 없는 기생충은?

① 편충 ② 회충

③ 선모충 ④ 십이지장충

✎NOTE| 선모충의 감염원은 육류이고, 채소로부터 감염될 수 있는 것으로는 회충, 편충, 십이지장충, 요충 등이 있다.

3 유구조충과 선모충의 감염원이 될 수 있는 것은?

① 돼지 ② 민물고기

③ 채소 ④ 소

✎NOTE| 돼지는 유구조충과 선모충의 중간숙주 역할을 하여 감염원으로 작용한다.

4 충분히 가열하지 않은 닭고기의 섭취로 감염될 수 있는 기생충은?

① 구충 ② 회충

③ 편충 ④ Manson 열두조충

✎NOTE| ①②③ 채소를 매개로하여 감염된다.

ANSWER | 1.④ 2.③ 3.① 4.④

5 충분히 가열하여 섭취하지 않을 경우 인체에 감염될 수 있는 기생충들에 대한 설명으로 옳지 않은 것은?

① 돼지고기를 충분히 가열하지 않고 섭취할 경우 유구조충이나 선모충에 감여될 수 있다.

② 분변에 오염된 채소를 생식함으로써 회충에 감염될 수 있다.

③ 소고기를 충분히 가열하지 않고 섭취할 경우 유극악구충에 감염될 수 있다.

④ 어패류를 생식할 경우 간디스토마, 아니사키스, 요코가와흡충 등에 감염될 수 있다.

✎NOTE| 유극악구충은 가물치, 메기 등을 잘못 섭취했을 때 감염될 수 있고, 소고기는 무구조충에 감염될 수 있다.

6 폐흡충의 기생경로 중 인체에 감염될 수 있는 상태는?

① Cercaria(유미유충)　　　　② Miracidium(유모유충)

③ Metacercaria(피낭유충)　　④ Sporocyst(포자낭유충)

✎NOTE| 폐디스토마의 감염경로 … 충란 → 객담, 분변과 함께 배출 → 물 속에서 부화 → 유모유충(Miracidium) → 다슬기(제 1 중간숙주) → 포자낭유충(Sporocyst) → 레디유충(Redia) → 유미유충(Cercaria) → 민물게, 가재(제 2 중간숙주) → 피낭유충(Metacercaria) → 경구감염 (사람, 종말숙주) → 탈낭(소장상부) → 성충(폐)

7 회충알을 사멸시킬 수 있는 능력이 가장 강한 것은?

① 열처리　　　　　　　　　② 건조

③ 저온　　　　　　　　　　④ 일광

✎NOTE| 열처리는 회충의 알을 사멸시키는 방법 중 가장 좋은 방법으로, 76℃ 이상에서 1초 이상, 65℃에서 10분 이상이면 사멸한다.

8 다음 중 경피감염이 되는 기생충은?

① 조충　　　　　　　　　　② 요충

③ 구충　　　　　　　　　　④ 회충

✎NOTE| 구충은 충란에 오염된 채소로 인해 경구감염 또는 경피감염된다.

ANSWER | 5.③ 6.③ 7.① 8.③

9 다음 중 기생충과 중간숙주의 연결이 바르게 짝지어진 것은?

① 무구조충 - 돼지고기 - 낭미충
② 아니사키스자충 - 갑각류 - 오징어
③ 간디스토마 - 왜우렁 - 돼지고기
④ 광절열두조충 - 물벼룩 - 잉어, 붕어

✎NOTE| ① 유구조충 - 돼지고기 - 낭미충
③ 간디스토마 - 왜우렁 - 잉어, 붕어
④ 광절열두조충 - 물벼룩 - 연어, 송어

10 간디스토마와 폐디스토마의 제1중간숙주가 바르게 짝지어진 것은?

	간디스토마	폐디스토마
①	가재	물벼룩
②	게	왜우렁
③	왜우렁이	다슬기
④	물벼룩	가재

✎NOTE| 간디스토마의 제1중간숙주는 왜우렁이이고, 폐디스토마의 제1중간숙주는 다슬기이다.

11 다음 중 항문 근처에서 산란하여, 항문소양증을 일으키는 기생충은?

① 구충
② 회충
③ 편충
④ 요충

✎NOTE| 요충은 소장 하부에서 기생하고 소장에서 부화하지만, 항문 근처에서 산란하여 항문소양증을 유발한다.

12 다음 중 아니사키스자충의 예방법은?

① 담수어류의 생식금지
② 돼지고기의 생식금지
③ 해산어류의 생식금지
④ 쇠고기의 생식금지

✎NOTE| 아니사키스자충 … 감염된 해산어류나 미성숙 충체가 기생하고 있는 고래고기를 생식함으로써 감염되는 것으로 해산어류의 생식을 하지 않고 충분히 가열하여 먹으면 예방할 수 있다.

ANSWER | 9.② 10.③ 11.④ 12.③

13 쇠고기 생식에 의해 감염될 수 있는 기생충은?

① 요충
② 갈고리촌충
③ 광절열두조충
④ 무구조충

✎NOTE │ ① 요충은 채소를 통해 감염된다.
② 갈고리촌충은 돼지를 통해 감염된다.
③ 광절열두조충은 물벼룩 또는 담수어를 통해 감염된다.

14 모체 내 태반을 통해 감염될 수 있는 기생충이 아닌 것은?

① 구충
② 회충
③ 말라리아원충
④ 요충

✎NOTE │ 태반을 통해 산모에서 태아로 수직감염될 수 있는 기생충은 구충, 회충, 말라리아원충 등이 있으며 요충은 분변으로 인해 감염되는 경우가 많다.

15 기생충병의 예방 대책이 아닌 것은?

① 민물고기를 생식한다.
② 중간숙주에 감염을 일으키지 않도록 한다.
③ 도살장에서 검사를 엄격하게 한다.
④ 채소의 생식을 금한다.

✎NOTE │ 기생충병의 예방책
㉠ 채소에 기인하는 기생충병 : 청정 채소의 보급, 철저한 수세를 통해 예방될 수 있다.
㉡ 어패류, 고기류에 기인하는 기생충병 : 중간 숙주를 생식하지 말고, 가열해서 섭취해야 하며 기생충에 대한 엄격한 검사를 실시하여야 한다.

16 송어나 연어가 중간숙주인 기생충증은?

① 요코가와흡충
② 광절열두촌충
③ 아나사키스
④ 유극악구충

✎NOTE │ 광절열두촌충 … 제1중간숙주인 물벼룩과 제2중간숙주인 송어, 연어를 통해 종말숙주가 섭취하면 감염된다.

ANSWER │ 13.④ 14.④ 15.① 16.②

17 기생충의 해로운 작용이 아닌 것은?

① 독소작용을 나타낸다.　　　　② 미생물의 침입을 막는다.
③ 영양분을 잃게 된다.　　　　④ 기계적 작용으로 장애를 일으킨다.

　　✎NOTE| 기생충의 해로운 작용
　　　　　㉠ 독소작용을 나타낸다.
　　　　　㉡ 미생물의 침입을 조장한다.
　　　　　㉢ 영양분을 잃게 된다.
　　　　　㉣ 기계적 작용으로 장애를 일으킨다.
　　　　　㉤ 자극과 염증이 나타난다.

18 다음 중 채소류로부터 감염되는 것이 아닌 것은?

① 회충　　　　　　　　　② 동양모양선충
③ 편충　　　　　　　　　④ 유구악구충

　　✎NOTE| ④ 가물치, 뱀장어 등의 민물고기에 의해 감염된다.

19 피부를 통한 감염기회가 많은 기생충은?

① 간디스토마　　　　　　② 회충
③ 십이지장충　　　　　　④ 폐디스토마

　　✎NOTE| 십이지장충은 경구감염 뿐 아니라 채소밭에서의 손, 발 등의 피부에 의한 경피감염 비율도 많
　　　　　은 부분을 차지한다.

20 다음 중 광절열두조충의 제2중간숙주는?

① 송어　　　　　　　　　② 채소
③ 게　　　　　　　　　　④ 쇠고기

　　✎NOTE| 광절열두조충(긴촌충)의 제2중간숙주는 송어, 연어 등의 담수어 또는 반담수어이다.

21 잉어를 생식할 경우 감염되기 쉬운 기생충은?

① 민촌충

② 간디스토마

③ 광절열두조충

④ 폐흡충

> **NOTE**| 간디스토마는 제2중간숙주로 잉어, 피라미, 참붕어 등의 담수어류가 있으며 생식할 경우에 감염된다.

22 폐흡충의 제1중간숙주는?

① 게

② 잉어

③ 다슬기

④ 가재

> **NOTE**| 폐흡충(폐디스토마)의 제1중간숙주는 다슬기이다.
> ①④ 폐흡충의 제2중간숙주이다.
> ② 간디스토마 등의 제2중간숙주이다.

23 항문 주위에 1cm 정도의 충체를 발견했다면 어느 기생충인가?

① 요충

② 촌충

③ 사상충

④ 회충

> **NOTE**| 요충은 크기가 암컷이 8 ~ 13mm 정도로 항문 근처에 산란을 한다.

24 회충에 관한 설명 중 옳지 않은 것은?

① 충란은 70℃의 가열로 사멸한다.

② 장내 군거생활을 한다.

③ 유충은 심장, 폐포, 기관지를 통과한다.

④ 충란은 산란과 동시에 감염형이 된다.

> **NOTE**| 회충
> ㉠ 장내 군거생활을 한다.
> ㉡ 인체에 감염 후 75일이면 성충이 된다.
> ㉢ 유충은 심장, 폐포, 기관지를 통과한다.
> ㉣ 충란은 70℃의 가열로 사멸한다.
> ㉤ 일광에 약하다.
> ㉥ 성충은 암수 구별이 가능하지만 충란은 불가능하다.

ANSWER| 21.② 22.③ 23.① 24.④

25 채소류로부터 감염되는 기생충은?

① 톡소플라스마 ② 유구조충
③ 무구조충 ④ 회충

> ✎NOTE | ① 원숭이, 돼지, 고양이
> ② 돼지고기
> ③ 쇠고기

26 간비대, 복수, 황달, 빈혈 등을 일으키는 기생충은?

① 간디스토마 ② 요코가와흡충
③ 폐디스토마 ④ 아니사키스

> ✎NOTE | 간디스토마에 감염되면 간비대, 비장비대, 소화장애, 빈혈, 황달, 복수 등의 증상을 나타낸다.

27 중간숙주로 물 벼룩이 이용되는 기생충은?

① 간흡충 ② 유구악구충
③ 폐흡충 ④ 회충

> ✎NOTE | 유구악구충은 물벼룩을 제1중간숙주로 하여 제2중간숙주인 가물치, 뱀장어 등을 거쳐 종말숙주에 감염된다.

28 중간숙주에서 게를 필요로 하는 것은?

① 간흡충 ② 회충
③ 주혈흡충 ④ 폐흡충

> ✎NOTE | 폐흡충은 제2중간숙주인 게, 가재를 매개로 하여 감염된다.

29 다음 중 기생충과 숙주와의 관계가 옳지 않은 것은?

① 유구조충 – 돼지 ② 무구조충 – 소
③ 광절열두조충 – 다슬기 ④ 간디스토마 – 잉어

> ✎NOTE | 광절열두조충(긴촌충)은 반담수어나 담수어에 의해 감염되며 다슬기는 폐흡충의 중간숙주이다.

ANSWER | 25.④ 26.① 27.② 28.④ 29.③

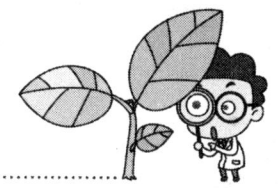

30 돼지를 중간숙주로 하는 기생충은?

① 회충   ② 구충

③ 선모충   ④ 무구조충

> ✏️**NOTE** | 돼지를 중간숙주로 하는 것은 선모충으로 구역질, 구토, 설사, 고열, 근육통 등의 증상을 보인다.

31 다음 중 채소에 의한 기생충 감염원인이 아닌 것은?

① 충란이 많이 부착되어 있으며 특히 자충란이 많은 식품을 섭취할 경우

② 채소에 열처리를 하지 않고 섭취할 경우

③ 채소의 신선도가 떨어질 경우

④ 충란이 발육할 수 있는 기간에 채소를 재배할 경우

> ✏️**NOTE** | 채소에 의한 기생충 감염원인으로 채소의 신선도는 크게 상관이 없고 신선도가 떨어지는 것은 미생물과 더 관련이 깊다.

32 무구조충의 설명 중 옳지 않은 것은?

① 소화기 증상을 일으킨다.   ② 돼지에 의한 오염이다.

③ 인체의 소화관에서 기생한다.   ④ 민촌충이다.

> ✏️**NOTE** | **무구조충** … 중간숙주인 소, 당나귀, 양 등의 동물을 통해 장내에 감염된다. 충란이 장내에서 근육에 이르러 무구낭충이 된다. 무구낭충에 오염된 생육을 섭취하면 감염된다.

33 광절열두조충의 감염경로는?

① 왜우렁이 – 잉어 – 간   ② 다슬기 – 은어 – 소장

③ 크릴새우 – 고등어 – 위장   ④ 물벼룩 – 연어 – 소장상부

> ✏️**NOTE** | 광절열두조충의 감염경로는 물벼룩→연어, 송어→소장상부에 이르러 감염을 일으킨다.

ANSWER | 30.③   31.③   32.②   33.④

CHAPTER

03

식품과 위생동물

1 쥐

① 쥐의 특징 및 종류

(1) 쥐의 특징

① **쥐류**

    ㉠ 식품위생상 문제가 되는 쥐류에는 집쥐(시궁쥐), 생쥐, 곰쥐(지붕쥐)가 있으며, 가옥 안이나 집주변에 서식하면서 직접적으로 피해를 준다.

    ㉡ 논, 밭, 산야에 서식하는 등줄쥐는 땅속 동굴을 만들어 살며 우리나라 들쥐의 74%를 차지하며 식품위생면에서 간접적인 피해를 주고 있다.

② **쥐의 생태**

    ㉠ 야간활동성으로 감각기관이 발달되어 있다.

> ★TIP **쥐의 감각기관**
> ㉠ **후각** : 사람의 후각보다 40배 이상 발달하였다.
> ㉡ **청각** : 사람의 청각보다 6배 이상 발달하였다.
> ㉢ **시각** : 시각은 좋지 않으나 수염의 발달과 빛에 예민한 특성으로 어두운 곳에서도 잘 다닌다.

    ㉡ 모든 저장식품, 밭의 작물 등을 먹으며, 곤충도 잡아먹는 잡식성이다.

    ㉢ 반드시 식품이 있고 물 사정이 편리한 곳에 서식한다.

    ㉣ 수명은 2 ~ 3년 정도이며, 한번에 5 ~ 9마리 정도를 출산한다.

(2) 쥐의 종류

① **집쥐**(시궁쥐)

    ㉠ 3종류 중 가장 크며 성숙하면 300 ~ 400g이다.

    ㉡ 꼬리는 몸통길이보다 약간 짧고 귀가 작다.

    ㉢ 마루 밑, 시궁창 주변 등의 지하나 1층에서 생활한다.

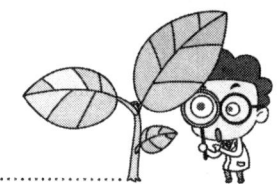

② **곰쥐**

    ㉠ 집쥐보다 작고 250g 정도이다.

    ㉡ 꼬리가 몸통길이보다 길고 귀가 커서 접으면 눈이 덮힌다.

    ㉢ 동작이 민첩하고 기어 올라가기를 잘하여 천장, 헛간 구석 등의 고층에 서식한다.

③ **생쥐**

    ㉠ 소형으로 20g 정도이며 1cm 정도의 틈이면 출입이 가능하다.

    ㉡ 장기간 물을 먹지 않아도 번식, 생존이 가능하여 곡식이나 식품창고에 있는 것은 구제하기가 힘들다.

② 쥐와 식품위생

(1) 쥐의 피해

① **경제적인 피해** … 식량의 손실을 가져온다.

② **보건적인 피해** … 각종 병원체를 식품에 오염시킨다.

    ㉠ 쥐의 분변 : 유행성 출혈열을 감염시킨다.

    ㉡ 쥐의 오줌 : Weil씨 병을 감염시킨다.

    ㉢ 쥐에 물려서 감염 : 서교증을 감염시킨다.

    ㉣ 쥐벼룩에 의해 전파 : 페스트, 발진열 등을 일으킨다.

    ㉤ 쥐가 매개하는 식중독 : *Salmonella* 식중독을 일으킨다.

        ★**TIP** 쥐는 선모충, 왜소조충, 일본주혈흡충 등의 기생충을 옮긴다.

◎ 쥐로 인한 피해 ◎

쥐의 종류	피해내용
집쥐 곰쥐 생쥐	• 농작물과 식량 손상과 손실 • 기생충증 발병 : 선모충, 왜소조충, 일본 주혈흡충 등 • 세균성 식중독 및 부패 : 포도상구균, *Salmonella* 등 • 감염병 발생 : 결핵, 장티푸스, 발진티푸스, 페스트, 리케차병, 이질 등
등줄쥐	• 농작물과 식량의 손상과 손실 • 감염병 : 유행성 출혈열, 페스트 등

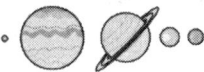

(2) 구제대책

① 쥐의 생활환경을 조사하여 둥지나 먹이를 제거하는 등의 환경개선이 중요하다.

② 살서제로는 옥내에서 사용하는 Coumarin계의 만성출혈독제인 Warfrain이 인축에 대해 안전하고 살서율이 좋아 많이 사용된다.

③ 급성 독제로는 황인제, 인화아연, 비소제 등이 사용되었고 근래에는 Fratol이 이용된다.

　　　★🎗TIP 급성 독제는 인축에 대해 맹독성이므로 주의해야한다.

④ 인축에 대해서는 비교적 안전하지만 시궁쥐에는 독성이 강한 ANTU나 Norbormide도 이용한다.

⑤ 창고, 선박 등은 밀폐하고 청산, 인화수소, Methyl bromide, Chloropicrin 등으로 훈증하고 CO_2, SO_2 등의 가스를 이용한다.

2　절족동물

① 절족동물의 병해와 구제대책

(1) 절족동물의 병해

① **직접적**(기계적) **병해** … 물거나 찌르고 곤충독증, 피부염 등의 피해를 준다.

② **간접적**(생물학적) **병해**

　㉠ 발육형
　　• 곤충 체내에서 증식하지는 않고 생활환의 일부를 경과한 후 숙주에 전파시킨다.
　　• 모기 체내에 있는 사상충의 휠라리아자충이 대표적이다.

　㉡ 발육증식형
　　• 곤충체내에서 생활환을 경과하고 증식하면서 숙주에 전파시킨다.
　　• 수면병, 말라리아 등이 있다.

　㉢ 증식형
　　• 곤충 체내에서 증식하고 상처를 통해 전파시킨다.
　　• 하계뇌염, 뎅기열, 페스트, 황열, 유행성 출혈열 등이 있다.

　㉣ 유전형
　　• 충란을 통해 다음 세대에 전파시킨다.
　　• 록키산 홍반병, 야토병 등이 있다.

       ⓜ 배설형
- 곤충 체내에서 증식하여 숙주의 피부점막에 상처가 있을 때 분으로 전파된다.
- 발진열, 발진티푸스, 페스트 등이 있다.

(2) 구제대책

① **환경적인 방법** … 해충의 침입, 발생, 증식을 막기 위해 온도·습도를 조절하고 발생원을 제거한다.

② **물리적 방법** … 방충망, 주광성을 이용한 포충기 등을 설치한다.

③ **화학적 방법** … 살충제, 기피제 등을 살포한다.

④ **생물학적 방법** … 천적, 병원 미생물 등을 이용한다.

> ★TIP 근본적인 대책 … 환경적인 면에서 접근하여 부엌쓰레기, 분뇨처리장, 잡초 등의 발생원과 서식장소를 제거하며, 나머지 구제방법은 보조수단으로 생각해야 한다.

② 진드기류

(1) 진드기의 특징

① 보통 몸은 난형이나 장원형이며 머리, 몸통, 배 등의 구별이 없고 선단 가까이에 구기가 있으며 복면에는 4쌍의 절각을 가진다.

② 입은 한쌍의 촉지, 한쌍의 협각, 1개의 하구체로 되어 있다.

③ 촉지, 몸통, 다리 등에 일정한 형상과 배열로 털이 있고 몸통의 배면이나 복면에는 여러 비후지가 있어 이것으로 종류를 구별할 수 있다.

(2) 식품에서 볼 수 있는 진드기의 종류

① **가루진드기류**
- ㉠ 긴털가루진드기 : 우리나라 저장식품 중에서 가장 흔하게 발견된다.
- ㉡ 수중다리가루진드기 : 유럽에서 흔하고 각종 저장식품, 건조과실 등에서 발견된다.
- ㉢ 보리가루진드기 : 다리와 협각 끝 부분이 갈색으로 곡류나 건어물에서 발견된다.
- ㉣ 송곳다리고기진드기 : 동부의 털이 굵고 길어 현저한 측지를 가지며 다리 말단절에 칼집모양의 털이 있다.
- ㉤ 집고기진드기 : 송곳다리고기진드기와 비슷하며 다리 말단설에 칼집모양의 털이 없고 몸 앞 중앙부분에 홈이 있고 그 중앙에 한쌍의 털이 있다.

ⓗ **작은가루진드기** : 소형이며 몸통에는 앞ㆍ뒤 한 쌍의 긴털이 있다.

ⓢ **설탕진드기** : 설탕과 된장 표면 등에서 많이 서식한다.

ⓞ **고노수수렝이진드기** : 건어물에서 많이 볼 수 있다.

ⓩ **가루살갗진드기** : 배합사료나 곡분에서 많이 볼 수 있다.

② **먼지진드기류** … 암컷은 제1각과 제2각 사이에서 고무풍선 모양의 기관 한쌍이 있고 제4각은 변형되어 끝에 2쌍의 긴털이 있다.

③ **전기문류** … 모든 촉지가 크고 끝에 굵은 발톱이 있으며 손가락 모양의 제5절에 빗 모양의 털이 있다.

(3) 진드기와 식품위생

① 진드기가 식품에 번식하면 불쾌감 뿐만 아니라 식품을 손상, 변질시켜 식품의 가치를 저하시킨다.

② 식품과 함께 진드기가 인체에 침입 시에는 진드기증을 일으킨다.

③ 기생부위에 따라 복통, 설사, 혈뇨, 부종, 폐렴과 비슷한 증상 등을 나타낸다.

(4) 구제대책

① 진드기는 건조상태에서는 잘 번식하지 않으며 온도 20℃ 이상, 습도 75% 이상, 식품의 수분함량 13% 이상일 때 증식이 잘 된다.

② 평소 주위환경을 깨끗이 하고 부엌, 찬장, 식품 저장장소 등의 통풍을 잘하여 방습을 한다.

③ 곡분, 과자 등의 식품은 수분함량을 10% 이하로 건조시켜 방습용기에 보관하며, 곡분 등은 60% 이하로 하여 보존한다.

④ 50 ~ 60℃로 5 ~ 7분간 가열하면 사멸하며, 냉동 시 대체로 죽고, 0℃ 이하의 저온보존에서는 증식이 억제되지만 완전 사멸되지는 않는다.

③ 파리류

(1) 식품에서 흔히 볼 수 있는 파리의 종류

① **대형파리** … 집파리, 쉬파리, 금파리, 큰검정파리 등이 있다.

② **소형파리** … 초파리, 벼룩파리 등이 있다.

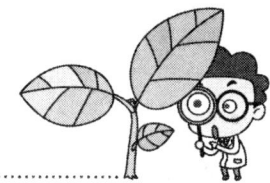

(2) 파리와 식품위생

① 세균성 이질, 장티푸스, 콜레라, 살모넬라, 소아마비, 나병 등을 일으킨다.

② 회충, 요충, 편충 등과 같은 기생충의 알을 운반하기도 한다.

(3) 구제대책

① 파리의 발생장소 및 파리 종류에 따라 적합한 구제방법을 채택한다.

② 근본적으로 파리가 발생하지 않도록 하는 것이 중요하다.

③ 유충은 살충제에 강한 저항성을 가지기 때문에 효과가 있는 실용적 약제는 거의 없다.

④ 중요한 살충제로는 Pyrethrin, Diazinon 등이 있다.

④ 바퀴류

(1) 우리나라에서 흔히 발견되는 가주성 바퀴의 종류

① **독일바퀴** … 가장 흔한 바퀴로 다른 종에 비해 매우 작으며 색깔은 황갈색이다.

② **세균성이질바퀴** … 가주성 4종류 중 가장 큰 것으로 색깔은 다갈색이며 광택이 있다. 몸길이는 3～4.3cm 정도이다.

③ **검정바퀴** … 먹바퀴, 검둥이바퀴라고도 불리며 색깔은 흑갈색이고 몸, 날개 모두 강한 광택이 있다.

④ **일본바퀴** … 검정바퀴와 매우 비슷하나 몸집이 작고 암컷의 날개가 짧아 복부 중앙부까지 닿지 않으므로 쉽게 구별이 가능하다. 수컷은 몸집이 가늘고 흉부복면이 울퉁불퉁하여 검정바퀴와 구분할 수 있다.

(2) 바퀴의 특성

① 야간활동성, 잡식성, 질주성 등이 있고 군거생활을 한다.

② 25～30℃의 고온다습한 기후조건을 좋아한다.

③ 많은 감염병(콜레라, 이질, 소아마비, 장티푸스, 살모넬라 등의 소화기계 감염병)을 전파시키고 자극성 물질을 분비하여 피부병이나 알러지반응을 일으키고 발암물질을 분비한다.

(3) 구제대책

① 발생하기 쉬운 장소를 청결하게 하고 정돈한다.

② 식품은 외부에 방치하지 않는다.

③ 벽장이나 옷장 구석 등을 청결히 한다.

④ 접촉제로는 Dieldrin의 잔류분무, 분제살포, Chloropicrine, 이황화탄소의 훈증이 살균효과가 좋다.

⑤ 붕산 사용 시 바퀴의 수분이 빠져나가 죽게된다.

⑤ 사람에 기생하는 이

(1) 이의 특징

① 숙주 범위가 아주 좁아서 사람만 흡혈한다.

② **흡혈** … 1회에 보통 1～2mg의 흡혈을 한다.
　　㉠ 몸이 : 1일 2회 정도 흡혈을 하며, 늙은 남성을 선호한다.
　　㉡ 머릿이 : 매 2시간마다 흡혈을 하며, 젊은 여성을 선호한다.

③ 몸이는 체온 상승 시 숙주를 탈출한다.

④ 기아에 아주 약하여, 머릿이는 24시간을 굶으면 아사한다.

(2) 이의 피해

발진티푸스(분변), 참호열(분변), 재귀열(이가 터질 때 혈액을 통하여) 등 질병을 전파한다.

(3) 구제대책

① **청결·위생·세탁** … 자주 목욕을 하고, 내의를 자주 세탁하여 갈아입는다.

② **물리적 방제** … 포살(이잡기), 열세탁 등을 하고, 빗을 사용(머릿니)한다.

③ **살충제 사용**
　　㉠ 안전한 살충제를 살포한다.
　　㉡ 몸이가 발생한 내의를 모아 훈증낭에 넣고 훈증(전시 군인의 내복)한다.

⑥ 벼룩

(1) 벼룩의 특징

① **유충**

　　㉠ 쥐 등 숙주의 어둡고 습한 서식처에서 발육한다.

　　㉡ 성충의 변과 숙주의 유기물 부스러기를 섭식한다.

② **번데기**

　　㉠ 껍질이 투명하여 발육 중인 번데기 속의 성충이 보인다.

　　㉡ 숙주의 진동이나 CO_2가 없으면 우화(성충)하지 않는다.

③ **성충**

　　㉠ 암수 모두 1일 수 회 흡혈한다.

　　㉡ 빛을 싫어한다.

　　㉢ Jump : 높이 15cm, 거리 30cm 정도를 점프할 수 있다.

　　㉣ 숙주 선택범위가 넓다(쥐, 사람 등).

　　㉤ 숙주가 죽으면 탈출한다.

(2) 벼룩의 피해

① 자교에 의한 상처를 통해 2차 감염된다.

② **감염병의 전파**(생물학적 전파) … 흑사병(페스트), 발진열 등을 전파한다.

⑦ 빈대

(1) 빈대의 특징

① 야행성이며, 군거성이다.

② 벽 틈새, 가구 등에 잠복한다.

③ 주 1 ~ 2회 흡혈하고, 10분간 체중의 몇 배를 흡혈한다.

④ 혈변을 배설하여 침구(이불, 요)에 붉은 반점을 남긴다.

⑤ 먹지 않고 40일을 견딜 수 있다.

(2) 빈대의 피해

① 자교에 의한 외상으로 2차 감염된다.

② Allergy성 피부 반응을 일으킨다.

③ 수면을 방해하고, 빈혈을 유발시킨다.

④ 악취가 난다.

(3) 구제대책

살충제를 사용하여 잔류분무(벽 틈새 등), 분제살포(가구, 침대 등), 연무(필요시 공간 전체를 밀폐하고 시행)를 한다.

식품과 위생동물

03

출제예상문제

1 다음 중 파리에 의해 전파되는 질병과 관계 없는 것은?

① 이질
② 발진티푸스
③ 장티푸스
④ 파라티푸스

✎NOTE| ② 이의 분변에 의해 전파된다.
　　※ 파리 … 소아마비, 콜레라, 장티푸스, 파라티푸스, 이질 등 소화기계 감염병을 유발하고 기
　　　생충의 알을 옮기기도 한다.

2 바퀴의 생태에 대한 설명 중 옳은 것은?

① 주간 활동성이다.
② 독립적으로 기거하는 습성이 있다.
③ 잡식성이며 각종 질병의 매개체이다.
④ 온도가 낮은 곳에 주로 서식한다.

✎NOTE| 바퀴는 잡식성이고, 질주성, 야간활동성이며, 군거생활을 한다. 고온다습한 환경을 좋아한다.

3 쥐나 유해곤충의 발생방지를 위해 가장 효과적이고 바람직한 방법은?

① 천적의 이용
② 화학 약제를 이용한 유충의 구제
③ 물리적 방법에 의한 성충의 구제
④ 환경정비로 서식처의 제거

✎NOTE| ④ 환경적 방제 ① 생물학적 방제 ② 화학적 방제 ③ 물리적 방제
　　※ 쥐나 유해곤충의 근본적인 대책은 환경적인 면에서 접근하여 발생원과 서식처를 제거하는
　　　것이다.

ANSWER | 1.② 2.③ 3.④

4 독일바퀴의 특성이 아닌 것은?

① 잡식성 　　　　　　　　　② 야행성
③ 낮은 온도 선호 　　　　　　④ 군거성

>📝NOTE| 바퀴는 잡식성이며 야행성이고 따뜻한 온도를 좋아한다.

5 바퀴벌레 구제 시에 사용하는 것은?

① 붕산 　　　　　　　　　　② 알코올
③ 승홍수 　　　　　　　　　④ 석탄산

>📝NOTE| 붕산은 바퀴의 수분을 빨아들여 죽게 하는 효과가 있어 구제 시 사용한다.

6 진드기 번식의 3요소는?

① 일광, 영양, 온도 　　　　　② 영양, 수분, 온도
③ 온도, 수분, 산도 　　　　　④ 수분, 산도, 영양

>📝NOTE| 진드기 번식의 3요소는 영양·수분·온도로, 사람이나 가축, 식물, 식품 등 영양원으로 기생하고, 온도 20℃ 이상, 습도 75% 이상, 식품의 수분함량 13% 이상에서 잘 증식한다.

7 다음 중 저장식품에서 주로 볼 수 있는 진드기류는?

① 긴털가루진드기 　　　　　② 작은가루진드기
③ 보리가루진드기 　　　　　④ 설탕진드기

>📝NOTE| 긴털가루진드기는 저장식품에서 기생한다.

8 주로 야행성이며 가주성의 경향을 가진 위생상의 문제가 많은 곤충은?

① 파리 　　　　　　　　　　② 모기
③ 진드기 　　　　　　　　　④ 바퀴

>📝NOTE| 바퀴는 저장식품을 먹고 배설하므로 식품, 식기 등이 오염되며, 야행성이고 발암물질도 생성하여 위생상의 문제가 많다.

ANSWER | 4.③　5.①　6.②　7.①　8.④

9 다음 중 쥐에 의한 피해로 볼 수 없는 것은?

① 진폐증
② 각종 질병의 전파
③ 의류, 가구 등 재산상의 피해
④ 식량의 손실

> **NOTE** 쥐는 각종 질병의 매개체이며, 재산상의 피해도 주며 식량의 손실을 입힌다. 진폐증은 폐에 분진이 침착하여 발생하는 질병이다.

10 수인성 질병의 기계적 전파자는?

① 모기
② 집파리
③ 진드기
④ 이

> **NOTE** 집파리는 활동장소와 접근대상의 제한이 없어 위생상 가장 큰 문제를 갖고 있으며, 수많은 질병의 매개체가 된다.

11 다음 중 쥐로 인한 질병으로 옳지 않은 것은?

① 아메바성 이질
② 쯔쯔가무시병
③ 유행성 출혈열
④ 콜레라

> **NOTE** 쥐로 인한 질병
> ㉠ 바이러스성 질병 : 유행성 출혈열 등
> ㉡ 기생충 질병 : 아메바성 이질, 선모충증 등
> ㉢ 리케차성 질병 : 발진열, 쯔쯔가무시병 등
> ㉣ 세균성 질병 : 페스트, 서교열, 살모넬라증 등

12 다음 중 위생해충에 의해 발생하는 피해와 거리가 먼 것은?

① 기계적 자극
② 화학적 자극
③ 정신적, 경제적 피해
④ 병원체의 운반

> **NOTE** 위생해충에 의한 피해에는 질병전파, 흡혈, 병원체의 운반, 영양물질의 탈취, 정신적·경제적 피해, 기계적 자극, 질병유발 등이 있다.

ANSWER | 9.① 10.② 11.④ 12.②

13 식품 중에 진드기류가 번식할 수 있는 가장 알맞은 조건은?

① 습도 55% 이상, 수분함량 10% 이상 ② 습도 65% 이상, 수분함량 5% 이상

③ 습도 75% 이상, 수분함량 13% 이상 ④ 습도 50% 이상, 수분함량 8% 이상

✎NOTE| 진드기는 습도 75% 이상, 수분함량 13% 이상의 조건에서 가장 잘 번식한다.

14 다음 중 진드기 방제대책이 아닌 것은?

① 밀봉 ② 건조

③ 가당 ④ 가열

✎NOTE| 진드기 방제대책은 밀봉, 건조, 가열, 냉동이다.

15 다음 중 이가 1회 흡혈할 때의 양으로 옳은 것은?

① 1 ~ 2mg ② 2 ~ 3mg

③ 3 ~ 4mg ④ 4 ~ 5mg

✎NOTE| 이는 한번에 보통 1 ~ 2mg 정도의 흡혈을 한다.

16 해충 구제방법의 근본적이며 영구적인 방법은?

① 기계적 방법 ② 화학적 방법

③ 생물학적 방법 ④ 환경적 방법

✎NOTE| 환경적 방법은 환경개선을 통한 근본적인 구제방법이다.

17 사람에 기생하는 이의 발육기간은?

① 15 ~ 16일 ② 20 ~ 21일

③ 25 ~ 26일 ④ 30 ~ 35일

✎NOTE| 이는 총 15 ~ 16일을 발육하여 사람의 피부에서 위생상의 문제를 유발한다.

ANSWER | 13.③ 14.③ 15.① 16.④ 17.①

18 빈대에 대한 설명 중 옳지 않은 것은?

① 군거성

② 5회 탈피

③ 질병매개

④ 불완전변태

✎NOTE | 빈대는 질병매개는 하지 않으며 Allergy성 피부반응이나 빈혈 등을 유발시킨다.

19 벼룩이 옮기는 감염병은?

① 유행성 출혈열

② 장티푸스

③ 황열

④ 페스트

✎NOTE | ① 들쥐 ② 파리 ③ 모기

20 파리구제에 큰 도움이 되지 않는 것은?

① 수세식 변소

② 살충제의 분무

③ 거실에 방충망 설치

④ 화장실의 파리 접근금지

✎NOTE | 파리는 살충제에 내성이 강해 살충제의 분무로는 효과적인 구제를 하지 못한다.

21 참진드기와 관계가 없는 것은?

① 황열

② Q열

③ 진드기매개뇌염

④ 라임병

✎NOTE | ① 아프리카 등지에서 모기에 의해 전파되는 바이러스성 감염병으로 흑토병이라고 한다.

22 다음 중 감염병 전파에서 파리와 관계없는 것은?

① 발진티푸스

② 승저증

③ 장티푸스

④ 이질

✎NOTE | ① 발진티푸스는 이를 매개로 하여 전파된다.

ANSWER | 18.③ 19.④ 20.② 21.① 22.①

23 바퀴벌레가 매개가 되는 질병이 아닌 것은?

① 콜레라 ② 살모넬라
③ 소아마비 ④ 사상충증

✎NOTE│ 바퀴벌레는 콜레라, 이질, 소아마비, 장티푸스, 살모넬라 등의 소화기계 감염병을 감염시키고, 피부병이나 알러지 반응을 일으킨다.

24 이가 매개하는 감염병이 아닌 것은?

① 재귀열 ② 발진열
③ 발진티푸스 ④ 참호열

✎NOTE│ ② 발진열은 벼룩을 매개로 하여 전염된다.

25 다음 중 진드기에 관한 설명으로 옳지 않은 것은?

① 몸 길이는 1mm 정도의 소형이 많다. ② 건조한 상태에서는 잘 증식되지 않는다.
③ 4쌍의 다리를 가지고 있다. ④ 알은 100 ~ 300개 가량 낳는다.

✎NOTE│ ④ 알을 100 ~ 300개 가량 낳는 것은 파리이다.

26 다음 식품위생 피해를 줄이기 위한 방지대책 중 생물학적 방법에 속하는 것은?

① 천적 ② 포충기
③ 살서제 ④ 살충제

✎NOTE│ 천적을 이용해 위생동물의 피해를 방지하는 것은 생물학적 방법에 속한다.

27 다음 중 구제하는 데 Warfarin을 주로 사용하는 동물은?

① 진드기 ② 쥐
③ 파리 ④ 바퀴

✎NOTE│ 쥐의 살서제로는 쿠마린계 화합물인 만성출혈독제(Warfarin)이 많이 사용되고 있다.

ANSWER │ 23.④ 24.② 25.④ 26.① 27.②

28 다음 중 체중이 250g 정도로 꼬리는 몸통보다 길고 귀가 큰 쥐는?

① 집쥐   ② 생쥐

③ 기니피그   ④ 곰쥐

> **NOTE** | 곰쥐 … 체중이 250g 정도이며, 꼬리는 몸통보다 길고 귀가 크고. 천장이나 헛간에서 서식한다.

29 다음 중 쥐의 생태적 특성이 아닌 것은?

① 야간활동성   ② 갉는 습성

③ 시각발달   ④ 잡식성

> **NOTE** | ③ 시각은 근시안으로 잘 보이지 않지만 촉각수염의 발달로 어두운 곳에서도 잘 다닐 수 있다.
> ※ 쥐의 생태적 특성 … 야간활동성, 잡식성, 갉는 습성, 청각과 후각 발달, 시각의 저발달, 색맹

30 바퀴의 일반적인 특징이 아닌 것은?

① 다른 해충보다 면역성이 강하고 군거성이다.

② 살서제로는 Warfarin을 주로 사용한다.

③ 주로 야간에 활동하며 번식력이 강하다.

④ 몸은 납작하고 어두운 곳을 좋아한다.

> **NOTE** | ② Warfarin은 주로 쥐의 구제에 사용되는 살충제이다.

31 위생동물과 매개하는 질환이 잘못 연결된 것은?

① 파리 – 승저충증

② 쥐벼룩 – 페스트

③ 쥐 – 구제역

④ 등줄쥐진드기 – 유행성출혈열

> **NOTE** | 구제역은 발굽이 두 개로 갈라진 동물에서 발생하는 바이러스성 가축 감염병이다.

ANSWER | 28.④ 29.③ 30.② 31.③

PART **04**

식품과 환경

환경오염

1 공장폐수

① 공장폐수의 특성

(1) 무기성 폐수

화학적인 유해물질이 함유되어 수산물, 농산물 등에 직접적인 피해를 끼친다. 대표적인 예로 미나마타병이 있다.

(2) 유기성 폐수

식품공장의 유기성 폐수는 BOD가 높고 부유물질을 다량 함유하고 있으므로 이에 의하여 공공용수가 2차적인 피해를 끼친다.

② 오염의 지표

(1) 개념

식품공업폐수는 대부분이 유기성 폐수로서 유기물의 농도를 시험함으로써 파악할 수 있다.

(2) 오염지표

① **냄새와 색**(Order & Color) ··· 대부분 식품 자체에 의하여 유래가 되며 유기물의 부패로 아민화합물, 황화합물이 생긴다. 이러한 물질이 많이 생기면 공기오염의 원인이 되며, 하천의 어류에 흡수되어 식용하기 부적당한 상태가 되는 경우도 있다.

② **용존산소**(DO ; Dissolved Oxygen) ··· 물 속에 녹아 있는 산소의 질량을 나타내는 척도로, DO가 클수록 깨끗한 물이다.

③ **생물학적 산소요구량**(BOD ; Biochemical Oxygen Demand) ··· 미생물이 하수 중에 포함된 유기물을 분해하는 데 필요한 산소의 양이다. BOD가 클수록 오염 정도가 심하다.

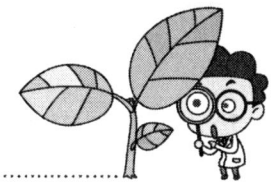

④ **화학적 산소요구량**(COD ; Chemical Oxygen Demand) ··· 물 속에 있는 오염물질을 화학적으로 산화시키는 데 필요한 산소의 양이다. COD가 클수록 오염 정도가 심하다.

⑤ **부유물질**(SS ; Suspended Solid) ··· 식품공업폐수의 부유물질의 경우는 하천의 바닥에 침전되어 남아 있어서 서서히 분해되어 물 속의 용존산소를 소비하고 하천을 오염시켜 환경오염의 원인이 된다.

⑥ **용해성 물질**(Soluble Matter) ··· 식품공업과 화학약품공업 등의 폐수 중의 용해성 물질은 눈에 보이지는 않으나, 직접적인 피해를 준다. 특히 알코올, 유기산은 많은 어류 등에 피해를 준다.

⑦ **유지류**(Grease) ··· 유지류가 다량으로 방출되면 생물이 유지방막으로 덮혀 사멸된다. 부패의 원인이 되고 생물학적 정화를 어렵게 한다.

(3) 공장폐수에 의한 피해

① **공장폐수에 의한 식품의 오염**

　㉠ 공장폐수 중에 함유된 유기수은, 카드뮴, PCBs 및 농약 등이 식품을 오염시켜 인체의 건강에 위해를 끼친다.

　㉡ 유기수은 : 유기수은은 인체 내에 축적되어 신경조직을 마비시키는 미나마타병을 발생시킨다. 손발 등의 지각이상, 언어장애, 보행장애 등이 나타나고, 가벼운 정신장애 등의 신경증상을 나타내며, 심한 경우 사망하게 된다.

　㉢ 카드뮴 : 공장폐수 중의 카드뮴이 하천에 흘러들어 인체 내에 축적되어 이타이이타이병을 발생시킨다. 심한 요통 증상이 나타나며, 수은중독과 비슷한 보행장애 등이 있고 골연화증을 일으킨다.

② **식품의 상품적 가치를 저하시키는 피해**

　㉠ 공장폐수에 의해서 수산물이 오염되어 이상한 냄새와 맛을 갖게 되어, 그의 상품적 가치를 저하시킨다.

　㉡ 공장폐수에 의한 어류의 치사량은 보통 Doudoroff의 제안에 따라 반수생존한계농도로서 48시간의 반수치사농도가 급성중독물질의 기준으로 사용되고 있다.

③ **독성물질이 어류에 주는 급성중독의 유해작용**

　㉠ 어류의 아가미를 침해하여 점액이 분비되어 질식케 한다.

　㉡ 독물에 접촉되는 부분이 침해된다.

　㉢ 흡수된 독물이 채내조기에 흡수되는 등의 방법으로 나타난다.

④ Ellis의 담수어에 소요되는 수질기준

ㄱ DO : 5ppm 이상

ㄴ pH : 6.7 ~ 8.6

ㄷ 유리 CO_2 : 3mL/L 이상

ㄹ 암모니아 : 1.5ppm 이상

2 농약

① 화학성분에 따른 농약의 분류 및 증상

(1) 유기염소제 농약

① 농약 중 가장 잔류성이 크다.

② 염소원자를 구성하는 유기물질이다.

③ **증상** … 식욕부진, 구토, 두통에서 시작하여 이상감각, 운동마비, 경련 등의 신경마비를 거쳐 혼수상태에 이른다.

(2) 유기인제 농약

① 농약성분 중 인원자를 구성하는 유기물질이다.

② 독성은 매우 강하지만 식물체 표면에서 광선이나 자외선에 의해 효소적으로 분해되기 쉬어 잔류성은 낮다.

③ **증상** … 두통, 발한, 복통 등의 신경독을 일으켜 사망할 수 있다.

(3) 중금속제 농약

① 수은제, 비소제, 구리제, 납제 등 유기물이나 무기물이 속한다.

② **증상**

ㄱ 유기수은중독 : 미나마타병을 일으켜 신경조직 마비를 일으킨다.

ㄴ 납제 : 축적성이 강하며 장기 급성 중독과 비슷한 증상이 발생한다.

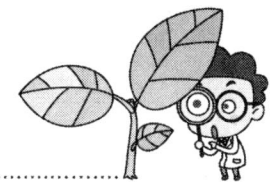

(4) 카바메이트제 농약

① 살충제 및 제초제 등에 사용된다.

② **증상** … 급격히 발현하여 생체대사, 회복에 이르기까지 경과가 빠르다.

(5) 유기불소제 농약

① Fratol 등의 살서제나 Fussol 등의 살충제에 사용되며 독성이 강하다.

② **증상** … 심장장애, 중추신경증상으로 구토, 복통, 경련 등을 일으켜 방관, 장의 점막을 침해하며 뼈의 성장을 저지시키며, 심할 경우 보행 및 언어장애 등의 마비성 경련과 심장장애로 사망한다.

② 농약의 피해

(1) 해충과 병균의 내성 및 돌연변이 증대

① 해충과 병균이 해가 거듭될수록 내성이 생기고 돌연변이의 면역 유해충이나 저항균이 발생하게 된다.

② 따라서 농약의 수가 늘어나고 농약을 과다하게 사용하여 식품 내 농약성분의 침투가 커지게 되고 식품 표면에 잔류농약이 많아진다.

③ 과다하게 뿌려진 농약은 토양에 다량 침투하여 잔류성이 커지게 된다.

④ 수중에 유실된 농약은 어패류, 수중식물에 축적되며 결국 인간에게 축적되어 문제가 발생한다.

(2) 인체의 중독성, 발암성 증가

① 바로 질환이 나타나는 급성중독의 경우 쉽게 구분이 가지만, 체내에 서서히 축적되어 문제를 일으키는 만성중독인 경우 기간이 장기화되어 조기 진단이 어렵다.

② 일부 농약은 발암작용이 나타나며 간접적으로 2차적 발암성을 가져다 주는 점이 문제가 된다.

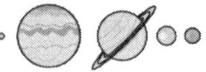

3 ▶ 방사능

① 방사능의 개요

(1) 동위원소가 위험을 결정하는 요인

① 혈액흡수율이 높은 것이 위험하다.

② 조직에 침착하는 정도가 클수록 위험하다.

③ 생체기관의 감수성이 클수록 위험하다

④ 생물학적 반감기가 길수록 위험하다.

⑤ 방사능의 반감기가 길수록 위험하다.

⑥ 방사선의 종류와 에너지의 세기에 따라 차이가 있다.

⑦ 동위원소의 침착장기의 기능 등에 따라 차이가 있다.

(2) 방사성 물질에 의한 생체장애

① 조혈기관의 장애

② 피부점막의 궤양

③ 암의 유발

④ 식기능의 장애

⑤ 백내장

② 방사성 물질 허용량의 기준과 영향

(1) 방사성 물질에 대한 허용량의 기준

① **음용수** … 음용수의 허용량은 Sr_{89}은 $8 \times 10^{-7} \mu c/mL$, Sr_{90}은 $7 \times 10^{-5} \mu c/mL$, Bal_{40}은 2×10^{-3} $\mu c/mL$인데 안전계수는 1/10을 적용한다.

② **대기 및 식물** … 공기의 허용량은 β, γ선 $10^{-9}\mu c/mL$, α의 경우는 $5 \times 10^{-12}\mu c/mL$인데 안전계수는 1/100을 적용한다. 채소는 주로 강우에 의하여 오염된다. 그러므로 채소나 과실을 먹기 전에는 물로 잘 씻으면 위해가 감소한다. 그러나 방사능비가 장기간 계속하여 토양에 축척되면 방사성 물질은 뿌리를 통하여 식물체 내에 들어가므로 물로 씻어도 제거가 되지 않는다.

③ **해산물** … 해양 중에 방류된 방사성 핵종은 어패류와 해초에 들어가 일반적으로 농축되는 경향이 있다. 즉 생물이나 원소의 종류에 따라 다르나, 바닷물 농도의 수 천～수 만배에 달하는 경우도 있다.

④ **축산물** … 방사능비에 의하여 오염된 목초를 먹은 젖소의 우유에 방사능이 들어 있을 것으로 추측되어 측정한 일이 있는데 큰 영향은 없었다.

(2) 식품의 오염이 인체에 미치는 영향

① 식품을 통하여 섭취된 방사성 물질은 그 원소의 성질에 따라 흡수, 분포, 침착, 배출되는데, 방사성 핵종 고유의 방사선이 생체에 조사되어 여러가지 장애가 나타난다.

② 일반적으로 오염식품이 원인이 되는 경우, 급성방사선장애는 일어나지 않고 만성장애가 일어난다. 대선량에 의한 급성장애에 비하여, 장애의 정도는 가벼우나, 섭취한 원소에 따라 특정 조직에 침착하여 그 핵종이 붕괴되거나 배출될 때까지 장기간에 걸쳐 그 조직에 방사선을 조사한다.

③ 인체에 있어서 방사성 물질의 허용량 문제는 대기오염, 음용수나 식품으로부터 체내에 침입하는 경로, 방사성 물질의 성상 등을 고려하여 근본적인 대책을 세워야 한다.

> **TIP** 문제가 되는 핵종
> ㉠ Fe_{55}, Fe_{59}, Sr_{89}, Sr_{90}, Cs_{137}, I_{131} 등의 방사성 핵종이 있다.
> ㉡ Sr_{90}, Cs_{137} 등은 반감기가 길어 장기간에 걸쳐 식품에 오염된다.
> ㉢ I_{131}는 반감기는 짧으나, 양이 많아서 문제가 된다.
> ㉣ Fe은 혈액장애, Cs는 근육장애, Sr은 뼈의 장애, S는 피부장애를 유발한다.

4 대기오염과 환경호르몬

① 대기오염

(1) 대기오염의 원인물질

분진, 매연, 가스, 중금속, 방사능 등이 있는데, 이러한 대기오염물질은 농·축·수산물 등에 직접적인 피해를 끼칠뿐만 아니라 식품을 오염시켜 우리의 건강을 해치게 된다.

(2) 우리나라의 현황

아황산가스가 주오염물질로서 후진국형인데, 자동차 및 각종 공장에서 배출되는 오염물질인 오존과 질산화물이 주가 되는 선진국형으로 이행하고 있다.

② 환경호르몬(내분비 교란물질)

(1) 개념

① 생체의 항상성, 생식, 발생, 행동에 관여하는 여러가지 생체 내 호르몬의 합성과 저장, 분비, 체내수송, 결합, 호르몬 작용 등의 여러가지 과정을 저해하는 외래성 물질이다.

② 정상적인 인체의 호르몬 작용을 저해하는 물질이다.

(2) 원인물질

① 농약, 살충제, 식품첨가물, 공업용 원료, 플라스틱 원료, 페인트, 생물특수생성물질, 전자제품, 스트레스

② 비닐 소각 시 다량 발생하는 다이옥신, PCBs, 쓰레기 소각 시 다량 발생하는 질소화합물

③ 주석화합물인 PVC안정제, 플라스틱 첨가제, 산업용 촉진제, 살충제, 목제보존제, 오염방지용 선박페인트 등으로 사용하는 Tributyltin(TBT), Trycycloexyltin

④ 농약, 살충제로 사용하는 BHC, DDT, 빈클로졸린, 언도설폰, 클로르타로닐, 펜빌러레이트

⑤ 라면용기로 사용하는 Stylene trimer, Stylene dimer 등

(3) 피해현황

① 물고기의 암컷화 현상, 암컷끼리 둥지를 트는 갈매기, 생식불능의 악어와 표범, 생후 7일 미만 초생아의 성기이상, 자궁내막증의 증가, 정자숫자 감소, 사산, 기형아 출산, 성기 퇴화 등이 일어나고 있다.

② 매년 정자 숫자가 2%씩 감소되어 21세기 중엽에는 남성의 50%가 불임환자가 될 것으로 추정된다.

(4) 보건대책

① 채소는 흐르는 물에 잘 씻어 먹어야 한다.

② 과실은 껍질을 잘 벗겨 먹는다.

③ 기타 식품은 잘 끓여 먹는다.

④ 플라스틱 용기와 랩의 사용을 삼간다.

⑤ 어린이용 장갑은 PVC제품을 사용하지 않는다.

⑥ 강한 세제인 노닐 페놀 에톡시 레아트류의 사용을 삼가야 한다.

③ 환경오염에 의한 식품오염대책

(1) 공장폐수에 대한 하천오염대책
공장폐수는 폐수처리에 의해서 배출허용기준에 적합하도록 하여 방류하여야 한다.

(2) 상수도 원수의 오염대책
우물물을 사용할 경우, 정기적으로 소독을 실시하고 수질검사를 받아야 한다.

(3) 농약에 대한 오염대책
수확 전 일정기간 내에는 농약의 사용을 금해야 한다.

(4) 합성세제에 대한 대책
분해가 잘 되지 않는 경성세제(ABS)의 사용을 금하고 분해가 쉬운 연성세제(LAS)를 사용해야 한다.

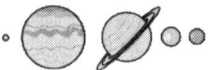

(5) 대기오염에 의한 대책

대기오염은 농·축·수산식품을 직·간접적으로 오염시켜 피해를 야기시킬 수 있기 때문에 철저한 관리가 요망된다.

(6) 기타대책

① 방사능의 오염을 방지하여야 한다.

② 식품의 조리·가공에 사용하는 시설·기구 등은 청결하게 유지되도록 하며 정기적으로 소독을 실천한다.

출제예상문제

1 다이옥신(Dioxin)에 대한 설명으로 옳지 않은 것은?

① 다이옥신은 주로 염소화합물의 불완전연소로 인하여 발생하는 물질이다.

② 생물체내로 유입된 다이옥신은 먹이사슬을 거쳐 체내로 들어와 흡수된다.

③ 지구상에서 현존하는 가장 강력한 천연 발암물질이다.

④ 다이옥신은 유방암, 전립선암 등의 유발인자이다.

NOTE ③ 지금까지 알려진 지구상에서 존재하는 가장 강력한 천연발암물질은 아플라톡신(Aflatoxin)으로 신장, 허파, 피부 등에 암을 유발하는 것으로 알려져 있다.

2 다음 중 잔류성이 가장 낮은 물질은?

① 유기인제   ② 유기염소제

③ 유기수은제   ④ 카드뮴

NOTE 유기인제는 에스테르류이기 때문에 분해가 쉽고 빠르게 일어나 잔류성이 작다. 그러나 유기염소제는 안정성이 커서 흙 중에서 장기간 잔류하며, 음식물을 통해 인체에 축적되어 만성중독을 일으킬 가능성이 크다.

3 식품검사 시 사용하는 단위 중 중량 백만분율을 표시하는 약호는?

① mg   ② ppm

③ ppb   ④ ppp

NOTE 식품의 검사 시에는 ppm(Part Per Million)이라는 단위를 쓰며 측정하고자 하는 물질의 백만분율을 나타내는 단위이다.

ANSWER | 1.③ 2.① 3.②

4 식품의 방사능 오염 중 신장에 장애를 일으키는 물질은?

① Sr   ② Cs

③ I   ④ Ru

> **NOTE** | 방사능에 의한 식품의 오염
> ㉠ 식품 내에 오염을 일으키는 방사능 핵종은 Sr_{90}, Cs_{137}, I_{131}, Ru_{106} 등이 있으며 이들은 핵분열에 따른 생성률이 크고 반감기가 길다.
> ㉡ 인체의 피해 : Cs는 근육, Fe는 혈액, Sr은 뼈, I는 갑상선, Ru는 신장, Co는 췌장에 장애를 유발시킨다.
> ㉢ 반감기
> • Sr_{90} : 28년
> • Cs_{137} : 33년
> • I_{131} : 8일
> • Fe_{55} : 2.94년
> • Co_{66} : 5.3년

5 아민물질과 반응하여 발암 및 돌연변이의 원인이 되는 니트로소아민을 생성하는 물질은?

① 아질산나트륨   ② 과산화수소

③ 삼염화질소   ④ 붕산

> **NOTE** | 아질산나트륨은 체내에서 아민과 반응하여 니트로소아민을 생성하는데 이 물질은 암을 유발하고 세포를 변형시키는 것으로 알려져 있다.

6 다음 중 체내에서 축적성이 가장 낮은 것은?

① 아연   ② 구리

③ 수은   ④ 나트륨

> **NOTE** | 나트륨은 이온조절물질로 중금속과 달리 배설이 잘 된다.

7 물의 염소 소독 시 물속의 유기물질과 염소가 반응하여 생성하는 발암물질은?

① 염화나트륨   ② 아플라톡신

③ 트리할로메탄   ④ 크레졸

> **NOTE** | 트리할로메탄은 THM으로 쓰이며 클로로포름, 디브로모클로로메탄 등 염소류를 포함한 탄화수소의 총칭이다. 환경오염물질로 주목받고 있으며 발암물질의 일종으로도 알려져 있다.

ANSWER | 4.④ 5.① 6.④ 7.③

8 다음 중 식품제조공장 폐수의 특징은?

① 부유물질이 적음
② 생물학적 산소요구량이 높음
③ pH의 급격한 변화
④ 무기물질이 많음

> **NOTE** 식품제조공장의 폐수는 유기성 폐수로 부유물질과 오염물질을 다량함유하고 있으며, BOD(생물학적 산소요구량)가 높다.

9 위생하수의 용존산소의 최소량은?

① 1ppm 이상
② 2ppm 이하
③ 4ppm 이상
④ 6ppm 이상

> **NOTE** 위생하수의 용존산소의 최소량은 4ppm 이상으로 되어 있다.

10 방사능에 의한 식품오염으로 발생하는 주요 증상이 아닌 것은?

① 당뇨병
② 눈의 자극
③ 탈모
④ 생식불능

> **NOTE** ① 만성질환인 당뇨병은 방사능 오염 관련 증상에 해당되지 않는다.

11 담수어에 소요되는 수질기준으로 옳지 않은 것은?

① pH는 6.7 ~ 8.6
② DO는 5ppm 이상
③ 암모니아는 15ppm 이상
④ 유리 CO_2는 3mL/L 이상

> **NOTE** 담수어에 소요되는 기준
> ㉠ DO는 5ppm 이상
> ㉡ pH는 6.7 ~ 8.6
> ㉢ 유리 CO_2는 3mL/L 이상
> ㉣ 암모니아는 1.5ppm 이상

ANSWER | 8.② 9.③ 10.① 11.③

12 방사능 동위원소의 위험 결정요인으로 옳지 않은 것은?

① 혈액흡수율이 높은 것이 위험하다.

② 생체기관의 감수성이 클수록 위험하다.

③ 방사능의 반감기가 짧을수록 위험하다.

④ 조직에 침착하는 정도가 클수록 위험하다.

> ✎NOTE| 동위원소가 위험을 결정하는 요인
> ㉠ 혈액흡수율이 높은 것이 위험하다.
> ㉡ 조직에 침착하는 정도가 클수록 위험하다.
> ㉢ 생체기관의 감수성이 클수록 위험하다.
> ㉣ 생물학적 반감기가 길수록 위험하다.
> ㉤ 방사능의 반감기가 길수록 위험하다.
> ㉥ 방사선의 종류와 에너지의 세기에 따라 차이가 있다.
> ㉦ 동위원소의 침착장기의 기능 등에 따라 차이가 있다.

13 환경오염물질인 유해 중금속에 대한 설명으로 옳지 않은 것은?

① 납은 대부분 만성중독을 일으킨다.

② 미나마타병은 수은중독에 의한 것이다.

③ 이타이이타이병은 카드뮴중독에 의한 것이다.

④ 무기수은은 유기수은보다 독성이 강하다.

> ✎NOTE| 유기수은은 무기수은에 비하여 장관에서의 흡수가 좋아 독성이 더욱 강하다.

14 수중의 유기물을 강산화제로 산화분해시킬 때 소비된 산화제의 양을 산소량으로 환산한 값은?

① DO

② PEIW

③ BOD

④ COD

> ✎NOTE| COD(화학적 산소요구량) … 물 속에 있는 오염물질을 화학적으로 산화시키는 데 필요한 산소량으로 강산화제, 황산, 열을 이용한다. COD가 클수록 오염정도가 심하다.

ANSWER | 12.③ 13.④ 14.④

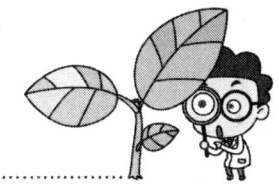

15 다음 중 용존산소에 관한 내용이 옳지 않은 것은?

① 유기질의 부패성 물질이 많으면 용존산소량은 증가하게 된다.

② 물에 용해된 산소를 용존산소라 한다.

③ 폐수에 있어서 용존산소의 측정은 BOD의 측정과 서로 관계가 있다.

④ 위생하수의 용존산소의 최소량은 4ppm 이상으로 되어 있다.

> **NOTE** 용존산소는 유기질의 부패성 물질이 많으면 물에 용해된 산소가 소비되어 감소하게 된다.

16 중독증상이 유기인제와 동일하나 출현에서 회복에 이르기까지의 경과가 매우 빠르며 유기염소제의 사용금지에 따라 등장한 농약은?

① 유기불소제   ② 유기수은제

③ 유기염소제   ④ Carbamate제

> **NOTE** Carbamate제는 살충제, 제초제 등으로 사용되는 농약으로 유기염소제의 사용금지에 따라 등장하여 유기인제와 마찬가지로 Cholinesterase 저해작용에 의해 중독을 일으킨다.

17 방사능 오염을 방지하기 위한 조치로 볼 수 없는 것은?

① 식품 표면을 세정제나 중성 세제 등으로 세정한다.

② 우물물은 뚜껑을 만들어 빗물이 들어가지 않도록 해야 한다.

③ 해산물에 의해 섭취되기 쉬운 것은 방사성 액체 폐기물의 저류지에 보관한다.

④ 농작물에 흡수되기 쉬운 핵종은 물에 수용성으로 방출한다.

> **NOTE** ④ 농작물에 흡수되기 쉬운 핵종은 물에 불용성 내지 난용성으로 방출해야 한다.

18 수질오염의 지표로서, 물 속의 산화가능성 물질이 산화되어 주로 무기성 산화물과 가스로 되기 위해 소비되는 산화제에 대응하는 산소량을 ppm으로 나타낸 것은?

① DO   ② BOD

③ COD   ④ SM

> **NOTE** 설문은 COD(Chemical Oxygen Demand)로, 화학적 산소요구량을 말한다.

ANSWER | 15.① 16.④ 17.④ 18.③

19 만성 중독이 강하여 잔류되어서는 안 되는 농약은?

① 유황제   ② Aldrin

③ Blastricidin   ④ bordeaux

> **NOTE** 만성 중독이 강해 잔류되어서는 안 되는 농약으로는 Aldrin, Chlordane, Dieldrin, Endrin, Heptachlor, DNOC, PMA, PMC, Triphenyl tin acetate and Nitrate 등이 있다.

20 용존산소(DO)의 농도 및 pH가 낮은 경우에도 잘 자라는 미생물은?

① Suctoria   ② Algae

③ Fungi   ④ Rotifer

> **NOTE** Fungi … 폐수처리에서 슬러지벌킹(팽화)을 일으키는 미생물로서 용존산소(DO) 농도 및 pH가 낮은 경우에도 잘 자라는 미생물이다.

21 농약이 체내에서 분해속도가 느린 이유는?

① 유기화합물이기 때문이다.   ② 무기화합물이기 때문이다.

③ 농약은 모두 축적된다.   ④ 분해반응을 하지 않기 때문이다.

> **NOTE** 농약은 유기화합물로 체내에서 대사과정을 거치기 때문에 분해속도가 느리다.

22 다음 중 식품의 오염대책으로 짝지어진 것 중 옳지 않은 것은?

① 공장폐수에 대한 하천오염대책 – 배출허용기준에 따라 방류

② 상수도 원수의 오염대책 – 정기적으로 소독실시 및 수질검사

③ 농약에 대한 오염대책 – 수확 전 일정기간 내에 농약 사용금지

④ 합성세제에 대한 대책 – 분해가 잘 되는 경성세제(ABS)를 사용

> **NOTE** ④ 경성세제(ABS)는 분해가 잘 되지 않으므로 사용을 금하고, 분해가 쉬운 연성세제(LAS)를 사용해야 한다.

ANSWER | 19.②   20.③   21.①   22.④

23 물 속에서 DO농도의 온도하강에 따른 변화는?

① 증가한다.　　　　　　　　　　② 감소한다.

③ 변화가 없다.　　　　　　　　　④ 수질에 따라 다르다.

　　✎NOTE| 수중 DO의 농도증가 조건 … 온도하강, BOD하강, Cl^-하강, 기압상승, 난류상승, 유속상승 등의
　　　　　조건에서 산소의 수중용해도가 커진다.

24 도시하수 측정 시 오염의 지표는?

① BOD　　　　　　　　　　　　② DO

③ SOD　　　　　　　　　　　　④ COD

　　✎NOTE| 일반적으로 하수의 오염지표는 BOD, 폐수의 오염지표는 COD를 이용한다.

25 부유물질의 측정대상은?

① 유지류의 물질　　　　　　　　② 용존되어 있는 유기물질

③ 여과에 의하여 분리되는 물질　　④ 침전성 유기물질

　　✎NOTE| 여과에 의하여 분리되는 물질은 부유물질(SS)이다.
　　　　　※ 부유물질 크기 … 0.1~1,000μpm

26 부영양화(Eutrophication)를 발생시키는 요인과 관계없는 것은?

① 분뇨　　　　　　　　　　　　② 경도

③ 화학비료　　　　　　　　　　④ 합성세제

　　✎NOTE| 부영양화를 일으키는 인자
　　　　　㉠ 정체수역에서 발생하기 쉽다.
　　　　　㉡ 부영양화에 관계되는 오염물질은 분뇨, 화학비료, 합성세제 등에서 발생하는 질산염, 탄산염,
　　　　　　인산염 등이 있다.

ANSWER | 23.① 24.① 25.③ 26.②

27 다음 중 오염원과 오염원으로부터 주로 배출되는 유해물질이 잘못 짝지어진 것은?

① 축전지 제조공장 – 납   ② 도금공장 – 시안

③ 안료 제조공장 – 유기인   ④ 농약 제조공장 – 비소

> ✎NOTE│ 유기인은 농약에 쓰이는 물질로 농약공장에서 배출된다.
> ※ 안료 제조공장 … Pb, Cd, Cr 등이 배출된다.

28 식품의 잔류농약에 대한 설명으로 옳지 않은 것은?

① 저장성을 높이기 위하여 수확직전에 살포할 경우 식품에 다량 잔류할 수 있다.

② 정상적인 사용법에 맞게 사용하더라도 어느 정도 잔류하여 오염될 수 있으므로 지속적인 모니터링이 필요하다.

③ 농약에 오염된 사료로 사육된 동물의 조직 등에도 잔류할 가능성이 있다.

④ 유기염소제는 체내 축적성은 약하나 급성독성을 일으키며, 유기인제는 체내 지방층에 잔류성이 강하여 만성중독을 일으킨다.

> ✎NOTE│ 유기염소제는 잔효가 길며 식물연쇄를 거쳐 사람이나 가축의 체내에 축적되어 만성중독을 일으키고, 유기인제는 급성중독을 일으킨다.

29 대기오염의 일반적인 지표로 가장 많이 쓰이는 것은?

① O_2 ② CO_2

③ N_2 ④ SO_2

> ✎NOTE│ 아황산가스(SO_2)의 특징
> ㉠ 황산제조공장, 석탄 연소시 많이 배출된다.
> ㉡ 우리나라에서 먼지 다음으로 많이 배출되는 가스이다.
> ㉢ 무색, 자극성이 강하다.
> ㉣ 대기오염지표이다.
> ㉤ 액화성이 강한 가스이다.
> ㉥ 금속 부식력이 강하다.
> ㉦ 호흡기 장애를 유발한다.
> ㉧ 환원성 표백제이다.
> ㉨ 산성비의 원인이 된다.

ANSWER │ 27.③ 28.④ 29.④

30 다음 방사선핵종과, 해당 방사선이 피해를 미치는 신체기관과 연결이 잘못된 것은?

① Fe – 혈액장애

② Cs – 근육장애

③ Sr – 림프장애

④ S – 피부장애

NOTE | Sr은 뼈의 장애를 유발한다.

식품처리시설의 위생

1 식품위생시설의 개요

① 식품위생시설의 조건

(1) 건물

① 위생상 위해가 없는 재료를 사용해야 한다.

② 견고하고 내구성이 있어야 한다.

③ 작업과정을 위생적으로 하기 위해 칸막이를 설치하거나 내부구조를 구획하는 것도 좋다.

④ 청결작업과 불청결작업이 교차되도록 해야 한다.

(2) 위치

① **입지조건** … 물이 풍부하고 교통이 편리하며 전력사정이 좋은 곳이어야 한다.

② 신속한 배수는 시설의 보건상 중요한 요건이다.

③ 공업지역이나 기타 유해시설이 있는 곳은 되도록 피해 입지를 선정해야 한다.

④ 평지에 비해 고지나 저지가 유병률이 높다.

(3) 넓이

① 작업에 필요한 공간이나 기계를 놓을 공간이 충분하여야 하며, 종업원이 작업하기 충분한 공간이 있어야 한다.

② 작업에 필요없는 사무원이나 가족 등의 출입은 최대한 삼가야 한다.

③ 작업장의 보건유지를 위해 노력해야 한다(방충·방서설비 마련).

(4) 탈의실

출근 전 복장의 세균이 작업장까지 묻어 들어가지 않도록 탈의실이 필히 마련되어야 한다.

(5) 천장, 측벽, 바닥

① 천장의 먼지가 떨어지는 것을 방지하기 위해 적당한 자재를 설치하여야 한다.

② 물의 사용이 많은 장소의 벽은 적당한 자재로 견고하게 만들어야 한다.

③ 바닥은 질 좋은 콘크리트나 타일로 보강하고, 배수를 위해 구배를 두어야 한다. 보통 1m당 2 ~ 4cm가 표준이다.

(6) 채광, 환기

① 작업장의 피로나 청결을 위해 밝아야 한다.

② 작업장 내의 네 구석과 작업대 밑까지 골고루 보이도록 세심한 배려가 필요하다.

③ 보통 작업장이 50Lux, 객석은 10Lux 이상을 사용하는데 10Lux는 음식물에 혼입되어 있는 이물 등을 발견할 수 있는 하한선이다.

④ 작업장에서 사용되어지는 화기의 열로 인해 가스 수증기가 발생하게 되고 이는 곰팡이, 세균, 냄새의 원인이 되므로 작업장의 환기를 충분히 할 수 있는 설비가 필요하다.

⑤ 창 설치 시에는 개각과 입사각을 고려하여야 한다. 창 면적이 일정하면 실내의 조도는 양각의 sin, cos에 비례하여 증가한다.

(7) 방충 · 방서설비

① 감염병의 병원체를 식품에 옮길 위험성이 있는 해충이나 동물들은 식품의 제조과정에 있는 작업장 내에 침입하지 못하도록 방충 · 방서해야 한다.

② 창에는 방서 · 방충망을 설치하고, 천장과 벽에는 살충도료를 이용, 배수구에는 쇠그물을 설치한다.

③ 청소를 철저히 하고 특히 식품찌꺼기는 완전히 제거한다.

(8) 주위 환경

① 작업장 주위의 청결에 특히 유의하여 배수가 되지 않거나, 쓰레기가 쌓이지 않도록 유의한다.

② **세척, 수세설비** … 식품 업종에 따라 필요한 시설을 해야 하는데, 조리장의 세척설비로써 급수전을 설치하여 3단계식 세척대를 설치하는 것이 좋다.

③ **식품취급설비**

　　㉠ 식품취급기구

　　　• 식품을 취급하는 기구는 손쉽게 청결을 유지할 수 있어야 한다.

　　　• 내구성이 있으며 소독할 경우 변질이나 녹이 슬어서는 안 된다.

　　　• 사용목적에 따라 적당량의 용량과 수를 비치하여야 한다.

　　㉡ 배치

　　　• 청소와 청결유지 그리고 작업 능률개선에 가장 적합한 위치에 배치하여야 한다.

　　　• 이동이 힘들거나 반 고정적인 것들은 청소를 쉽게 하기 위해 접촉부분을 충분히 띄우거나 완전히 붙여 청결해 보이도록 해야 한다.

　　㉢ 용기 기계류의 구조

　　　• 흡수성이 있는 것은 피한다.

　　　• 세척이 용이하며 소독 멸균 후 변질되는 것을 피한다.

　　　• 오염물이 끼지 않는 구조인 것을 택한다.

④ **보관설비**

　　㉠ 위생상 적당한 곳을 선정하여, 선반이나 장을 설치하고 그 위에다 놓고 오염 방지를 위해 뚜껑을 덮는다.

　　㉡ 식기상 등은 특히 비위생적이 될 위험이 있기 때문에 내부 위생관리에 특히 주의한다.

② 급수 및 오물 처리

(1) 용수

① 식품관계시설에서 상수도를 이용하고, 상수도를 사용하기 힘들 때에는 수질검사시험에 합격한 물을 사용한다.

　　★🔍**TIP** 음용수의 수질검사 시 $KMnO_4$의 소비량 … $KMnO_4$은 산화제로서 수중의 유기물을 산화시키는 물질로 소비량이 많다는 것은 유기물이 많다는 것을 의미한다.

② **물의 종류**

　　㉠ 연수 : 비눗물이 풀리는 물을 말한다.

　　㉡ 경수 : 비눗물이 풀리지 않는 물을 말한다.

③ 간이수도의 경우에는 염소 소독설비와 정수지가 있어야 한다.

④ 물을 살균 소독하는 이유는 병원균 등을 사멸하여 수인성 감염병을 예방하는데 있다.

⑤ 염소 소독된 물의 세균은 0에 가깝다.

　　ⓐ 염소 소독을 마친 후 세균이 다시 증가하는 현상이다.
　　ⓑ 잔존세균의 증가와 조류 사멸시에 세균이 급증하여, 아포형성균이 염소 소실 후 발아 증식하기 때문에 생긴다.

(2) 쓰레기에 의한 오염

① 쓰레기의 분류

　　ⓐ 제1류 : 주개(동·식물성 부엌 쓰레기)

　　ⓑ 제2류 : 가연성 진개(종이, 나무, 고무, 피혁)

　　ⓒ 제3류 : 불연성 진개(금속, 도기, 석기 등)

② 쓰레기는 생활양식의 변화 및 계절 등에 크게 영향을 받는다.

③ 처리법에는 투기, 위생적 매립, 퇴비, 소각, 가축사료, 해중투몰 등이 있다.

(3) 폐수

① 폐수의 분류 … 산업폐수, 가정하수, 우수, 지하수 등으로 나눌 수 있다.

② 가정하수 … 여러 생활오수와 수세식 변소의 분뇨오수 등이 혼입되어 있는데 이를 우수와 함께 처리하는 합류식이 있고 별개로 처리하는 분류식이 있다.

③ 일반적으로 물은 자정작용을 할 수 있어서 임계점을 넘지 않는 한 자정작용을 한다.

★ TIP 물의 자정작용
　　ⓐ 물리적 작용 : 희석, 침전, 여과, 확산 등
　　ⓑ 화학적 작용 : 햇빛에 의한 오염물질 분해, 산화작용, 중화작용 등
　　ⓒ 생물학적 작용 : 수중생물(미생물, 수초 등)에 의한 오염물질 분해 등

④ 폐수처리

　　ⓐ 예비처리 : 침사지, 침전지로써 침전 2시간 동안 유기성 물질을 포함한 부유물을 제거한다.

　　ⓑ 생물학적 처리 : 예비처리를 끝낸 하수는 생물학적으로 정화한다.

　　• 정화작용을 응용한 시설을 이용하여 정화한다.

　　• 접촉여상법 : 표면적이 큰 코르크 벽돌 등에 폐수를 통과시켜 하수를 정화한다.

　　• 살수여상법 : 점적법이라고도 하며, 쇄석을 적층한 여상 위에 살포하여 폐수가 여과제 표면을 흘러 내리는 동안 정화시켜 방류하는 것을 말한다.

　　• 활성오니(슬러지)법 : 호기성 조건하에서 폐수 내의 유기물을 기질로 하여 미생물을 증식하여 정화시키는 방법으로, 냄새 발생률이 적고, 작은 면적을 활용할 수 있으며, 정화율이 높다는 이점을 가지고 있으나, 고도의 기술이 필요하다.

　　• 산화지법 : 호기성 박테리아는 물 속의 유기물을 산화시키고, 조류는 햇빛과 이산화탄소를 이용하여 광합성을 하여 호기성 박테리아에게 산소를 조달하여, 오염된 하수를 정화시키는 방법이다.

⑤ **식품찌꺼기 처리**

　　㉠ 해충이나 쥐를 모이도록 할뿐 아니라. 파리의 산란장소가 되므로 잘 처리해야 한다.

　　㉡ 폐기물 용기를 사용하는 경우 용기는 내수재료로 만들어야 하며, 반드시 뚜껑을 닫아 밀폐해
　　　야 한다.

　　　　★TIP 식품제조공장이나 가정에서의 음식물 쓰레기는 유기물 함량이 많아 퇴비화시키는 것이 좋다.

(4) 화장실

① 화장실은 특히 시설의 위생적 유지에 큰 영향을 미친다.

② 조리장과는 될 수 있는 한 멀리 떨어져 있어야 한다.

③ 해충의 침입을 방지하고 냄새를 없애 주어야 한다.

④ 손 씻을 설비로는 유수 수조식이 좋으며 용변 후 손을 효과적으로 씻기 위한 비누나 역성비누
　를 비치한다.

⑤ 수건보다 종이수건을 비치해 놓는 것이 위생적이다.

⑥ 재래식 화장실의 경우 2중 탱크로 개량하여 분뇨탱크에서 충분히 소화를 시킨 후에 비료화하는
　것이 좋다.

2　취급방법 및 식품취급자의 보건

① 취급방법

(1) 시설의 보건관리

① 시설관리는 항상 청결하고 위생적으로 관리하여야 한다.

② 종업원의 인식 또한 중요하다.

③ 종업원은 항상 점검과 청소를 실시하여 작업환경의 청결유지에 노력하여야 한다.

(2) 기구류의 보건관리

① 작업이 끝난 후에 기구류는 세척, 멸균하여 보관하여야 한다.

② 살균할 경우 끓는 물에 5분 이상 담그어 두고 약액을 사용할 때에는 농도와 시간을 고려하여 소독을 실시하여야 한다.

③ 증기를 사용할 때에는 소정의 침지시간, 온도, 압력 등을 정확하게 잘 지켜 소기의 목적을 달성한다.

(3) 식품취급보건

① 식품은 항상 청결하고 위생적으로 취급한다.

② 식품취급자의 손에 들어가기 전까지 식품의 오염에 주의한다.

③ 살균제, 살충제 등은 작업장 밖에 보관하여 식품첨가물로 오인하는 일이 없어야 한다.

④ **식품의 보존보건** … 생산·제조·가공 및 조리된 식품 및 원료는 항상 위생적으로 보관·사용되어야 한다.

②　식품취급자의 보건

(1) 식품취급자의 건강

① 대부분 식중독이나 감염병은 식품취급자에 의해 발생하는 경우가 많으므로 세심한 주의가 필요하다. 그러므로 식품취급자는 공중보건과 개인보건 함양에 노력, 경주해야 한다.

② 공중에게 식품을 제공하는 취급자는 자신의 건강관리에 노력하여야 한다.

(2) 청결습관

① 손 씻기 및 손톱 깎기

ㄱ 식품의 취급관리는 손으로 하기 때문에 손은 항상 청결을 유지하여야 한다.

ㄴ 비누를 이용하거나 흐르는 물로 잘 씻어야 한다.

ㄷ 씻은 후에는 깨끗한 면수건이나, 종이수건을 사용하여 닦고 말려야 한다.

ㄹ 손톱이 길어 오물이 끼면 잘 제거되지 않으므로 항상 손톱을 짧게 깎는 습관이 필요하다.

② 머리카락 및 복장

ㄱ 목욕을 자주하고 머리카락은 항상 청결하여야 한다.

ㄴ 항상 깨끗한 위생복을 입어야 하며, 위생신발 및 위생마스크 등을 착용하는 습관을 길러야 한다.

③ 식품가공분야의 제도

(1) GMP제도

① 적정제조기준을 의미한다.

② 미 식약청은 이 제도를 실시한 이후 큰 성과를 올리고 있다.

③ 식품위생법에 의해 식품위생감시원의 감시와 지도가 이루어지고 있으나, 각종 식중독을 예방하는 데에는 어려움이 있으므로, 준법정신과 공정별 위생관리가 더욱 요망된다.

④ 최저기준이 아니라 더욱 높은 차원의 위생적 품질을 기하는 기술적 요건을 제시하는 것이다.

(2) HACCP제도

① **개념** ⋯ 식품공장의 미생물 관리를 위한 새로운 기법인 위해분석, 중요관리 점검방식인 Hazard Analysis Critical Control Point system의 약자이다.

② **Hazard Analysis** ⋯ 어떤 식품을 만들 때 여러 종류의 미생물에 의한 위해나 기능에 대하여 검토하며 그 가능성 방지 그리고 한계를 설정하려는 방법이다.

③ **Critical Control Point** ⋯ 위해분석을 기초로 한 관리 방법으로 특별실험과 제품의 허용기준을 얻기 위해 엄격한 미생물 관리를 해야 할 부분을 설정하여 합리적이고 조직적인 관리를 실시하려는 것이다.

(3) HACCP 7원칙 12절차

① HACCP 팀 구성

② 제품설명서 확인

③ 사용 용도 확인

④ 제조공정흐름도 작성

⑤ 공정흐름도 현장 확인

⑥ 위해요소 분석(원칙 1)

⑦ 중요관리점 결정(원칙 2)

⑧ 한계기준 설정(원칙 3)

⑨ 모니터링 체계 확립(원칙 4)

⑩ 개선조치 방법 수립(원칙 5)

⑪ 검증 절차 및 방법 수립(원칙 6)

⑫ 문서화 및 기록 유지(원칙 7)

식품처리시설의 위생

출제예상문제

1 기존의 위생관리제도(GMP)와 비교했을 때 HACCP제도의 특징으로 옳지 않은 것은?

① 제품 분석에 소요되는 비용을 감축할 수 있다.

② 보다 많은 위해요소의 관리가 가능하다.

③ 문제발생 전 선조치를 원칙으로 한다.

④ 제품 안정 관리에 숙련성이 요구된다.

> **NOTE** ④ 기존의 위생관리제도(GMP)에서는 시험결과 해석 과정에 숙련성이 요구되었으나, HACCP의 경우 전문적 숙련성이 불필요하다.

2 다음 중 가정에서 실행할 수 있는 식품 위생관리로 옳지 않은 것은?

① 칼, 도마는 식용, 어용, 채소용으로 나누어 사용한다.

② 어류, 육류, 계란을 취급한 후에는 손을 씻는다.

③ 냉장고와 냉동실에 너무 많은 양을 넣지 않도록 주의한다.

④ 육류는 실온에서 천천히 해동한다.

> **NOTE** 육류를 해동할 때에는 냉장고에 넣어두고 천천히 녹이는 것이 안전한 방법이다.

3 활성 오니법에서 Bulking의 대책에 관한 기술 중 옳지 않은 것은?

① 포기량을 감소시킨다.

② 염소를 적량 주입한다.

③ 유입수를 감소시킨다.

④ 유입수를 희석하여 BOD 부하를 낮춘다.

> **NOTE** ① Bulking 시에는 포기량을 증가한다.

ANSWER | 1.④ 2.④ 3.①

4 하수의 유기물은 일반적으로 활성오니법을 이용한다. 이 활성오니법의 변법이 아닌 것은?

① 산화구법　　　　　　　　　　　② 산화지법

③ 장기포기법　　　　　　　　　　④ 접촉안정법

> ✎NOTE| 활성슬러지 변법 … 표준활성 슬러지 공법, 단계식 부하법, 장기포기법, 심층포기법, 접촉안정법, 산화구법, Kraus법 등이 있다.

5 다음 하수처리법 중 생물학적 처리법이 아닌 것은?

① 부패조　　　　　　　　　　　　② 살수여상법

③ 활성오니법　　　　　　　　　　④ 응집침전법

> ✎NOTE| ④ 응집침전법은 생물학적 처리 전이나 후에 행하거나 미생물이 분해할 수 없는 오염물질을 처리하는 물리화학적 처리방법이다.
> ※ 생물학적 처리방법
> 　㉠ 호기성 처리 : 활성오니법, 살수여상법, 산화지법, 회전원판법 등
> 　㉡ 혐기성 처리 : 혐기성 소화, 임호프조, 부패조 등

6 분뇨의 소독 및 위생처리로 발생률을 감소시킬 수 있는 질병은?

① 재귀열　　　　　　　　　　　　② 말라리아

③ 장티푸스　　　　　　　　　　　④ 페스트

> ✎NOTE| 장티푸스는 소화기계 감염병이므로 분뇨의 소독 및 위생처리로 발생률을 감소시킬 수 있다.

7 식품 제조공장에서 생긴 폐기물의 이상적인 처리법은?

① 매몰법　　　　　　　　　　　　② 해양투기법

③ 퇴비화법　　　　　　　　　　　④ 소각법

> ✎NOTE| 식품 제조공장에서 생긴 쓰레기는 유기물 함량이 많으므로 퇴비화시킨다.

ANSWER | 4.② 5.④ 6.③ 7.③

8 분뇨처리장의 위치 선정 시 고려하지 않아도 되는 사항은?

① 운반의 효율성 　　　　　　　　② 처리장 설비비의 저렴
③ 전기의 사용이 용이할 것 　　　　④ 희석수의 확보 가능성

> **NOTE** | 수거식 분뇨처리장 위치 선정 시의 고려사항
> 　　　㉠ 운반의 효율성
> 　　　㉡ 전기의 사용이 용이할 것
> 　　　㉢ 희석수의 확보 가능성
> 　　　㉣ 여유부지의 확보가 용이한 곳
> 　　　㉤ 도로 등의 이용이 용이할 것

9 혐기성 소화처리에 적당한 폐수는?

① 석유정제폐수 　　　　　　　　　② 식품가공폐수
③ 도금공장폐수 　　　　　　　　　④ 탄광폐수

> **NOTE** | 혐기성 소화처리가 적당한 폐수
> 　　　㉠ 식품가공폐수
> 　　　㉡ 증류주 제조공장의 증류폐수
> 　　　㉢ 모방적공장의 세모폐수
> 　　　㉣ 유기성 폐수의 활성슬러지 처리에서의 폐슬러지
> 　　　※ 혐기성 처리의 영향인자 … 혐기성 처리의 중요한 영향인자에는 pH, 온도, 독성물질 등이 있다.

10 공장폐수 중 활성슬러지가 가장 벌킹(Bulking)하기 쉬운 폐수는?

① 양조장폐수 　　　　　　　　　　② 섬유제조업폐수
③ 탄광폐수 　　　　　　　　　　　④ 자동차정비폐수

> **NOTE** | 팽화를 일으키기 쉬운 고농도 유기성 폐수 배출원 … 양조장폐수, 펄프제지공장폐수, 제당폐수 등이 있다.

11 산화지법으로 오수를 정화할 때 가장 중요한 사항은?

① 물의 온도 　　　　　　　　　　　② 물의 탁도
③ 햇빛 　　　　　　　　　　　　　　④ 원생동물

> **NOTE** | 일광 … 조류는 햇빛과 이산화탄소를 이용(탄소동화작용)하여 산화지에 산소를 조달한다.

ANSWER | 8.② 9.② 10.① 11.③

12 생물산화지법으로 하수를 처리할 경우 하수정화에 가장 필요한 생물은?

① 펀지   ② 무색 원생동물

③ 녹조류   ④ 곰팡이

> **NOTE |** 산화지법은 조류가 광합성을 하여 호기성 박테리아에게 산소를 조달한다.

13 폐수의 호기성 분해 시 가장 많이 발생하는 가스는?

① CH_4 ② HCl

③ CO_2 ④ SO_2

> **NOTE |** 유기물의 호기성 분해시 최종물질은 CO_2와 H_2O이다.

14 음용수의 수질검사에서 $KMnO_4$의 소비량이 많다는 것은 무엇을 뜻하는가?

① 물의 경도가 높다.   ② 대장균이 많다.

③ 혐기성 부패가 일어나고 있다.   ④ 유기물이 많다.

> **NOTE |** $KMnO_4$는 산화제로서 수중의 유기물을 산화시킨다. 따라서 $KMnO_4$이 많이 소비되었다는 것은 유기물이 많다는 것을 의미한다.

15 다음 중 물의 자정작용이 아닌 것은?

① 희석   ② 여과

③ 침전   ④ 부유

> **NOTE |** 물의 자정작용 … 하수 · 공장폐수 등으로 오염된 물을 방치해 두면 물리적, 화학적, 생물학적 작용에 의해 오염물질의 농도가 저하되어 자연히 안정화된 자연수로 환원되는 현상이다.
> ㉠ 물리적 작용 : 희석, 침전, 여과, 확산 등
> ㉡ 화학적 작용 : 햇빛에 의한 오염물질분해, 산화작용, 중화작용 등
> ㉢ 생물학적 작용 : 수중생물(미생물, 수초 등)에 의한 오염물질 분해 등

ANSWER | 12.③ 13.③ 14.④ 15.④

16 살균력과 침투성이 우수하여 플라스틱류 및 의료기구에 널리 사용되는 멸균용 가스제는?

① 포르말린   ② 과산화수소

③ 에틸렌옥사이드   ④ 이산화탄소

> NOTE | 에틸렌옥사이드 가스 멸균법은 화합물 멸균법의 일종으로 가연성, 폭발성 액체로 이산화탄소나 프레온과 섞으면 효과적인 멸균제가 된다.

17 음료수의 소독목적은?

① 병원균 사멸   ② 세균 분비독소 파괴

③ 세균발육 억제   ④ 대장균군 사멸

> NOTE | 물을 살균처리하는 것은 병균을 죽여서 수인성 감염병을 예방하는 데 있다.

18 HACCP 제도의 7원칙 중 원칙 5단계는 무엇인가?

① 중요관리점 확인   ② 위해요소 분석

③ 모니터링 방법의 설정   ④ 시정 조치 설정

> NOTE | ① 원칙 2단계
> ② 원칙 1단계
> ③ 원칙 4단계

19 HACCP을 실시하는 이유로 틀린 것은?

① 식품의 안전성 향상

② 식품의 위해요소 규명

③ 식품의 영양학적 향상

④ 식품의 과학적 위생관리

> NOTE | HACCP은 식품위해요소 중점관리 기준으로 영양학적 향상과는 거리가 멀다.

ANSWER | 16.③ 17.① 18.④ 19.③

20 HACCP에 대한 설명으로 옳지 않은 것은?

① 한계기준은 중요관리점에서의 위해요소관리가 허용범위 이내로 충분히 이루어지고 있는지 여부를 판단할 수 있는 기준이나 기준치를 말한다.

② 식품제조 시 생물학적, 화학적 및 물리적 위해요인을 분석하여 위해요인에 관계되는 중요한 점을 관리하는 도구이다.

③ 위해발생요소에 대한 사전조치 방식이라기 보다는 사후 집중관리 방식이다.

④ HACCP 7원칙 순서는 위해요소분석 → 중요관리점 결정 → 한계기준 설정 → 모니터링 방법 설정 → 개선조치 설정 → 검증방법 설정 → 기록유지 및 문서관리 순이다.

>NOTE| 식품의 원재료부터 소비자가 섭취하기 전까지의 각 단계에서 발생 우려가 있는 위해요소를 규명하고 중요관리점을 결정하여 자율적, 체계적, 효율적으로 관리하는 사전 예방적, 종합적 위생관리체계이다.

21 밑줄 친 부분에 들어갈 말로 가장 적절한 것은?

HACCP는 기본적인 위생관리가 효과적으로 수행된다는 전제조건 하에 중점적으로 관리하여야 할 점을 파악하여 집중 관리하는 시스템이기 때문에 _____과 표준위생 관리기준이 선행되지 않고서는 효율적으로 가동될 수 없고 이들을 HACCP적용을 위한 선행요건프로그램이라고 한다.

① 적정제조기준   ② 위해 분석
③ 중요관리점 설정   ④ 모니터링 방법의 설정

>NOTE| HACCP를 적용하기에 앞서 적정제조기준 또는 우수제조기준 또는 일반위생기준인 GMP를 따르고 표준위생 운영기준인 SSOP 또는 선행요건프로그램인 PP를 적용하여 HACCP를 도입하고 적용하는 것이 바람직하다.

22 식품위해요소중점관리기준과 관련된 용어의 설명으로 옳지 않은 것은?

① 위해요소분석이라 함은 식품안전에 영향을 줄 수 있는 위해요소와 이를 유발할 수 있는 조건이 존재하는지의 여부를 판별하기 위하여 필요한 정보를 수집하고 평가하는 일련의 과정을 말한다.

② 모니터링이라 함은 중요관리점에서의 위해요소 관리가 허용 범위 이내로 충분히 이루어지고 있는지 여부를 판단할 수 있는 기준이나 기준치를 말한다.

③ 중요관리점이라 함은 HACCP를 적용하여 식품의 위해 요소를 예방·제어하거나 허용 수준 이하로 감소시켜 당해 식품의 안전성을 확보할 수 있는 중요한 단계 또는 공정을 말한다.

④ 개선조치라 함은 모니터링 결과 중요관리점의 한계기준을 이탈할 경우에 취하는 일련의 조치를 말한다.

✎NOTE | ② 한계기준에 대한 설명이다. 모니터링이라 함은 중요관리점에 설정된 한계 기준을 적절히 관리하고 있는지 여부를 확인하기 위하여 수행하는 일련의 계획된 관찰이나 측정하는 행위 등을 말한다.

ANSWER | 22.②

식품위생검사와 식품감별법

1 식품위생검사

① 식품위생검사의 개요

(1) 식품위생검사의 개념

① 식품에 의한 위해를 방지하기 위해 행하는 식품, 식품첨가물, 물, 기구 및 용기, 포장 등에 대한 검사를 말한다.

② 식품의 위생적인 적부와 변질상태, 이물 등의 혼입여부를 감별한다.

> ★TIP 식품의 변질
> ㉠ **산패**: 유지가 산화·분해되어 악취가 나고, 변색되는 현상이다.
> ㉡ **부패**: 단백질 식품이 미생물에 의해 분해되어 악취와 유해물질을 생성하는 현상이다.
> ㉢ **변패**: 단백질 이외의 성분인 탄수화물이나 지방 등이 미생물 분해작용을 받아 변질하는 현상이다.
> ㉣ **발효**: 탄수화물이 미생물의 분해작용으로 알코올, 유기산, 초산 등을 생성하는 현상으로 인간생활에 유용하게 쓰인다.

(2) 식품위생검사의 목적

① 식품으로 인해 발생하는 위해를 예방하고, 안전성을 확보한다.

② 식품에 의한 식중독이나 감염병 발생 시 원인식품 등을 규명하고 감염경로를 추측한다.

③ 식품의 위생상태를 파악하여 식품위생에 관한 지도와 식품위생대책을 수립한다.

② 식품위생검사의 종류

(1) 생물학적 검사

① **개념** … 세균수를 측정하여 오염의 정도나 식중독, 감염병의 원인균을 측정한다.

② **일반세균수의 검사**(표준평판법)

　㉠ 검체를 표준한천배지에 35℃에서 48시간(또는 24시간) 배양하여 측정한다.

　㉡ 표준평판수(일반세균수)는 표준한천배지에서 발육한 식품 1g당의 중온균의 수이다.

③ **대장균군의 검사**

　㉠ 정성시험

　　• 추정시험 : 액체는 그대로 또는 멸균생리적식염수로 10진법으로 희석하고 고형시료는 10g을 멸균 생리적식염수 90mL에 넣고 Homogenizer 등으로 세척한다. 이것을 원액으로 10배 희석액을 만들 어 그 일정량을 BTB를 첨가한 유당 Bouillon 발효관에 이식하여 35±0.5℃에서 24~48시간 배 양한 후 가스가 발생하면 양성으로 한다.

　　• 확정시험 : 추정시험결과가 양성인 것은 BGLB 발효관으로 이식하여 35±0.5℃에서 24~48시간 배양한 후 가스가 발생하면 다시 EMB배지나 엔도배지에 옮겨 전형적인 대장균집락형성유무를 조 사한다.

　　• 완전시험 : 확정시험 양성집락에 대해 Gram 음성 간균으로, 유당분해, 가스발생 등을 재확인한다.

　㉡ 정량시험

　　• 검체 100mL(g) 중의 대장균군의 최확수(MPN ; Most Probable Number)를 구하는 시험이다.

　　• 시료를 10mL, 1mL 및 0.1mL를 각 5본이나 3본씩 BTB를 첨가한 유당 Bouillon을 넣은 발효관으로 이식하여 정성시험이 양성인 것에 대해 최확수표에서 시료 100mL 중의 대장균군의 수치를 산정한다.

　㉢ Membrane Filter method(MF법)

　　• 다공성 원형 피막인 Membrane filter로 일정량의 검수를 여과하면 세균이 막면 위에 남게 되므로 그것을 엔도배지나 Mac conkey배지로 만든 한천평판에 올려 놓거나 이들 배지를 스며들게 한 여 지에 배양하여 막면 위의 집락성상과 수로 대장균군의 검수 100mL 중의 균수를 산정한다.

　　• 대량의 검수 약 1L로부터 소수의 대장균군도 검출하는 것이 가능하므로 결과가 신속·정확하여 수질검사에 이용된다.

　㉣ Paper Strip method

　　• 우유나 물 중의 대장균군검사의 간이검사법으로 이용되는 방법이다.

　　• BGLB배지와 환원지시약으로 TTC를 세정한 여지에 흡수시킨 후, 건조한 것에 시료 0.1mL 또는 1.0mL를 흡수시켜 37℃에서 8~10시간 배양한다.

　　• 여지 위에 적변한 미소집락반점을 대장균군으로 판정한다.

④ **장구균**

　㉠ 선택배지 : 질화나트륨을 선택제로 처방하여 Azide dextrose broth와 Ethylviolet azide broth를 혼용한 AD-EVA법을 사용한다.

　㉡ 시료의 접송법과 MPN산출은 내장균군과 같다.

　㉢ 선택배지에 접종하여 37℃에서 48시간 배양한다. 양성인 경우에는 새로운 배지에 접종하여 45℃에서 48시간 배양한다. 균이 증식하면 확정시험 양성으로 판정한다.

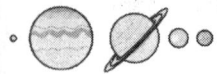

ⓔ 일반적으로 확정시험에서 장구균 이외의 균이 증식하는 예는 거의 없으므로 양성관수에 의해 MPN을 산정한다. 완전시험을 할 때는 Gram 양성 구균, Catalase 음성, 6.5% 식염가 Bouillon에 증식하는 것을 양성으로 한다.

> **★TIP** 공정법의 미확립으로 검사법이나 사용배지가 검색자에 따라 다소 차이가 있다.

⑤ **세균성 식중독의 검사** … 식중독이 발생하였을 경우 일반 세균수의 측정, 대장균군의 측정, 직접 배양 등을 통하여 병원성 세균으로 추정되는 세균을 검출한다.

⑥ **감염병균의 검사** … 식품을 통하여 감염을 일으키는 감염병균을 세균성 식중독균이나 용혈성 연쇄상구균의 각각의 검사법에 따라 계통적으로 검사한다.

⑦ **곰팡이균과 효모의 검사** … Haward법을 이용하여 곰팡이나 효모의 수를 세어 검체 중의 세포수를 측정한다. 또한, 곰팡이용 배지를 이용하여 곰팡이의 형태를 관찰한다.

(2) 이화학적 검사

① **개념** … 식품의 pH, 아민, 과산화물가, 카르보닐가 등을 측정하고, 어육의 단백질 침전반응 등을 검사한다.

② **식품의 일반검사** … 식품 중에 함유되어 있는 일반적 성분에 관해 검사하는 것으로 물질을 여러 가지 분리법으로 분리하여 정성 및 정량시험을 한다.

③ **유해금속의 검사** … 활성염소나 질산, 황산에 의해 검사하는 습식법이나 전기로에서 회화를 행하는 검사법인 건식법 등에 의해 유기물을 분해하여 검사한다.

④ **메탄올 및 포름알데히드의 검사** … 주류 중의 메탄올은 정성시험으로 구리망산화법, 정량시험으로 Chromotropic acid법, Fuchsin 아황산법 등을 이용하여 검사한다.

⑤ **시안 및 시안 배당체의 검사** … Pyridine-Pyrazolone법, Liebig-Deniges법 등을 이용하여 검사한다.

⑥ **화학성 식중독의 검사** … 화학성 식중독이 발생했을 경우에는 Goldstone법과 같은 계통적 시험법에 의해 검사한다.

⑦ **이물의 검사**
　ㄱ 이물 : 절지동물 및 그 알, 유충, 배설물, 설치류나 곤충의 기식흔적물, 동물의 털, 기생충란, 종류가 다른 식물이나 종자, 곰팡이, 짚겨, 종이조각, 토사, 유리, 도자기의 파편 등 식품성분이 아닌 위생상 유해한 물질(세균은 포함되지 않는다)이 혼입된 것을 말한다.
　ㄴ 검사법 : 여과법, 포집법, 사별법, 침강법 등의 여러 분류법으로 분리한 후 검사한다.

⑧ **식품첨가물의 검사** … 허가되지 않은 첨가물을 사용하거나 또는 허가량을 초과하여 사용한 식품 첨가물에 대해 식품첨가물 공전에 따라 검사한다.

⑨ **잔류농약의 검사** … 대상식품과 농약에 따라 납시험법, 비소시험법, 유기염소제시험법, 유기인제 시험법 등의 방법을 이용하여 잔류농약을 추출·분리하여 검사한다.

⑩ **항생물질의 검사** … 비색법, 형광법, 자외선흡수법, Polarography 등을 이용하여 검사한다.

(3) 물리학적 검사

식품의 경도, 탁도, 점도, 탄성, 중량, 부피, 크기, 비중, 응고, 빙점, 융점 등을 검사한다.

(4) 독성 검사

① **개념** … 동물실험을 통하여 식품의 독성을 검사한다.

② **급성독성시험** … 시험동물에 시험물질을 1회 투여하여 그 결과를 관찰하는 것으로 맨 먼저 실시 하는 독성시험이다. 독성은 보통 시험동물의 50%가 사망하는 것으로 추정되는 시험물질의 1회 투여량으로 체중 kg당 mg수 또는 g수로 표시하는 LD_{50}으로 나타낸다.

> ★TIP LD_{50}(50% Lethal Dose) … 실험동물의 50%가 사망할 때의 투여량을 표시하는 것으로 수치가 낮을수록 강한 독성을 가진 물질이다.

③ **아급성독성시험** … 시험동물에 시험물질을 치사량 이하의 용량을 여러 단계로 나누어 단기간(1 ~ 3개월 정도) 투여하여 그 결과를 관찰하는 것으로 투여량에 따른 영향과 체내 축적성 여부를 알아보는 시험이다.

④ **만성독성시험** … 약 2년 정도의 기간 동안 소량의 시험물질을 계속하여 투여하면서 독성여부에 따른 영향을 관찰하는 것으로 물질의 잔류성과 축적성을 알아보는 시험이다.

(5) 관능 검사

오감을 이용하여 식품의 성상, 맛, 포장상태, 냄새 등을 검사한다.

(6) 식기구, 용기 및 포장의 검사

① **식기구류의 검사** … 전분성 잔류물 및 지방성 잔류물 시험법 등을 이용하여 식기구류의 세정이 잘 되었는지 검사한다.

② **합성수지 제품의 검사** … 착색료시험법에 의한 착색된 침출액의 검시의 자외선등으로 형광료의 유 무를 검사하고, 납, 카드뮴, 주석, 기타 중금속류의 화합물을 사용하는 것에 대한 검사도 한다.

③ **종이제품** … 착색료, 형광염료 등의 검사를 한다.

④ **통조림** … 내용물의 화학시험과 세균시험을 한다.

2 식품감별법(관능 검사)

① 육류와 어류감별법

(1) 육류(Meat)

① **육류의 부패상태**

 ㉠ 동물에 따라서 고유의 색깔을 나타내며 습기가 있다.

 ㉡ 오래되면 암갈색이 되고 표면이 건조하며, 부패가 진행되면 더러운 녹색을 나타내고 표면에 점액이 생기며 암모니아 냄새를 낸다.

 ㉢ 호기적 조건하에서 식육의 표면에 표면변질을 일으켜 액즙을 생성하는 균으로 *Pseudomnas, Achromobacter, Micrococcus, Streptococcus, Leuconostoc, Bacillus* 등이 있다.

② 신선한 것일수록 탄력성이 있으며, 오래된 것은 손가락으로 누르면 쉽게 흔적이 없어지지 않는다.

③ pH는 도살 전에는 7.0 ～ 7.4이고 강직이 시작되면 6.3 ～ 6.5이며 최고강직이 일어날 때에는 5.4이다. 부패가 시작되면 7.0 ～ 7.2가 된다.

④ 육편을 냄비에 넣고 가열하여 끓기 시작하면, 이상한 냄새가 나는가를 검사한다.

⑤ 지방이 적은 콩알크기의 육편을 유리봉에 끼워 2% HCl의 위쪽 약 1cm의 거리에 대면, 부패육일 때는 염화암모늄의 백연이 생긴다. 신선한 것은 백연이 생길지라도 그 양이 극히 적다.

⑥ ⑤항의 반응보다 명확한 방법으로서 25% HCl(1) : 96% Alcohol(3) : Ether(1)의 혼합액 1 ～ 2mL를 시험관에 넣고 그 액면상에서 1cm 정도의 높은 곳에 콩알크기의 육편을 유리봉에 끼워 놓는다. 만일, 백연이 생기면 그 육류는 신선도가 저하된 것으로 판정한다.

⑦ 질병에 이환된 육류나 폐사동물의 육류는 방혈이 완전치 못하므로 혈액냄새가 난다.

⑧ 질병에 이환된 육류나 폐사동물의 육류는 색깔이 회색 또는 녹황색이나 황갈색을 나타내고 육질이 유연하며 출열이 있는 경우가 많다.

⑨ 선무충, 낭충, 흡충 등의 감염여부를 검사해야 한다. 육편을 가로로 얇게 절단하여 광선에 비춰 보면, 기생충의 기생부위는 소굴이 되어 있으므로 반점상을 나타낸다. 그리고 외관상으로는 육류에 반점이 있고 육류의 여러 부위를 절단하여 눌러보면, 저항력이 균등하지 않다.

⑩ 육류에 첨가하는 방부제, 착색제 등의 첨가물에 대한 검사를 해야 한다.

⑪ **글리코겐 검사** … 말고기는 글리코겐 함량이 많으므로 쇠고기와 구별할 수 있다. 말고기는 일반적으로 글리코겐을 1% 정도 함유하고 있으나, 쇠고기는 0.1 ~ 0.2%에 지나지 않는다.

ⓐ 검사할 식육편 50g을 잘게 썰어 다진다.

ⓑ 200mL의 물을 가하여 1시간 동안 삶아 끓인다.

ⓒ 완전히 냉각한 후 투명하게 여과한다.

ⓓ 여과액을 시험관에 5 ~ 10mL 넣고 Iodine 용액을 가해본다.

ⓔ 이때 글리코겐이 존재하면 이 액의 접촉면에 암적색 ~ 적갈색의 Ring이 생긴다.

(2) 어류(Fish)

① 신선한 것은 비늘이 신선한 색깔을 띠며 밀착되어 있다.

② 신선한 것은 안구가 돌출되어 있고 빛깔이 청징하다.

③ 신선한 것은 아가미가 선홍색을 나타내고 암모니아 냄새가 없다.

④ 신선한 것은 복부의 내장이 긴장되어 있고 탄력성이 있다.

⑤ 신선한 것은 육질부가 투명감이 있고 뼈에 잘 밀착되어 있다.

⑥ 신선한 것은 항문이 잘 닫쳐져 있다.

⑦ pH는 신선한 생선이 5.5 전후이고 부패한 것은 7.0이다.

> ★🔍**TIP** 어패류가 축육보다 부패하기 쉬운 이유
> ⓐ 근육의 구조가 단순하고 조직이 약하다.
> ⓑ 수분함량이 높다.
> ⓒ 육질이 알칼리성에 가깝다.
> ⓓ 세균이나 효소가 많이 들어 있다.
> ⓔ 천연 면역체가 적다.

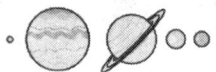

② 기타 식품감별법

(1) 쌀(Rice)

① 잘 건조되어 있어야 한다.

② 쌀 특유의 냄새가 있고 곰팡이 등 이상한 냄새가 없어야 한다.

③ 착색(황변)이 되어서는 안 된다.

④ 모래, 충체, 쥐똥, 벌레먹은 쌀 등 이물이 있어서는 안 된다.

(2) 밀가루(Flour)

① 분말은 미세한 것이 좋다.

② 흰색깔 일수록 좋으며 갈색을 띤 것은 밀기울이 혼합되어 있는 경우가 많다.

③ 분말을 백지 위에 엷게 펴놓고 관찰하며, 흑색·적색·흑갈색의 물체 등 이물이 발견되어서는 안 된다.

④ 분말이 뭉쳐있거나, 벌레에 엉켜있는 것은 불량품이다.

(3) 우유(Milk)

① 정지되어 있는 우유는 상층에 Cream층이 분리되어 있는 일이 많으므로 충분히 혼합한 후에 시험에 이용해야 한다.

② 먼지, 토사, 충체 등 이물이 혼합되어서는 안 된다.

③ 착색되어 있거나 응고물, 고형물이 함유되어 있는 것은 불량품이다.

> ★🔍TIP *Pseudomonas synantha*은 황색으로, *P. syncyanca*는 청색으로, *Bacterium lactis erythrogenes*은 적색으로 변질시킨다.

④ 점조성이 있는 것은 불량품이다.
- ㉠ 우유의 **표면점패균** : *Alcaligenes viscolactis*, *Micrococcus preudenreichii* 등이 있다.
- ㉡ 우유의 **전체점패균** : *Aerobacter aerogenes*, *Aerobacter cloacae*, *Streptococcus lactis*, *Lactobacillus bulgaricus*, *Lactobacillus plantarum*, *lactobacillus casei* 등이 있다.

⑤ 신맛, 쓴맛 등 이상한 맛이 있는 것은 불량품이다. 저온저장한 우유에 단백질 분해(Proteolysis)를 일으켜 쓴맛을 생성하는 균으로서는 *Micrococcus*, *Pseudomonas*, *Achromobacter*, *Fravobacterium* 등의 속이 있다.

⑥ **비등시험**(Boiling test) … 우유 5 ~ 6mL를 시험관에 넣고 약한 불에서 서서히 가열하여 1 ~ 2분 간 자비 후, 동량의 물을 가하여 잘 흔들어 혼합했을 때 응고물이 생긴 것은 오래된 것이다.

⑦ 세균의 오염도는 우유 10mL를 멸균한 시험관에 넣고 그 속에 메틸렌블루용액 1mL를 가하여 마개로 밀전한 후, 37 ± 0.5℃를 유지하도록 하여 탈색시간을 측정한다.

⑧ 가수여부는 비중계를 사용하여 측정한다. 신선한 것은 15C, 비중 1.028 ~ 1.034이다.

  📖 18C에서 측정한 비중이 1.031이었다면, 기준온도 15℃로 보정하면, 31 + (18℃ − 15℃) × 0.2 = 31.6 즉, 1.0316이 된다.

⑨ **알코올시험**(Alcohol test) … 68% 알코올 1mL와 우유 1mL를 잘 섞어 관찰해 볼 때, 산도가 0.21% 이상인 것은 응고를 일으킨다.

⑩ **산도시험** … 신선유의 진정산도는 pH 6.4 ~ 6.7, 적정산도는 0.1 ~ 0.2%이다.

(4) 통조림(Can)

① 통조림의 감별은 먼저 외관검사에 의하며 숙련된 사람은 타검법에 의해서 관의 붙임새, 진동도 및 내용물 등의 검사를 한다. 불량관은 여러가지가 있다.

② 제조년월일이 표시되어야 한다. Can의 Mark 표시법은 다음과 같다.

  ㉠ **월 표시법**

1월 − 01, 2월 − 02, 3월 − 03 …… 10월 − O, 11월 − Y(N), 12월 − Z(D)

  ㉡ **날짜 표시법**

1일 − 01, 2일 − 02, 3일 − 03 …… 30일 − 30

③ **파열**(Blowing) … 관 속에 가스가 생기게 되면 관의 끝이 팽대된다. 그곳으로 세균이 침입하여 내용물을 분해시키기 때문에 생긴다.

④ **틈새**(Leaking) … 불완전한 밀봉으로 천공에 의하여 틈이 생긴다.

⑤ **녹슬음**(Rust) … 관 표면에 녹이 슬면 용기를 통하여 내용물이 부식된다.

⑥ **흑변**(Sulphiding) … 관 내면이나 내용물(고기) 표면이 흑변된 것은 가공공정 중 지나치게 가열 하여 육류 중에 함유되어 있는 유황성분이 분해되어 생긴 것이다.

⑦ **변형**(Dent) … 관이 찌그러진 것은 틈새가 생겼을 가능성이 크며 내용물이 변질되었을 가능성이 높다.

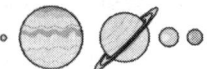

⑧ **쉰맛**(Flat sour) … 쉰냄새가 난 것은 밀봉 전에 이미 생긴 것이며 세균이 생존하여 있다가 육질을 분해하여 산을 생성하기 때문인데, 이 때에는 가스가 발생하지 않는다.

⑨ **수소의 증가**(Hydrogen swell) … 과실통조림에서 흔히 볼 수 있는데, 용기의 철분과 함석에 식품이 작용하여 생긴 것이다. 이것은 파열에 기인된 수소가 유리되므로 전기적 결합(Electric coulpe)이 생기기 때문이다.

⑩ **팽창관의 원인과 성상에 따른 분류**

　　㉠ Flipper : 캔의 양면이 거의 평평하나, 그 어느 한쪽이 약간 팽창된 것인데, 누르면 '퐁' 하는 소리를 내고 즉시 원상태로 회복된다. 이것은 진공도가 완전치 못한 것이다.

　　㉡ Springer : 한쪽 면이 완전히 팽창한 것인데, 팽창면을 손가락으로 누르면 다른 면이 팽창된다. 이것은 멸균이 완전치 못하여 가스가 발생한 것이다.

　　㉢ Soft swell : 캔의 양면이 팽창된 것을 말하는데, 팽창면을 손가락으로 누르면 조금은 원상태로 돌아오나 정상으로는 안 된다.

　　㉣ Hard swell : 캔의 양면이 강하게 팽창된 것을 말하는데, 손가락으로 눌러도 전혀 들어가지 않는다.

(5) 알(Egg)

① **외관** … 껍질이 거친 것이 신선한 것이며 광택이 있는 것은 오래된 것이다.

② **투시** … 알을 빛에 비춰보면, 신선한 것은 밝게 보이고 오래된 것은 어둡게 보인다. 주위를 어둡게 하여 기실의 크기, 난백의 이동상태, 난황의 위치, 배자의 발육상태 등을 관찰한다.

③ **진음** … 신선한 것은 그 내용이 치밀하므로 흔들어 보면 이동음이 없다.

④ **설감** … 신선한 알은 둔단부에 기실이 있어 혀끝을 대면 온감이 있으며 예단부는 냉감을 준다.

⑤ **비중** … 신선한 것은 1.08 ~ 1.09이다. 11% NaCl(비중 1.08)에 알을 넣었을 때, 떠오른 것은 오래된 알이다. 이것은 세균이 침입하여 부패를 일으켜 가스가 발생하였기 때문이다.

⑥ **할란검사** … 신선한 것일수록 난백은 점괴성이고 난황은 구형으로 볼록하다. 신선란의 난황계수(Yolk index)는 0.36 ~ 0.44이다.

난황계수 = 난황의 높이 / 난황의 직경

> ★TIP 알류 속에는 Gram 양성균을 용해하는 Lysozyme, Ovomucoid 등의 항단백분해효소가 들어 있으므로 쉽게 변질되지 않는다. *Pseudomonas flourescens*은 녹색으로 변질시키며, *Proteusmelanovoges*는 흑색으로, *Serratia* 속의 일부는 적색으로, *Pseudomonas*, *Achromobacter*는 무색 변질을 시킨다.

(6) 식용유지(Oil)

① 자외선을 조사하면 식용유지는 형광을 나타내나 광물지방은 형광을 내지 않는다.

② **피마자유 혼합검사** ⋯ 시험관에 5～6mL의 기름을 넣고 그 용액의 눈금을 표시해 둔다. 거기에 알코올 약 10mL을 가하여 잘 흔들어 섞은 후, 정지하면 알코올에 용해되지 않는 부분이 침착하므로 그 침착한 용액의 양과 먼저 표시해 둔 눈금을 비교하여 10% 이상 줄어들었을 때는 식용으로 할 수 없다. 이것은 일반 식용유는 알코올에 용해되지 않으나, 피마자유는 용해되는 성질을 이용한 시험방법이다.

③ 버터에 있어서는 외관이 균일하고 물방울, 기름방울 등이 있어서는 안 된다.

(7) 연제품

① 어육이 주성분이므로 그 선도는 생선의 경우와 거의 같다.

② 표면에 점액물질이 발생되어서는 안 된다.

③ 오래되면 발광균이 발생하여 어두운 곳에서는 인광을 낸다.

④ 제조 시 불충분하게 가열하면, 부패되므로 검체를 반으로 절단하여 탄력성, 색깔, 조직 등을 비교한다.

(8) 청주

① 주로 메탄올, 인공감미제, 방부제 등의 시험을 한다.

② **메탄올**

　㉠ 간이정성시험법으로서는 동량화법이 있다.

　㉡ 정량시험으로서는 Chromotropic acid법, Fuchsin 아황산법이 있다.

③ **방부제로 사용되는 Salicylic acid의 간이정량법**

　㉠ 먼저 10% 염화제2철용액을 몇 방울 직접 떨어뜨려 Salicylic acid가 거의 함유되어 있지 않는 것이 확인된 청주 100mL을 취하여(Salicylic acid는 염화제2철로서 재색을 나타낸다), 이것에 Salicylic acid 25mg을 첨가하고 잘 흔들어 혼합 용해시킨 후에 그의 15mL를 시험관에 분주하여 표준액으로 한다.

　㉡ 별도로 시험하려는 청주 15mL를 동형의 시험관에 넣어 양쪽에 전기한 시약을 두 방울 가한 후에 색도를 비교한다. 시료의 정색이 표준액의 정색보다 짙은 것은 한계 이상의 Salicylic acid가 함유된 청주이다.

(9) 청량음료수와 보존음료수

① 혼탁은 세균, 효모 등에 의한다.

② 침전물 또는 고형물질(이물)은 세균, 효모, 원료수질의 불량, 유리편, 충체 등에 의하여 생긴다.

③ 염산, 황산, 초산, 인산 등 화학물질을 함유한 것은 불량품이다.

④ 비소, 안티몬, 유해성 중금속류를 함유한 것은 불량품이다.

(10) 된장 및 고추장

10% 암모니아수를 떨어뜨려 가열하면서 흰 털실을 넣었을 때, 털실이 염색되면 공업용 색소가 함유되어 있을 가능성이 크다.

(11) 식초

자극성 냄새가 심하게 나고 용기의 일부에만 차 있는 것(정량이하)은 불량품이다.

(12) 식빵

적당한 수분이 없고 완전히 건조된 것으로서 손가락으로 누르면 탄력성이 없는 것은 불량품이다.

(13) 벌꿀

① HMF(Hydroxymethylfurfural) 함량은 벌꿀의 품질평가에 이용된다.

② 스위스의 품질합격기준은 신선한 벌꿀이 0.1 ~ 0.3mg% 이하, 가열처리한 벌꿀은 최고 3.0mg%로 규정하고 있으며 FAO/WHO 합동식품규격계획에는 40mg/kg 이하로 규정하고 있다.

(14) 고춧가루

고춧가루를 Ether에 녹인 후, 회황산(Dil-H₂SO₄) 몇 방울을 떨어뜨렸을 때, 파란색을 나타낸 것은 우량품이며 보라색이 나타난 것은 공업용 색소를 사용한 불량품이다.

출제예상문제

1 부패를 판정하는 방법 중 가장 보편적인 검사법은?

① 관능 검사   ② 이화학적 검사

③ 물리학적 검사   ④ 생물학적 검사

> **NOTE** 부패의 판정은 관능 검사, 휘발성 염기 질소의 측정, 트리메틸아민의 측정이 있는데 이중에서 관능 검사는 부패판정의 가장 기본이 된다. 판정 항목으로는 맛, 냄새, 색깔, 조직의 변화상태 등이 있다.

2 다음 중 식품의 부패를 측정하는 지표로 쓰이지 않는 물질은?

① 아민   ② 히스타민

③ 글리코겐   ④ 트리메틸아민

> **NOTE** 글리코겐(Glycogen) … 포도당으로 이루어진 다당류로, 동물 세포에서 보조적인 단기 에너지 저장 용도로 쓰인다.

3 다음에서 설명하고 있는 검사법으로 옳은 것은?

> 혈액이나 조직에서 추출한 디옥시리보핵산(deoxyribo nucleic acid/DNA)을 특정 제한효소를 사용하여 절단한 후, 아가로오스 겔(agarose gel)을 사용하여 전기영동을 실시하면 DNA는 크기순으로 배열된다. 배열된 DNA 절편들을 니트로셀룰로오스판에 옮겨 방사성 동위원소가 붙어 있는 DNA 탐침(DNA probe)들과 잡종형성(hybridization)을 만들면 복잡한 사다리 형태의 여러 띠(band)가 나타나는데, 이 띠의 형태는 개인마다 독특하게 나타나서 이와 같은 방법을 이용하면 개인식별이 가능하다.

① 세포배양법   ② 약물검색법

③ 표준화합물분석법   ④ 유전자검색법

ANSWER | 1.① 2.③ 3.④

✎▣NOTE| 유전자검색법 … 개인의 특징적인 게놈(genome)과 유전적 구성을 실험적으로 가시화시키는 방법으로 범죄수사분야, 의학 분야(조직배양, 세포계통분류, 종양분석, 친자확인, 동형접합자 결정 등), 여러 동식물의 동정, 부계검사, 형질형성자의 결정 등에도 이용되고 있다.

4 LD50에 대한 설명으로 옳은 것은?

① 만성독성의 표현법으로 2년 정도 기간동안 시험물질을 계속 투여하면서 독성여부에 따른 영향을 관찰하는 것이다.

② 아급성독성의 표현법으로 치사량 이하의 용량을 단기간에 거쳐 투여하여 그 결과를 체중 kg당 g수로 나타낸 것이다.

③ 급성독성의 표현법으로 실험동물의 50%를 치사케하는 독극물의 양을 체중 kg당 mg수로 나타낸 것이다.

④ 급성독성의 표현법으로 실험동물의 100%를 치사케하는 독극물의 양을 체중 kg당 g수로 나타낸 것이다.

✎▣NOTE| LD_{50}(50% Lethal Dose) … 실험동물의 50%가 치사할 때에 독극물 투여량을 표시하는 것으로 수치가 낮을수록 강한 독성을 가진 물질이 된다. 1회 투여량을 체중 kg당 mg수로 표시한다.

5 식품의 생균수를 측정하는 목적은?

① 식중독균의 여부를 알기 위해서 ② 분변세균의 오염여부를 알기 위해서
③ 신선도의 여부를 알기 위해서 ④ 식품의 산패여부를 알기 위해서

✎▣NOTE| 식품 중의 생균수를 측정하는 목적은 신선도의 여부를 알기 위해서이며, 생균수가 1g당 10^8 이상이면 식품이 신선하지 못한 상태이다.

6 대장균군 검사에 사용되지 않는 배지는?

① 표준한천평판배지 ② LB 배지
③ BGLB 배지 ④ EMB 배지

✎▣NOTE| 표준한천평판배지는 물이나 식품 중의 세균수를 측정할 때 사용하는 것으로 우유, 유제품, 냉동식품, 생식용 굴, 청량음료수 등의 규격검사에 사용된다.

ANSWER | 4.③ 5.③ 6.①

7 다음 중 대장균군 검사법이 아닌 것은?

① 추정시험 ② 완전시험

③ 종말시험 ④ 확정시험

> **NOTE** 대장균의 추정시험에는 LB배지를 이용하며 확정시험에는 EMB배지, 완전시험에는 LB배지나 표준한천배지를 사용하여 대장균을 검사한다.

8 다음 중 위생검사가 아닌 것은?

① 관능 검사 ② 생물학적 검사

③ 화학적 검사 ④ 혈청학적 검사

> **NOTE** 위생검사의 종류
> ㉠ 관능 검사 : 성상, 맛, 포장상태, 냄새 등을 검사
> ㉡ 화학적 검사 : pH, 아민측정 등 검사
> ㉢ 생물학적 검사 : 세균수 측정
> ㉣ 물리적 검사 : 경도, 탁도, 점도, 탄성 등 검사

9 식품오염의 지표미생물로 사용되고 있는 대장균군에 포함되지 않는 것은?

① Enterococcus ② Citrobacter

③ Klebsiella ④ Enterobacter

> **NOTE** 지표미생물이란 환경 변화에 따라 분포 양상이 변하여 환경변화의 정도를 나타내는 미생물을 말한다. Enterococcus는 소화관에 상재하고 있는 분원성 연쇄상구균이다.

10 다음 중 냉동식품과 일반음료에서의 분변오염의 지표가 되는 균주로 알맞게 짝지어진 것은?

① *S. faecalis* − *E. coli* ② *E. coli* − *S. faecalis*

③ *E. coli* − *S. typhi* ④ *S. typhi* − *E. coli*

> **NOTE** 일반음료는 대부분 대장균의 수치로 분변오염의 정도를 추정하지만 냉동식품은 저온에서도 생존하는 균 때문에 저온에 잘 견디는 *S. faecalis*나 *S. faecium* 등으로 분변오염의 정도를 측정한다. *E. coli*와 *S. faecalis*는 원래 장내에 존재하는 정상 상주균총이고, *S. faecium*은 장구균 식중독의 원인균이다.

ANSWER 7.③ 8.④ 9.① 10.①

11 다음 중 수분이 많은 식품에서 주로 형성되는 Microflora는?

① 세균

② 효모

③ 곰팡이

④ 원충류

> NOTE | Microflora란 미생물 집단을 말하는데 수분이 많은 식품에는 세균이, 수분이 적은 건조식품에는 곰팡이가 각각 Microflora를 형성한다.

12 수질검사 중 최확수(MPN)는 무슨 검사에서 쓰이는 용어인가?

① 염소검사

② 불소검사

③ 대장균검사

④ 탁도검사

> NOTE | 최확수 … 검체 100cc 중 이론상 있을 수 있는 대장균 수를 뜻하며 대장균 검사에 쓰이는 용어이다.

13 우유의 저온살균 실시여부를 알 수 있는 시험법은?

① 포스파타제 측정

② 산도측정

③ 메틸렌블루 시험법

④ 에탄올 시험법

> NOTE | 포스파타제 측정법은 우유의 포스파타제가 62.8℃, 30분 또는 71~75℃, 15~30초의 가열로 파괴되는 성질을 이용해 우유의 살균이 적절히 이루어 졌는지를 검사하는 방법이다.

14 다음의 우유검사법 중 우유 카세인의 안정도를 알아보기 위한 것은?

① 비중 측정

② 알코올 시험

③ 산도 측정

④ 지방 측정

> NOTE | 카세인의 안정도를 측정하기 위해서는 알코올 시험을 시행한다.

ANSWER | 11.① 12.③ 13.① 14.②

15 다음은 어류의 선도 관능 시험에서 어떤 상태로 판정 되겠는가?

> 아가미의 색이 회백색이고 암모니아 등의 이취를 느끼게 된다.

① 최상급어
② 신선어
③ 약간 선도가 떨어진 것
④ 부패어

✎NOTE | 어류의 신선도 관능 검사에서의 아가미
ⓐ 선도가 좋은 것 : 선명한 홍색, 냄새는 없거나 때로는 갯냄새가 있다.
ⓑ 약간 선도가 떨어진 것 : 선홍색이 퇴색하여 회색으로 되고, 절단되기 쉽고, 비린내가 강하다.
ⓒ 부패어 : 회황색이고 암모니아 등의 이취를 느끼게 된다.

16 다음 중 우유와 식육의 신선도 시험을 할 수 있는 방법은?

① 산도 시험
② Nitrazine yellow에 의한 신선도 검사
③ 메틸렌 블루 환원 시험
④ 자비시험

✎NOTE | 메틸렌 블루 환원 시험은 우유와 식육 두 가지 품목의 신선도 시험에 이용된다.

ANSWER | 15.④ 16.③

PART 부록

실력평가모의고사

실력평가모의고사

정답 및 해설 P. 270

1 다음 금속 중 잔류농약중독의 원인이 될 수 없는 물질은?

① 납(Pb) ② 비소(As)
③ 아연(Zn) ④ 구리(Cu)

2 당도가 높고 수분의 함량이 비교적 낮은 식품에서의 변패요인은?

① Virus ② 리케차
③ 곰팡이 ④ 세균

3 다음 중 자연독이 아닌 것은?

① Cyclamate ② Atropine
③ Solanine ④ Amygdalin

4 대장균 검사 중 확정시험에 이용되는 배지는?

① EMB배지 ② 표준한천배지
③ LB배지 ④ Selenite배지

5 복어 식중독을 유발하는 독성분은?

① Muscarine ② Sepsin
③ Cicutoxin ④ Tetrodotoxin

6 독미나리의 독성분은?

① Solanine

② Muscarine

③ Cicutoxin

④ Sepsin

7 감염병 유행의 3대 요인에 해당되지 않는 것은?

① 접촉기회

② 숙주의 면역성

③ 의료시설

④ 토양

8 무구조충의 설명 중 옳지 않은 것은?

① 소화기 증상을 일으킨다.

② 돼지에 의해 감염된다.

③ 민촌충이다.

④ 인체의 소화관에서 기생한다.

9 다음 식용 착색제의 특징 중 옳지 않은 것은?

① 영양소를 함유해야만 한다.

② 인체에 무해해야 한다.

③ 미량으로도 착색효과가 크다.

④ 체내 축적성이 없어야 한다.

10 바퀴벌레에 대한 생태적 특성과 거리가 먼 것은?

① 독립생활성

② 잡식성

③ 질주성

④ 야간활동성

11 식품이 어떤 요인에 의해 품질이 변화하여 섭취할 수 없는 상태로 되는 것은?

① 발효

② 산패

③ 부패

④ 변질

12 다음 중 우유에서 검출되는 감염성 병원균이 아닌 것은?

① 화농균   ② 디프테리아균

③ 결핵균   ④ 장염 비브리오균

13 어패류가 부패할 때의 pH의 변화는?

① 알칼리성→산성   ② 중성

③ 산성   ④ 산성→알칼리성

14 산패를 가장 잘 설명한 것은?

① 지방의 환원   ② 지방의 산화

③ 단백질의 변성   ④ 탄수화물의 가수분해

15 감염병의 예방 및 관리에 관한 법률에 따라 인수공통감염병에 속하는 것은?

① 아메바성 이질   ② 성홍열

③ Q열   ④ 세균성 이질

16 포도상구균이 생성하는 독소는 무엇인가?

① Enterotoxin   ② Ergotoxin

③ Endotoxin   ④ Neurotoxin

17 이타이이타이병의 원인이 되는 중금속은?

① 구리 　　　　　　　　② 수은

③ 아연 　　　　　　　　④ 카드뮴

18 돼지고기에서 가장 문제시되는 기생충은?

① 요충 　　　　　　　　② 편충

③ 십이지장충 　　　　　④ 낭충

19 다음 중 유해표백제는 무엇인가?

① Rongalite 　　　　　　② Urotropin

③ Saccharin 　　　　　　④ Sodium dehydroacetate

20 식품 내 존재하는 항생물질을 검사하는 방법이 아닌 것은?

① 비색법 　　　　　　　② 여과법

③ 형광법 　　　　　　　④ 자외선 흡수 스펙트럼법

실력평가모의고사

정답 및 해설 P. 272

1 수질 검사 중 최확수(MPN)는 어떤 검사에서 사용되는 용어인가?

① 탁도 검사   ② 불소 검사

③ 대장균 검사   ④ 염소 검사

2 민물고기를 생식한 일이 없는 데도 간디스토마에 감염될 수 있는 경우는?

① 왜우렁이 생식   ② 민물고기를 요리한 도마를 통한 감염

③ 채소 생식   ④ 공기 전파

3 다음 중 Tar색소를 함유해서는 안되는 식품은?

① 분말탄산음료   ② 커피

③ 소시지   ④ 아이스크림

4 우리나라에서 발생하는 살모넬라 식중독의 주된 원인식품은?

① 채소   ② 어육

③ 과실   ④ 육류 및 가공품

5 복어가 가지고 있는 독소로 중독 시에 혀나 사지의 마비, 호흡장애와 위장장애를 유발할 수 있는 독소는?

① Cicytoxin   ② Saxitoxin

③ Tetrodotoxin   ④ Temulin

6 수육을 통해 감염되는 감염병으로 바르게 짝지어진 것은?

① 십이지장충, 요충
② 회충, 광절열두조충
③ 민촌충(무구조충), 선모충
④ 폐흡충, 편충

7 다음 중 나머지와 성질이 다른 것 하나는?

① Patulin
② Rubratoxin
③ Aflatoxin
④ Sterigmatocystin

8 가축을 통한 축산물의 방사능 오염에서 가장 문제되는 핵종은?

① Ca_{45}
② I_{131}
③ C_{14}
④ Zn_{65}

9 다음 식품 중 인공감미료를 사용해서는 안 되는 것은?

① 건빵
② 음료수
③ 생과자
④ 알사탕

10 소포제로 사용이 허용된 물질은?

① 유동파라핀
② 규소수지
③ 메타인산칼륨
④ 폴리이소부틸렌

11 다음 중 체내에서 만성중독을 거의 일으키지 않는 농약은?

① 유기비소제
② 유기수은제
③ 유기인제
④ 유기염소제

12 다음 중 Virus에 의한 전염병인 것은?

① 장티푸스   ② 세균성 이질

③ 전염성 설사증   ④ 콜레라

13 병원성 대장균의 특징으로 옳은 것을 모두 고른 것은?

> ㉠ 독소원성 대장균은 enterotoxin을 생산한다.
> ㉡ 분변 오염의 지표균이다.
> ㉢ 주증상은 급성위장염이다.
> ㉣ 경구 침입에 의해 발생한다.

① ㉠㉡   ② ㉢㉣

③ ㉠㉡㉢   ④ ㉠㉡㉢㉣

14 다음 중 식품을 매개로 전파되는 감염병이 아닌 것은?

① 광견병   ② 세균성 이질

③ 장티푸스   ④ 디프테리아

15 식품의 화학적 부패 검사법에 속하지 않는 것은?

① 휘발성 아민 측정   ② 카르보닐가의 측정

③ 어육의 암모니아 측정   ④ 경도 측정

16 다음 중 소독제의 구비조건으로 옳지 않은 것은?

① 인체에 안정할 것
② 쉽게 냄새가 제거될 것
③ 살균력이 뛰어날 것
④ 용해도가 낮을 것

17 자외선 살균에 가장 이상적인 파장은?

① 2,000 Å
② 1,300 Å
③ 2,500 Å
④ 4,500 Å

18 항문소양증과 관계된 기생충은?

① 편충
② 요충
③ 회충
④ 십이지장충

19 식품의 부패에 영향을 주지 않는 인자는?

① 압력
② 온도
③ 수분
④ pH

20 가열에 의해서 완전한 예방이 불가능한 식중독은?

① *Cereus*균 식중독
② *Botulinus*균 식중독
③ 장염 *Vibrio*균 식중독
④ 포도상구균 식중독

제3회 **실력평가모의고사**

정답 및 해설 P. 275

1 물이나 탄산으로 인한 부식의 결과 생성된 녹청으로 인해 중독을 일으키는 금속은?

① 납   ② 구리

③ 아연   ④ 카드뮴

2 다음 중 세균성 식중독의 예방법으로 옳지 않은 것은?

① 온도의 원칙   ② 항생제의 원칙

③ 청결의 원칙   ④ 신속의 원칙

3 일반적으로 식품의 초기부패로 추정할 수 있는 세균의 수는?

① 10^5/g   ② 10^6/g

③ 10^7/g   ④ 10^8/g

4 다음 중 호료를 첨가하여 만드는 식품은?

① 술   ② 버터

③ 탄산음료수   ④ 아이스크림

5 식품성분의 치사량 결정을 위해서 행하는 독성검사는?

① 급성독성시험   ② 아급성시험

③ 만성시험   ④ 아만성시험

6 우유의 가열살균 여부를 알 수 있는 검사법은?

① Glucose test
② Fructose test
③ Peroxidase test
④ Phosphatase test

7 면역성과 관계있는 세균성 식중독은?

① *Proteus* 식중독
② 장구균 식중독
③ 병원성 대장균 식중독
④ *Welchii* 식중독

8 LD_{50}을 가장 잘 설명한 것은?

① 실험동물 50마리가 중독될 때의 투여량
② 실험동물 50마리가 사망할 때의 투여량
③ 전체 실험동물 50%가 사망할 때의 투여량
④ 전체 실험동물 50%가 중독될 때의 투여량

9 다음 중 가장 효과적인 경구감염병 예방대책은?

① 예방접종
② 생식금지
③ 보균자의 식품취급방지
④ 식품의 저온보관

10 납 중독에 관계된 사항으로 옳지 않은 것은?

① 연선통
② 연연(Lead line)
③ Corproporphyrin의 배설
④ 환각증세

11 다음은 무엇에 대한 설명인가?

> Solanine이라는 독성분에 의해 중독되고, 발아부분의 녹색 부위에 많다.

① 청매 중독   ② 감자 중독

③ 독미나리 중독   ④ 독버섯 중독

12 우물물을 염소소독법으로 소독할 때 유리되는 잔류염소농도의 기준은?

① 0.2ppm   ② 0.5ppm

③ 1ppm   ④ 1.5ppm

13 다음 중 버섯의 독성분이 아닌 것은?

① Saxitoxin   ② Choline

③ Agaricic acid   ④ Muscarine

14 빵을 구울 때 형틀로부터 빵을 잘 분리하기 위해서 첨가하는 식품첨가물을 무엇이라고 하는가?

① 용제   ② 이형제

③ 피막제   ④ 소포제

15 고온에 의해 변질의 우려가 있는 식품에 이용할 수 있는 살균법으로 옳은 것은?

① 고압증기살균법   ② 건열살균법

③ 자비소독법   ④ 여과멸균법

16 다음 식중독 중에서 소변으로 단백질이 빠져 나오는 증상을 보이는 것은?

① 수은 중독　　　　　　　② 납 중독
③ 아연 중독　　　　　　　④ 카드뮴 중독

17 디프테리아의 주된 전염경로는?

① 비말감염　　　　　　　② 경구감염
③ 접촉감염　　　　　　　④ 호흡기감염

18 화학적 식중독에서 나타나는 여러 증상 중 가장 일반적으로 심하게 나타나는 증상은?

① 고열　　　　　　　　　② 설사
③ 경련　　　　　　　　　④ 구토

19 훈연살균을 하는 경우 그 효과를 나타내는 성분은?

① Ammonia　　　　　　　② Aldehyde
③ Ester　　　　　　　　　④ Indole

20 염장에 의한 방부효과와 관계없는 것은?

① 산소용해도 감소　　　　② 원형질 분리
③ 용혈　　　　　　　　　④ 삼투압에 의한 탈수

CHAPTER

제4회

실력평가모의고사

정답 및 해설 P. 277

1 달걀이 다른 식품에 비해 쉽게 부패가 되지 않는 원인은?

① Protease　　　　　　② Rnase

③ Penicillin　　　　　　④ Lysozyme

2 소독제의 소독력 평가의 지표로 이용되는 물질은?

① 석탄산　　　　　　② 표백분

③ 크레졸　　　　　　④ 질산은

3 폐수의 오염지표 검사항목으로 이용할 수 없는 항목은?

① 수분활성도　　　　　　② BOD

③ 색도　　　　　　④ 대장균 수

4 어패류가 육류보다 쉽게 부패되는 이유로 옳지 않은 것은?

① 천연 면역소가 적다.

② 수분함량이 낮다.

③ 육질이 알칼리성에 가깝다.

④ 근육의 구조가 단순하고 조직이 약하다.

5 다음 화학 소독살균제 중 방향족 화합물이 아닌 것은?

① Cresol　　　　　　② 역성비누

③ Phenol　　　　　　④ Formalin

6 과실이나 채소의 신선도를 유지할 목적으로 표면에 피막을 만들어주는 식품첨가제는?

① 폴리부텐　　　　　　　　　　② 노말 헥산
③ 몰포린 지방산염　　　　　　　④ 메타인산 나트륨

7 소독제로 이용하는 역성비누는 무엇을 소독하는 데 이용하는가?

① 과일 세척　　　　　　　　　　② 조리기구 및 손의 소독
③ 음료수 소독　　　　　　　　　④ 공기와 물의 소독

8 변패가 가장 쉬운 Cheese는?

① 가염 Cheese　　　　　　　　　② Swiss Cheese
③ 연질 Cheese　　　　　　　　　④ 체다 Cheese

9 Botulism(*Botulinus* 식중독)의 원인균은?

① *Bacillus cereus*　　　　　　② *Clostridium botulinum*
③ *Clostridium welchii*　　　　④ *Clostridium perfringens*

10 식품의 변질과 거리가 먼 항목은?

① 산소　　　　　　　　　　　　② 압력
③ 세균　　　　　　　　　　　　④ 효소

11 다음 방부제 중에서 식품첨가물로 허용되지 않은 것은?

① 프로피온산나트륨(Sodium propionate)
② 안식향산(Benzoic acid)
③ 데히드로 초산 나트륨(Sodium Dehydroacetate)
④ Formaldehyde

12 일반 포유동물보다 조류에 쉽게 감염되며 닭 등의 가금류에 폭발적인 감염을 유발하는 균주는?

① 장구균

② 포도상구균

③ *Arizona*균

④ *Botulinus*균

13 곰팡이 중독증의 설명 중 옳지 않은 것은?

① 곰팡이의 대사산물에 의해 중독된다.

② 항생물질 등의 약제투여가 치료에 효과적이다.

③ 계절과 연관되어 발생한다.

④ 동물에서 동물로 또는 사람에게서 사람으로 이행되지는 않는다.

14 다음 중 폐흡충의 제2중간숙주는?

① 송어

② 가재

③ 다슬기

④ 왜우렁이

15 다음 중 탄산음료나 간장 등에 보존료로 이용되는 물질은?

① 고도표백분

② 안식향산

③ 소르빈산

④ 데히드로초산나트륨

16 다음 중 산화방지제를 식품에 첨가하는 주된 이유는?

① 유기산의 생성을 억제하기 위해서

② 카르보닐(Carbonyl)화합물의 생성을 억제하기 위해서

③ 특정 색소의 생성을 억제하기 위해서

④ 불포화 지방산의 생성을 억제하기 위해서

17 최근 발생빈도가 매우 높아진 식중독은?

① 살모넬라 식중독   ② 장염 비브리오 식중독

③ 포도상구균 식중독   ④ 보툴리누스균 식중독

18 열처리를 제대로 하지 않은 통조림을 먹고 신경계 증상이 나타났다. 어떤 균에 의한 식중독으로 의심되는가?

① *Cereus*균   ② 포도상구균

③ *Welchii*균   ④ *Botulinus*균

19 다음 중 식중독의 범위에 포함시킬 수 없는 것은?

① 수은 중독   ② 감자독 중독

③ 장염 비브리오균 감염   ④ 장티푸스균 감염

20 우리나라에서 빈도가 가장 높은 파라티푸스 형은?

① A형   ② B형

③ C형   ④ D형

실력평가모의고사

정답 및 해설 P. 279

1 다음 중 사용목적이 다른 하나는?

① 메타인산염　　　　　　　② 탄산마그네슘
③ 피로인산염　　　　　　　④ 폴리인산염

2 다음 중 진드기를 방제하는 방법으로 옳지 않은 것은?

① 저온보관
② 식품창고의 훈증소독
③ 수분함량을 10% 이상으로 높게 유지
④ 유기인제 계통의 살충제 살포

3 식품을 물로 세척할 때 단백질 변성이 일어나지 않을 온수의 적당한 온도는?

① 20℃　　　　　　　　② 45℃
③ 65℃　　　　　　　　④ 85℃

4 식품에 함유된 중금속의 비색 정량에 사용되는 시약은?

① Dithizone　　　　　　② Ninhydrin
③ Rhodamine　　　　　④ p-Naphtol

5 다음 중 쥐에 의해 매개되는 질병으로 보기 어려운 것은?

① 유행성 출혈열　　　　　② 페스트
③ 이질　　　　　　　　④ 살모넬라증

6 일반적인 독버섯의 특징으로 옳지 않은 것은?

① 맛이 쓰거나 시다.
② 색이 선명하고 화려하다.
③ 끓일 때 은수저가 흑색으로 변한다.
④ 버섯의 줄기가 쉽게 갈라진다.

7 체내의 Acetylcholine 축적과 매우 연관성이 높은 중독은?

① 유기인제 농약
② 유기비소제 농약
③ 유기수은제 농약
④ 유기염소제 농약

8 화농성 염증과 밀접한 관계에 있는 식중독은?

① *Botulinus* 식중독
② *Cereus*균 식중독
③ *Welchii*균 식중독
④ 포도상구균 식중독

9 안전한 식품과 거리가 먼 것은?

① 부패되지 않은 식품
② 병원 미생물에 오염되어 있지 않은 식품
③ 영양분의 함량이 충분한 식품
④ 이물이 존재하지 않는 식품

10 Anisakis 자충의 제2중간숙주가 되는 것은?

① 육류
② 채소
③ 게
④ 오징어

11 과거의 당원으로 상품화되어 유통되었던 감미료의 일종으로 섭취 시에는 소화효소에 대한 억제 작용과 중추신경계 증상 등을 유발하는 독물질은?

① Dulcin
② Cyclamate
③ Ethylene glycol
④ 삼염화질소

12 마비성 조개 중독의 원인은?

① Fungi
② Virus
③ Plankton
④ Bacteria

13 다음 방사선 핵종 중에서 혈액에 영향을 주는 것은?

① Sr_{90}
② Cs_{137}
③ S_{35}
④ Fe_{55}

14 170℃가 넘는 고온에서 포도당을 가열하면 아스파라긴 같은 아미노산이 포도당과 반응해 메일라드 반응이 일어난다. 이 반응으로 인해 형성되는 물질은?

① 포름알데히드
② 시클로헥사논
③ 아세트알데히드
④ 아크릴아미드

15 다음 병원성 대장균의 특성 중 옳지 않은 것은?

① 냉동식품의 분변오염지표로 이용된다.
② 젖당(Lactose)을 분해한다.
③ Gram 음성간균이다.
④ 호기성, 통성 혐기성균이다.

16 Manson열두조충의 원인식품이 될 수 있는 것은?

① 뱀
② 잉어
③ 조개
④ 돼지

17 우유나 과즙 등의 살균에 이용하는 방법으로 130~140℃에서 수 초간 가열 후 급냉하는 방법은?

① 저온살균법
② 고온단시간살균법(HTST)
③ 초고온순간살균(MHT)
④ 고온장시간살균(HTLT)

18 물 속에서의 살균력이 매우 강해서 목욕탕 등의 소독에 이용할 수 있는 것은?

① 페놀
② 오존
③ 크레졸
④ 요오드

19 사람에 감염될 수 있고 식품위생 측면에서 문제가 되는 결핵균의 Type은?

① 조형
② 조형과 우형
③ 인형과 우형
④ 모든 결핵균

20 식품의 총균수 검사는 무엇을 알아보기 위한 지표인가?

① 원료에 대한 오염도
② 신선도
③ 부패도
④ 식품의 분변오염상태

정답 및 해설

 제1회

1. ③	2. ③	3. ①	4. ①	5. ④	6. ③	7. ③	8. ②	9. ①	10. ①
11. ④	12. ④	13. ④	14. ②	15. ③	16. ①	17. ④	18. ④	19. ①	20. ②

1 농약의 성분으로 식품에 오염 가능한 금속은 수은(유기수은제), 불소(유기불소제), 비소(유기비소제) 등이 가장 많고 납(Pb), 구리(Cu)도 원인이 된다.

2 당도가 높고 수분의 함량이 낮은 식품에서는 곰팡이에 의한 변패가 많다.

3 Cyclamate는 인공감미료로 사용되었으나, 발암성이 있는 것으로 알려져 있다.
② 가시독말풀의 독이다.
③ 감자의 독이다.
④ 청매, 살구씨의 독성분이다.

4 확정검사는 주로 BGLB배지나 EMB배지를 이용한다.
② 완전시험에 이용된다.
③ 보통 세균을 배양할 때 사용한다.
④ 살모넬라균의 배양에 사용한다.

5 복어의 독성분은 Tetrodotoxin으로 220℃ 이상 가열 시 검은색이 되며 알칼리에서 불안정하다.

6 Cicutoxin은 독미나리의 독성분으로 중독증상은 인후통, 위통, 구토, 현기증 등이다.

7 전염병 유행의 3대 요인
 ㉠ 접촉기회
 ㉡ 토양
 ㉢ 숙주의 면역성

8 **무구조충** … 소고기에 의해 감염되는 민촌충으로, 인체의 소화관에서 기생하여 소화기 증상을 일으킨다.

9 ① 영양소를 함유하면 좋으나 반드시 함유해야 하는 것은 아니다.
 ※ **식용 착색제의 특징**
  ㉠ 인체에 무해해야 한다.
  ㉡ 체내 축적성이 없어야 한다.
  ㉢ 미량으로도 착색효과가 뛰어나야 한다.
  ㉣ 물리 · 화학적 변화에 쉽게 변하지 않아야 한다.

10 **바퀴벌레의 생태적 특징** … 질주성, 잡식성, 야간활동성, 집단서식성 등

11 ① 식품이 미생물에 의해 유기산, Alchol 등을 만드는 현상이다.
 ② 지방식품이 산소에 의해 산화되는 현상이다.
 ③ 단백질식품이 미생물에 의해 악취와 유해물질을 생성하는 현상이다.

12 ④ 어패류에서 주로 발견되는 식중독균이다.

13 부패 초기에는 산성으로 변하다가 부패가 심해지면 알칼리성으로 변하게 된다.

14 **산패** … 지방이 산소와 결합하여 산화하는 것으로, 유리 라디칼을 만들어 인체에 유해한 물질을 만드는 과정이다.

15 **인수공통전염병** … 장출혈성대장균감염증, 일본뇌염, 브루셀라증, 탄저, 공수병, 조류인플루엔자 인체감염증, 중증급성호흡기증후군(SARS), 변종크로이츠펠트−야콥병(vCJD), 큐열, 결핵〈감염병의 예방 및 관리에 관한 법률 제2조〉

16 포도상구균은 Enterotoxin 독소를 생성한다.
② 맥각 독소이다.
③ 균체 내 독소이다.
④ 보툴리누스, 시겔라균 등이 생성하는 독소이다.

17 카드뮴은 이타이이타이병의 원인이 되며 산성에서 쉽게 용출되므로 산성용액은 카드뮴 도료를 사용한 식기를 사용하지 않는 것이 좋다.

18 유구조충이 돼지에 감염되어 돼지의 몸 속에서 낭충으로 변하여 사람에게 감염된다.

19 ② 방부제 ③ 감미료 ④ 보존제

20 ② 여과법은 이물 검사법에 속한다.

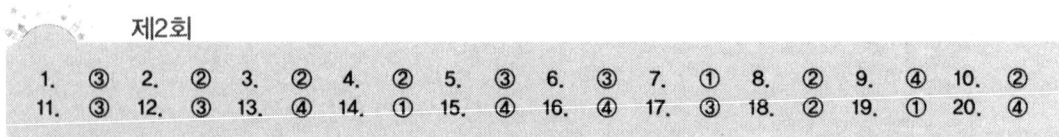

제2회

| 1. ③ | 2. ② | 3. ② | 4. ② | 5. ③ | 6. ③ | 7. ① | 8. ② | 9. ④ | 10. ② |
| 11. ③ | 12. ③ | 13. ④ | 14. ① | 15. ④ | 16. ④ | 17. ③ | 18. ② | 19. ① | 20. ④ |

1 **최확수** … 수질 내 대장균 수를 나타내는 수치로 물의 오염도를 판별할 때 사용된다.

2 민물고기를 요리한 도마를 아무런 처리없이 재사용할 경우 도마를 통한 2차감염으로 인해 간디스토마에 감염될 수 있다.

3 Tar색소를 사용해도 되는 식품은 분말탄산음료 · 소시지 · 아이스크림 · 단무지 등이며, 커피 등의 다류에는 Tar색소의 사용이 금지되어 있다.

4 *Salmonella* 식중독은 서구유럽의 경우 육류 및 육제품 등이 원인식품의 대부분인 반면, 우리나라에서는 해산물이나 어패류 및 가공품이 주원인식품이 된다.

5 ① 독미나리의 독성분이다.
　　② 마비성 조개중독에 의한 독소이다.
　　④ 독보리의 중독이다.

6 **수육을 매개로 감염되는 기생충** ⋯ 무구조충, 유구조충, 선모충 등이 있다.

7 ① 신경독소이다.
　　②③④ 간장독을 유발하는 독소이다.

8 I₁₃₁은 반감기가 짧아 방사능에 직접 오염된 사료를 먹은 소의 우유를 먹을 경우 사람에 오염된다.

9 인공감미료는 설탕보다 값이 싸고 칼로리가 적어 당뇨병 환자의 영양식, 비만방지음식 등에 사용되지만 백설탕, 물엿, 포도당, 식빵, 알사탕 등에는 사용이 금지되어 있다.

10 허용된 소포제는 규소수지 1종 밖에 없다.
　　① 이형제로 이용된다.
　　③ 품질개량제로 이용된다.
　　④ 껌 기초제로 이용된다.

11 유기인제 농약은 급성중독증상은 매우 강한 편이지만, 체내 축적성이 없이 쉽게 배설되므로 만성중독은 거의 없다.

12 **Virus에 의한 전염병** ⋯ 소아마비, 유행성 간염, 전염성 설사증 등이 있다.

13 병원성 대장균은 분변오염의 지표균으로서 경구를 통해 감염되며 장독소에 의해 급성위장염의 증상을 나타낸다.

14 ① 동물과의 접촉을 통해 감염된다.

15 ④ 물리적 검사법이다.

　※ **식품의 화학적 부패 검사법**

　　㉠ 휘발성 아민 측정

　　㉡ 카르보닐가 측정

　　㉢ pH 측정

　　㉣ 어육의 암모니아 측정

　　㉤ 어육의 단백질 침전반응 검사

　　㉥ 유지의 과산화물가 측정

16 ④ 소독제는 용해도가 높아 쉽게 섞여야 한다.

　※ **소독제의 구비조건**

　　㉠ 용해도가 높아야 한다.

　　㉡ 살균력이 강해야 한다.

　　㉢ 인체에 무해해야 한다.

　　㉣ 방향성이 쉽게 제거되야 한다.

　　㉤ 사용이 간편해야 한다.

　　㉥ 살균 대상물에 피해가 적어야 한다.

17 자외선은 3,700Å 이하의 파장을 말하며, 살균이 가장 효과적인 파장은 2,500Å 정도이다.

18 요충은 항문 주위에 산란을 해서 항문소양증을 유발한다.

19 **식품의 부패에 영향을 주는 인자**… 온도, 수분, pH, 산소, 식품의 성분 등

20 포도상구균의 생성독소인 Enterotoxin은 내열성이므로, 220 ~ 250℃에서 30분 정도 가열을 하여 독소를 비활성화시킬 수 있으며, 보통의 가열로는 예방이 어렵다.

제3회

| 1. ② | 2. ② | 3. ④ | 4. ④ | 5. ① | 6. ④ | 7. ① | 8. ③ | 9. ③ | 10. ④ |
| 11. ② | 12. ① | 13. ① | 14. ② | 15. ④ | 16. ④ | 17. ① | 18. ④ | 19. ② | 20. ③ |

1 녹청은 산성용액에 잘 녹으므로 구리로 된 식기에는 산성용액을 피하는 것이 좋다.

2 세균성 식중독은 청결의 원칙, 온도의 원칙, 신속의 원칙에 의해 예방하는 것이 바람직하며 항생제를 사용하는 경우 그것으로 인한 다른 중독의 위험성도 가지고 있으므로 사용하지 않는다.

3 모든 식품에 적용되는 것이 아니라 확실한 식품의 부패상태를 파악하기 위해서는 추가적인 이화학 검사가 이루어져야 한다.

4 **호료** … 식품의 접착성을 증가시키며, 가열하거나 보존하는 중에 신선도의 유지와 형체 보존의 효과가 있으며 미각적인 촉감을 좋게 하는 역할을 한다. 아이스크림, 캔디, 젤리, 축육식품, 마요네즈, 빵 등에 사용된다.

5 급성독성시험은 투여량을 비교적 크게 해서 저농도에서 고농도까지 투여하며 1회 투여 후 1~2주간 관찰하여 유독물질의 치사량을 판정하는 데 이용된다.

6 우유 속의 Phosphatase는 62.8℃에서 30분간 가열하면 파괴되는 성질이 있다.

7 *Proteus*균은 Histamine에 의한 알러지성 반응을 유발하므로 면역성과 관계가 깊은 식중독 균이다.

8 LD$_{50}$(50% Lethal Dose) … 실험동물의 50%가 사망할 때의 투여량을 표시하며, 수치가 낮을수록 강한 독성을 가진 물질이라고 할 수 있다.

9 가장 중요한 예방책은 보균자로부터 식품에 병원균이 오염되지 않도록 격리시키는 것이다.

10 납 중독 … 연연, 연선통, 식욕부진 등의 증상을 나타나며, Corproporphyrin이 뇨로 배설된다.

11 ① Amygdalin이 원인물질이다.
③ Cicutoxin이 원인물질이다.
④ Muscarine이 원인물질이다.

12 유리되는 잔류염소는 0.2ppm, 결합되어 있는 잔류염소농도는 1.5ppm이 되도록 유지해야 한다.

13 버섯의 독성분 … Muscarine, Muscaridine, Choline, Amanitatoxin, Agaricic acid, Pilztoxin 등이 있다.
① 대합조개의 독성분이다.

14 이형제는 빵을 구울 때 잘 분리되도록 하기 위하여 첨가하며, 허용된 것은 유동 파라핀 1종 뿐이다.

15 열을 이용하지 않는 살균법으로는 방사선 살균법과 여과법이 있으며, 고온에 변질되지 않도록 하기 위해서는 여과멸균법이 좋은 살균법이다.

16 카드뮴의 중독증상은 폐기종, 단백뇨, 신장장애 등이 있다.

17 디프테리아, 홍역, 성홍열 등은 기침이나, 콧물, 가래 등에 의해 전염된다.

18 화학적 식중독에서 나타나는 일반적인 증상은 심한 구토이며 설사와 복통 등이 동반된다.

19 훈연 시에 살균효과를 나타내는 성분은 Aldehyde류와 Alcohol류, Phenol류 등이다.

20 ③ 세포를 저장액에 넣었을 때 용액이 세포질 내로 들어가면서 터지는 현상을 말한다.

제4회

1. ④　2. ①　3. ①　4. ②　5. ④　6. ③　7. ②　8. ③　9. ②　10. ②
11. ④　12. ③　13. ②　14. ②　15. ②　16. ②　17. ②　18. ④　19. ④　20. ②

1 달걀에 들어있는 Lysozyme은 세균을 용혈시킬 수 있어, 세균으로 인한 부패를 막아준다.

2 석탄산은 소독력 평가의 지표로 이용되며, 주로 3∼5%의 석탄산 수용액이 이용된다.

3 폐수오염지표의 검사항목은 pH, BOD, DO, COD, 색도, 대장균수, 온도 등이다.

4 **육류보다 어패류가 부패되기 쉬운 이유**
　㉠ 조직이 약하다.
　㉡ 천연 면역소가 적다.
　㉢ 육질이 알칼리성에 가깝다.
　㉣ 세균이나 효소의 함량이 보다 높다.
　㉤ 수분함량이 높다.

5 ④ Formalin은 지방족 화합물이다.

6 피막제는 과실이나 채소의 표면에 피막을 만들어 호흡작용과 증산작용을 억제함으로써 신선도를 유지시켜 주는 것으로, 허용된 것은 몰포린 지방산염과 초산비닐수지이다.

7 **역성비누** … 조리기구 및 손의 소독에 사용되며, 세정력은 거의 없고 음료수의 소독에는 사용이 불가능하다.

8 수분함량이 많을수록 변패가 쉬운데, 연질 Cheese의 수분함량이 가장 높으므로 변패가 가장 잘 일어난다.

9 *Cl. botulinum*은 신경독소를 생성하며 지사율이 세균성 식중독 중에서 가장 크다.

10 ① 산패의 원인이 될 수 있다.
③ 부패의 원인이 된다.
④ 식품의 성분분해를 초래할 수 있다.

11 Formaldehyde는 방부력은 뛰어나나 인체에 독성을 나타내므로 사용이 금지되었다.
① 빵, 생과자 등에 이용된다.
② 탄산음료수에 보존료로 사용된다.
③ 치즈, 버터 등의 유제품에 이용된다.

12 *Arizona*균은 닭, 칠면조와 같은 가금류의 알이 식중독의 주원인이다.

13 ② 곰팡이 중독증(Mycotoxicosis)은 항생제와 약제투여 등의 치료효과가 거의 없다.

14 폐흡충의 제1중간숙주는 다슬기, 제2중간숙주는 게·가재이다.

15 탄산음료나 간장 등에는 안식향산이 보존료로 사용된다.
① 살균제 ③ 식육제품 ④ 유제품의 보존료

16 불포화 지방산이 산화되면서 생기는 Carbonyl 화합물이 심한 악취를 발생하기 때문에 이를 방지하기 위해 산화방지제를 첨가한다.

17 *Salmonella* 식중독과 포도상구균 식중독은 과거부터 꾸준히 발생했으며, 장염 *vibrio*균은 최근 증가한 식중독이다.

18 Botulism의 주원인 식품은 통조림·병조림이며, 균주에 의해 생성되는 독에 의해 신경계 증상이 유발된다.

19 ④ 경구감염병인 장티푸스균은 식중독에서 제외된다.

20 파라티푸스균은 A, B, C의 3가지 형태가 있는데, B형이 A형에 비해 약 20배 정도로 많은 발생빈도를 보인다.

제5회

| 1. ② | 2. ③ | 3. ② | 4. ① | 5. ③ | 6. ④ | 7. ① | 8. ④ | 9. ③ | 10. ④ |
| 11. ① | 12. ③ | 13. ④ | 14. ④ | 15. ① | 16. ① | 17. ③ | 18. ② | 19. ③ | 20. ① |

1 탄산마그네슘은 빵, 과자 등의 팽창제로 이용된다.
①③④ 육류 결착제로 사용된다.

2 ③ 수분함량을 10% 이하로 유지시키는 것이 효과적인 방제방법이다.

3 온수에 의한 식품의 세척은 40 ~ 50℃가 가장 적당하고, 60℃ 이상은 단백질의 변성이 일어날 수 있다.

4 중금속 정량법의 일종인 비색법의 발색시약으로는 Dithizone이 많이 이용된다.

5 쥐에 의해 매개되는 질병 … 페스트, 유행성 출혈열, 살모넬라증, 발진열 등
③ 이질은 세균성 전염병으로 세균에 의해 전염된다.

6 ④ 식용버섯의 특징이다.

7 유기인제 농약은 체내의 Cholinesterase의 기능을 억제하여 Acetylcholine의 축적을 초래한다.

8 포도상구균(*Staphylococcus aureus*)은 화농성 질환자의 화농소에 다량 분포하므로 화농성 염증이 있는 사람이 식품에 관련된 일을 하는 경우 쉽게 감염된다.

9 ③ 영양분의 함량은 안정성과는 관계가 없다.

10 *Anisakis* 자충은 가재, 게 등의 갑각류가 제1중간숙주이고, 오징어 · 대구 등의 해산어류가 제2중간숙주이다.

11 Dulcin은 중독시에 간종양과 적혈구 생산의 억제 등을 유발하는 것으로 알려져 있다.

12 Gonyaulax catenella라는 Plankton은 독성분인 Saxitoxin을 가지고 있는데, 이것이 조개에 축적되어 중독을 유발한다.

13 ④ Fe은 혈액에 장애를 준다.
① Sr은 뼈에 장애를 준다.
② Cs는 근육에 장애를 준다.
③ S는 피부에 장애를 준다.

14 아크릴아미드(Acrylamide) ··· 쌀, 감자, 시리얼과 같이 탄수화물 다량 함유된 식품들이 열을 받아 형성된다. 접합제, 도료 등으로 사용되며 다량을 섭취했을 경우 사람 및 동물의 신경계에 독성을 일으시키는 것으로 보고되고 있다.

15 ① 냉동식품의 분변오염지표는 대장균보다 저온에 강한 장구균이 이용된다.

16 Manson열두조충은 뱀, 닭, 개구리 등을 가열하지 않고 생식했을 때 감염될 수 있다.

17 ① 저온살균은 60 ～ 65℃에서 30분 가열한다.
② 고온단시간살균은 70 ～ 95℃에서 2분 가열한다.
④ 고온장시간살균은 95 ～ 120℃에서 30 ～ 60분 가열한다.

18 ①③ 축사, 선박, 사체의 소독에 이용된다.
④ 수술부위의 피부소독에 이용된다.

19 우형(Bovine type), 인형(Human type)의 결핵균이 사람에게 감염되고 식품위생상 문제가 된다.

20 총균수 검사 … 사멸된 균수까지 모두 측정하는 검사로 가공 전의 원료에 대한 오염도를 측정한다.

PART **부록**Ⅱ

최근기출문제분석

2011. 5. 14 상반기 지방직 시행

2011. 5. 14 상반기 지방직 시행

1 식품의 초기부패 판정을 위한 화학적 검사법이 아닌 것은?

① 휘발성 염기질소 측정   ② pH 측정

③ K값 측정   ④ 경도 측정

> **NOTE** | 식품의 신선도는 초기부패 상태로 판정 가능하며 식품 1g당 일반세균 108일 때를 말한다. 식품의 화학적 검사법에는 휘발성 염기질소 측정, pH 측정, K값 측정 등이 있으며 경도 측정은 물리적 검사법이다.

2 장염 비브리오균에 대한 설명으로 옳지 않은 것은?

① 호염성 해수세균으로 그람 음성균이다.

② 어패류를 취급하는 조리기구에 의해 교차오염이 가능하다.

③ 우리나라에서는 겨울철에 굴에서 많이 발견된다.

④ 열에 약하므로 섭취 전 가열로 사멸이 가능하다.

> **NOTE** | 장염 비브리오균은 여름철 따뜻해진 바닷물에서 급격히 증식한 비브리오균이 어류나 패류 등의 표피와 내장 등에 부착되어 이를 섭취하였을 때 발생하게 된다.

3 식품위해요소중점관리기준(HACCP)에 대한 설명으로 옳지 않은 것은?

① 용수관리는 HACCP 선행요건에 포함된다.

② HACCP 제도에서 위해요소는 생물학적, 화학적, 물리적 요소로 구분한다.

③ 선행요건의 목적은 HACCP 제도가 효율적으로 가동될 수 있도록 하는 것이다.

④ HACCP의 7원칙 중 첫 번째 원칙은 관리한계기준(critical limits) 설정이다.

ANSWER | 1.④ 2.③ 3.④

12절차	준비단계	HACCP팀 구성
		제품설명서 작성
		용도 확인
		공정흐름도 작성
		공정흐름도 현장확인
	HACCP 7원칙	위해요소분석 (원칙1)
		중요관리점(CCP) 결정 (원칙2)
		CCP 한계기준 설정 (원칙3)
		CCP 모니터링 체계 확립 (원칙4)
		개선조치 방법 수립 (원칙5)
		검증절차 및 방법 수립 (원칙6)
		문서화, 기록유지방법 설정 (원칙7)

4 식품첨가물과 용도와의 관계가 적합하지 않은 것은?

① 글리세린지방산에스테르(glycerine fatty acid ester) − 산화방지제

② 소르빈산칼륨(potassium sorbate) − 보존료

③ 과산화벤조일(benzoyl peroxide) − 밀가루 개량제

④ 차아염소산나트륨(sodium hypochlorite) − 살균제

NOTE | 글리세린 지방산 에스테르는 지방산과 글리세린 또는 폴리그리세린의 에스테르 및 유도체로 유화제의 일종이다.

5 주로 채소류에 의해서 감염되는 기생충은?

① 간흡충, 선모충

② 동양모양선충, 편충

③ 무구조충, 구충

④ 회충, 유구조충

NOTE | 간흡충은 어패류, 선모충은 돼지고기, 무구조충은 소고기, 구충과 회충은 채소류, 유구조충은 돼지고기를 통해 감염된다.

ANSWER | 4.① 5.②

6 어떤 물질 A를 식품첨가물로 사용하기 위하여 체중 500g 쥐를 대상으로 만성독성 시험을 한 결과, 매일 2g까지의 투여는 아무런 독성을 보이지 않았다. 이 결과를 바탕으로 물질 A를 사람에게 적용하려고 할 때 안전계수가 100이라면 일일섭취허용량(ADI : Acceptable Daily Intake)은?

① 5 mg/kg

② 10 mg/kg

③ 20 mg/kg

④ 40 mg/kg

✎NOTE| 동물과 사람의 감수성을 1 : 10으로, 사람에 대한 안전계수를 100으로 하므로 동물에 대한 안전량×(1/100)mg이 사람의 체중 kg당 안전량이므로 40mg/kg이 된다.

7 식품오염과 관련된 방사성 물질에 대한 설명으로 옳지 않은 것은?

① 우리나라는 방사성 물질에 의한 식품오염을 대비하여 식품 중 방사능 허용기준을 설정하였다.

② 식품과 함께 생체에 유입된 방사성 핵종은 체내 붕괴, 생체대사 및 배설될 때까지 인체에 영향을 미친다.

③ 방사성 핵종은 종류에 따라 인체에 미치는 영향이 다르며, 특히 상대적으로 반감기가 짧은 Sr-90과 Cs-137이 반감기가 긴 I-131보다 인체에 덜 위험하다.

④ 방사성 물질은 체내에 침착하는 성질이 있어 친화성이나 침착하는 부위에 따라 조혈조직 장애, 생식세포 장애, 갑상선 장애 등을 유발한다.

✎NOTE| sr90과 cs137이 요오드 131보다 상당히 위험하다.

8 유전자재조합식품(GMO : Genetically Modified Organism)에 대한 설명으로 옳지 않은 것은?

① 유전자재조합식품의 안전성평가기준은 실질적 동등성 개념에 근거해야 한다.

② 우리나라에서 최초로 안전성 심사승인을 받은 유전자재조합 콩은 해충저항성의 특성을 갖고 있다.

③ 미생물 Agrobacterium은 유전자재조합식품의 개발에 이용된다.

④ 우리나라에서는 유전자재조합식품의 표시제를 시행하고 있다.

✎NOTE| OECD 회원국인 미국, EU, 일본 등을 중심으로 안전성 평가 제도가 정착되어 1994년 최초의 '무르지 않는 토마토(FLAVR SAVR)'의 상업화를 위시하여 제초제내성 콩, 옥수수 및 해충 저항성 옥수수, 면화 등 다양한 작물 등이 상업화되었다.

ANSWER | 6.④ 7.③ 8.②

9 식품첨가물에 대한 내용으로 옳은 것은?

① 수입 식품첨가물의 검사는 시·도 보건환경연구원에서도 담당할 수 있다.

② 식품첨가물에 관한 기준과 규격은 식품공전에 상세히 수록되어 있다.

③ 우리나라에서 허용된 식품첨가물의 경우 천연첨가물의 수가 화학적 합성품의 수보다 많다.

④ 식품첨가물은 광역시장·도지사의 승인을 받아 지정된다.

>**NOTE** ② 식품첨가물에 관한 기준과 규격은 식품첨가물공전에 수록되어 있다.
> ③ 우리나라에서 허용된 식품첨가물의 경우 천연첨가물의 수보다 화학적 합성품의 수가 많다.
> ④ 식품첨가물은 식품의약품안전처장에 의해 지정된다.

10 다이옥신에 대한 설명으로 옳지 않은 것은?

① 본래 자연에서는 존재하지 않는 물질이다.

② 유기염소화합물을 소각하는 과정에서 발생한다.

③ 단일 화합물 형태로 존재한다.

④ 최기형성과 발암성을 나타낸다.

>**NOTE** 다이옥신은 2개의 벤젠 핵을 산소로 결합시킨 유기 화합물 형태로 존재한다.

11 미생물학적 측면에서 잠재적 위해식품(PHF : Potentially Hazardous Food)에 해당되는 것은?

① 단백질 함량이 높고 수분활성도가 0.9 이상인 식품

② 단백질 함량이 낮고 pH가 4.6 이하인 식품

③ 탄수화물 함량이 높고 pH가 4.6 이하인 식품

④ 지방 함량이 높고 수분활성도가 0.9 이하인 식품

>**NOTE** 잠재적으로 위험한 식품이란 수분활성도 0.85 이상, pH 4.6 이상 등의 조건이 있으나 상온에 보관하면 쉽게 상하는 식품으로 판단된다.

ANSWER | 9.① 10.③ 11.①

12 인수공통감염병에 해당되는 것을 모두 고른 것은?

> ㉠ 탄저병(Anthrax)
> ㉡ 구제역(Foot and Mouth Disease)
> ㉢ 결핵(Tuberculosis)
> ㉣ 브루셀라증(Brucellosis)
> ㉤ 리스테리아증(Listeriosis)

① ㉠, ㉡, ㉢
② ㉡, ㉢, ㉤
③ ㉡, ㉢, ㉣, ㉤
④ ㉠, ㉢, ㉣, ㉤

✎**NOTE** | 감염병의 예방 및 관리에 관한 법률에 따라 고시된 인수공통감염병에는 장출혈성대장균감염증, 일본뇌염, 브루셀라증, 탄저, 공수병, 조류인플루엔자 인체감염증, 중증급성호흡기증후군(SARS), 변종 크로이츠펠트-야콥병(vCJD), 큐열, 결핵이 있다.

13 어육 등에 번식하여 histidine을 탈탄산화하여 histamine을 생성함으로써 섭취시 알레르기를 유발시키는 원인균은?

① Campylobacter jejuni
② Morganella (Proteus) morganii
③ Vibrio parahaemolyticus
④ Yersinia enterocolitica

✎**NOTE** | 모르가넬라모르가니균은 통성혐기성의 그람음성간균으로 편모가 있다. 운동성을 나타내며 건강한 사람의 분변에서 잘 검출된다. 또 어육 등에 번식하여 히스티딘을 탈탄산화하여 히스타민을 생성하여 알레르기를 유발하는 원인균이다.

14 곰팡이 독소, 이를 생산하는 곰팡이의 이름, 오염되기 쉬운 식품의 연결로 옳지 않은 것은?

① Aflatoxin – Aspergillus flavus – 땅콩
② Ergotoxin – Claviceps purpurea – 호밀
③ Luteoskyrin – Penicillium islandicum – 쌀
④ Ochratoxin – Fusarium moniliforme – 옥수수

✎**NOTE** | 오크라톡신 (ochratoxin)은 Aspergillus ochraceus 또는 Penicillium viridicatum 등에 의해 생산되는 마이코톡신(곰팡이독)으로 쌀이나 보리 등의 곡류를 비롯하여 콩류나 향신료 등 농산물로부터 오염된다.

ANSWER | 12.④ 13.② 14.④

15 단체급식 HACCP 선행요건관리와 관련하여 옳은 것을 모두 고른 것은?

> ㉠ 배식 온도관리 기준에서 냉장식품은 10℃ 이하, 온장식품은 60℃ 이상에서 보관한다.
> ㉡ 조리한 식품의 보존식은 5℃ 이하에서 48시간까지 보관한다.
> ㉢ 냉장시설은 내부의 온도를 5℃ 이하, 냉동시설은 −18℃로 유지해야 한다.
> ㉣ 운송차량은 냉장의 경우 10℃ 이하, 냉동의 경우 −18℃ 이하를 유지할 수 있어야 한다.

① ㉠, ㉡   ② ㉠, ㉣
③ ㉡, ㉢   ④ ㉢, ㉣

>**NOTE** 출제 당시의 답은 ④였으나, 식품안전관리인증기준 개정으로 현재의 답은 ②이다.
> ㉠ 냉장보관 : 냉장식품 10℃ 이하(다만, 신선편의식품, 훈제연어는 5℃ 이하 보관 등 보관온도 기준이 별도로 정해져 있는 식품의 경우에는 그 기준을 따른다)
> 온장보관 : 온장식품 60℃ 이상
> ㉡ 조리한 식품은 소독된 보존식 전용용기 또는 멸균 비닐봉지에 매회 1인분 분량을 −18℃ 이하에서 144시간이상 보관하여야 한다.
> ㉢ 냉장시설은 내부의 온도를 10℃ 이하(다만, 신선편의식품, 훈제 연어는 5℃ 이하 보관 등 보관온도 기준이 별도로 정해져 있는 식품의 경우에는 그 기준을 따른다), 냉동시설은 −18℃로 유지하여야 하고, 외부에서 온도변화를 관찰할 수 있어야 하며, 온도 감응 장치의 센서는 온도가 가장 높게 측정되는 곳에 위치하도록 한다.
> ㉣ 운송차량은 냉장의 경우 10℃ 이하, 냉동의 경우 −18℃ 이하를 유지할 수 있어야 하며, 외부에서 온도변화를 확인할 수 있도록 임의조작이 방지된 온도 기록 장치를 부착하여야 한다.

16 식중독 독소에 대한 설명으로 옳지 않은 것은?

① Bacillus cereus의 구토형 독소는 식품내 생성 독소이다.
② Clostridium botulinum의 독소는 장관내 생성 독소이다.
③ Clostridium perfringens의 독소는 장관내 생성 독소이다.
④ Staphylococcus aureus의 독소는 식품내 생성 독소이다.

>**NOTE** clostridium botulinum은 보툴리눔(Clostridium botulinum)균이 식품에 오염되었을 때 생성되는 독소가 일으키는 식중독의 일종이다.

17 허용된 타르색소이지만 돌연변이, 신생아의 체중감소, 출산율 저하 등 독성이 밝혀지면서 최근 빙과류(아이스크림), 탄산음료, 과자 등에는 사용이 금지된 식용색소는?

① 적색 제2호　　　　　　　　　② 적색 제3호

③ 황색 제4호　　　　　　　　　④ 황색 제5호

NOTE| 식용색소 적색 제2호의 경우 미국은 1976년 발암성에 대한 안전성을 확인할 수 없다는 이유로 사용을 금지하고 있으나, WHO/FAO는 발암성물질로 분류하고 있지 않다. 우리나라에서는 산화환원작용에 불안정하여 통조림이나 비타민 C첨가 음료 등 착색료로 사용 부적합 판정을 받았다.

18 다음 글이 설명하는 특성을 가진 식중독 세균은?

- 이 균은 냉장온도에서도 생육이 가능하며 반고체배지에서 우산 모양의 운동성이 나타난다.
- 그람 양성균으로 임산부, 신생아, 노인 등 면역력이 저하된 사람에게서 패혈증, 수막염, 유산 등을 일으킨다.
- 우리나라에서는 훈제연어에서 이 균이 발견되어 사회적 문제가 되기도 하였다.

---

① Escherichia coli O157 : H7

② Listeria monocytogenes

③ Salmonella Typhimurium

④ Vibrio vulnificus

NOTE| listeria monocytogenes 리스테리아균은 사람에게 유산을 일으키는 병원균으로 포유류와 조류에도 감염된다. 세균체는 작은 간균으로 섬모로 운동하며 그람 양성 호기성이며 분리 배양이 가능하고 자연계에 광범위하게 분포하고 있다.

ANSWER | 17.① 18.②

19 노로바이러스 식중독에 대한 설명으로 옳은 것은?

① 노로바이러스의 외가닥 RNA는 캡시드 내에 존재하고 외피(envelope)로 둘러싸여 있다.

② 노로바이러스는 미량(10~100) 개체로는 발병이 불가능하다.

③ 노로바이러스는 형태학적으로 소형구형바이러스(SRSV)이며 급성설사성 질환을 일으킨다.

④ 노로바이러스 식중독은 음식물이 부패하기 쉬운 여름철에 주로 발생하며, 겨울철에는 거의 발생하지 않는다.

> **NOTE** ① 노로바이러스는 크기가 27~40nm인 소형 구형의 바이러스로 외피가 없는 정20면체 바이러스이다. 평균 24~48시간의 잠복기 뒤 구토와 설사 등의 증상을 일으키며 48~72시간 지속되다 빠르게 자연적으로 회복된다.
> ② 노로바이러스는 미량(0~100) 개체로도 발병이 가능하다.
> ④ 노로바이러스는 겨울철에도 발생할 수 있으므로 조심해야 한다.

20 세균성 식중독균에 대한 설명으로 옳은 것은?

① 살모넬라균은 달걀, 가금류, 식육에서 많이 발견되지만 장내세균과(enterobacteriaceae)는 아니다.

② 사카자키균은 건조한 식품에서 내성을 가지고 있으며 조제분유에서 발견되기도 한다.

③ 비브리오패혈증균은 내열성이 있으며 어패류에 오염되면 건강한 사람에게도 잘 발병된다.

④ 대장균 O157 : H7균은 편성혐기성균으로 진공포장 육제품에서 베로톡신을 생산한다.

> **NOTE** ② 엔테로박터 사카자키는 장내 세균의 일종으로 영유아의 조제분유를 통해 전염되며 그람 음성 간균으로 발생 빈도는 낮지만 면역력이 약한 신생아나 저체중아에 감염될 위험이 있다.
> ① 살모넬라는 장내 세균과이다.
> ③ 열에 약하여 60℃에서 15분간 가열 시 수 분 내에 사멸한다.
> ④ 대장균 O157 : H7균은 통성혐기성균이다.

ANSWER | 19.③ 20.②

공무원 기출문제집

서원각 기출문제집으로 시험 출제경향 파악하자!

▲ **기출문제 정복하기**

전 직렬 공통 필수과목
일반행정직
사회복지직
교육행정직

▲ **최근 3개년 기출문제**

필수과목/행정직
교육행정직/사회복지직

▲ **최근 5개년 기출문제**

국어/영어/한국사/사회
행정법총론/행정학개론
교육학개론

▲ **최근 10개년 기출문제**

국어/영어/한국사/사회
행정법총론/행정학개론
교육학개론

▲ **문제만 담았다!**

영어/한국사/사회
행정법총론/행정학개론
교육학개론

▲ **해설만 담았다!**

국어/영어/한국사/사회
행정법총론/행정학개론
교육학개론

▲ **기출문제 정복하기**

9급 건축직/7급 건축직/
기계직

▲ **서울시 공무원**

필수과목 기출문제 정복하기

네이버 카페 검색창에서 '공무공부'를 검색하셔서 네이버 카페 공무공부에 가입하시면 각종 시험 정보를 보실 수 있습니다.

상식키우기

서원각과 함께하는 상식키우기!

▲ 공사공단 일반상식

▲ 시사일반상식

▲ MAC을 짚어 주는
시사일반상식

▼ **공사/시사 일반상식**

정치·법률, 경제·경영, 사회·노동,
과학·기술, 지리·환경, 세계사·철학,
문학·한자, 매스컴, 문화·예술·스포츠
관련 상식을 중요한 것만 모아 수록하였다.

▲ 공기업/공공기관 채용
빈출 일반상식

▼ **공기업/공공기관 채용 시리즈**

공기업과 공공기관 채용시험에 나올 법한 상식만을 모았다!
정치·법률, 경제·경영, 사회·노동, 과학·기술, 지리·환경,
세계사·철학, 문학·한자, 매스컴, 문화·예술·스포츠 관련 상식을
중요한 것만 모아 수록하였다. 또한 한국사의 기출유형문제를
정리하여 포함하였다.

빈출 일반상식 – 중요 시사상식 및 빈출용어 수록
간추린 일반상식 – 출제가 예상되는 문제와 해설 수록

▲ 경제용어사전

▲ 부동산용어사전

▼ **한눈에 쏙! 시리즈**

경제용어사전 – 단기간에 완성하는 경제용어 및 금융상식
시사용어사전 – 시사용어 및 시사 상식을 한눈에 쏙
부동산용어사전 – 부동산과 관련된 핵심 용어를 쉽고 간결하게 정리